航天科技图书出版基金资助出版

序列影像数据处理理论与算法

徐振亮　著

中国宇航出版社

·北京·

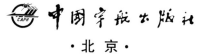

图书在版编目（CIP）数据

序列影像数据处理理论与算法 / 徐振亮著. -- 北京：中国宇航出版社，2020.5

ISBN 978-7-5159-1790-0

Ⅰ.①序… Ⅱ.①徐… Ⅲ.①图像处理—研究 Ⅳ.①TN911.73

中国版本图书馆CIP数据核字(2020)第078716号

责任编辑 李 欣 封面设计 宇星文化

出版发行 中国宇航出版社

社 址 北京市阜成路8号 邮 编 100830

(010)60286808 (010)68768548

网 址 www.caphbook.com

经 销 新华书店

发行部 (010)60286888 (010)68371900

(010)60286887 (010)60286804(传真)

零售店 读者服务部

(010)68371105

承 印 天津画中画印刷有限公司

版 次 2020年5月第1版 2020年5月第1次印刷

规 格 880×1230 开 本 1/32

印 张 7.125 彩 插 6面 字 数 205千字

书 号 ISBN 978-7-5159-1790-0

定 价 90.00元

航天科技图书出版基金简介

航天科技图书出版基金是由中国航天科技集团公司于2007年设立的，旨在鼓励航天科技人员著书立说，不断积累和传承航天科技知识，为航天事业提供知识储备和技术支持，繁荣航天科技图书出版工作，促进航天事业又好又快地发展。基金资助项目由航天科技图书出版基金评审委员会审定，由中国宇航出版社出版。

申请出版基金资助的项目包括航天基础理论著作，航天工程技术著作，航天科技工具书，航天型号管理经验与管理思想集萃，世界航天各学科前沿技术发展译著以及有代表性的科研生产、经营管理译著，向社会公众普及航天知识、宣传航天文化的优秀读物等。出版基金每年评审1～2次，资助20～30项。

欢迎广大作者积极申请航天科技图书出版基金。可以登录中国宇航出版社网站，点击“出版基金”专栏查询详情并下载基金申请表；也可以通过电话、信函索取申报指南和基金申请表。

网址：http：//www.caphbook.com

电话：（010）68767205，68768904

序

从测绘技术角度来看，车载移动测绘系统是一个3S［GNSS（全球导航卫星系统）、RS（遥感）、GIS（地理信息系统）］集成技术系统，由于它融合了测绘、遥感及地理信息等技术，因此，车载移动测绘技术是测绘技术发展中极其重要的方向之一，也是传统测绘向现代测绘发展的必然趋势。

车载移动测绘技术已经有30余年的发展历史，起初，研究重点集中在硬件系统的集成，后来随着数字成像设备、导航定位系统、惯性测量设备等组件性能的不断提升，观测数据处理和深层次应用渐渐成为该技术的主要研究内容。

可喜的是，近年来在车载移动测绘技术领域，国内学者不断有新的研究成果，极大地推动了技术进步，作为一名在该领域奋斗过多年的老科技工作者备感振奋和欣慰。

本书围绕车载序列影像处理的基本问题展开扎实研究，深刻阐述了摄影测量与计算机视觉的关系，明确了一些难点问题。本书借鉴了计算机视觉模型的思想，建立了适合摄影测量学的模型和算法。在研究摄影测量的基本问题时，将矩阵分析、计算理论融入其中，使模型推导清晰、算法构思新颖，解决了一些摄影测量基本理论和工程实践问题。

书稿完成时，作者便将电子稿件发来请我修改，足见青年学者对待学问的认真态度，从阐述问题的深度上，也可感知作者具有厚实的研究基础。当前，车载移动测绘技术理论体系基本建立，但是全面阐述该技术数据处理理论方法的书籍还很少见，亟需一部阐述完整、内容专业的学术著作，作者非常愿意将多年研究成果整理出版，实属难得。在此我向广大读者推荐本书并希望本书尽快出版，更希望本书的出版能进一步提高该技术的理论研究及应用化水平。

刘先林 院士

2019 年 10 月 29 日

前言

近年来，测绘遥感信息技术朝着集成化、自动化、智能化、社会化、大众化及实时化方向阔步迈进，以测绘、遥感和地理信息技术为核心的地球空间信息学得到蓬勃发展，移动测绘技术（Mobile Mapping Technology，MMT）正是这一发展趋势的典型代表，并随着导航、计算机、信息等技术的进步日臻完善。陆基移动测绘技术作为移动测绘技术的重要分支在城市及陆表空间信息领域发挥了越来越大的作用，因此，全面、系统地凝练陆基移动测绘技术的科学问题，深入研究其中的关键技术和方法，拓宽技术应用的广度具有重要意义。

本书在3S集成技术系统框架下，围绕车载序列影像数据处理的关键问题开展讨论和分析。全书主要分为两大部分：第1部分（第1～2章）详细介绍了车载移动测绘技术的发展背景和技术现状，并对数学基础进行了系统总结；第2部分（第3～7章）详细介绍了车载移动测绘技术涉及的关键理论和技术问题。其中，第1章为绪论。主要介绍本书的研究背景、国内外研究现状与分析、发展趋势及存在问题、主要研究内容。第2章为基础理论。总结了序列影像数据处理理论涉及的主要坐标系及其划分，建立了归一化矩阵表达的共线条件方程，重点对共线条件方程与投影方程的表达模型进行分析与比较；最后给出了本书常用的平差模型。第3章为影像测姿定向理论算法。研究了基于罗德里格矩阵的影像后方交会、基于本质矩阵的影像解析相对定向问题，最后总结归纳了基于导航相关参考系下影像位姿的转换关系。第 4 章为序列影像空三连接点匹配算法。分析了序列街景影像匹配存在的难点，总结了一套针对街景序列影像匹配的流程；最后通过实测街景影像进行匹配验证与分析。第 5 章为轴角光束法平差理论。内容包括基于定位定姿系统的物方点坐标初值确定，在轴角描述方法基础上，建立了多种条件下的平差函数模型，同时建立了根据影像分辨率定权的新方法。第 6 章为光束法平差方程快速解算。介绍了平差方法的数据组织形式，大型对称稀疏方程组解算方法，大型区域网平差的静态逐次滤波模型，基于 PCGLS 算法的街景影像区域网平差稀疏解算方法；最后从多个方面对解算结果进行了试验验证和对比分析。第 7 章为序列影像三维重建算法。介绍了典型似密集匹配方法，立面影像似密集匹配算法，面状目标种子点可靠匹配策略，Delaunay 三角形约束下似密集匹配原理，面状目标似密集匹配试验与分析。另外，附录中给出了与本书内容相关的数学知识、资源库及部分程序代码。

在书稿收笔之际，谨向武汉大学闫利教授致以崇高的敬意和由衷的感谢。10 年前，正是在闫利教授及航空航天测绘研究所团队的指引下，作者开始研究车载移动测绘这个新方向，从那时起闫利教授一直对作者的课题研究给予巨大的支持和关怀。同时，还要感谢北京大学遥感与地理信息系统研究所晏磊教授给予的指导，感谢空间信息集成 3S 工程应用重点实验室提供的科研环境。

同时，在书稿的完善过程中，也吸纳了多位业内专家学者的建议，在这里首先衷心感谢著名摄影测量与遥感学家、中国工程院院士刘先林先生。刘院士在百忙之中审读书稿并为本书作序，同时给予诸多高瞻远瞩的指导意见；此外，还要特别感谢北京大学陈秀万教授、武汉大学邓非教授、中国测绘科学研究院张力研究员及上海海洋大学马振玲博士等在本书撰写、定稿及校对过程中给予的莫大支持和帮助；最后非常感谢中国资源卫星应用中心科技委和部门的领导、同事对本书出版给予的大力支持。

本书的出版得到了中国资源卫星应用中心的大力支持，得到了中国宇航出版社和国防科技工业局民用航天“十三五”（2019—2022年）预先研究项目的资助，在此对给予支持和资助的单位表示真挚谢意。

车载移动测绘技术刚刚起步，其理论、技术及应用都需要不断补充和完善，在发展过程中一定会遇到大量理论实践难题，但作者相信，在互联网、云计算、人工智能等技术的积极推动下，该技术一定会迸发出崭新的活力。在书稿写作过程中，参阅并引用了大量学术刊物及互联网资料，力争对该技术进行全面总结和凝练以形成完整的著作，但限于作者水平，书中难免存在不妥和疏漏之处，欢迎读者批评指正。

徐振亮

2020年1月于北京大学燕东园

目　录

第1章 绪 论

1.1 研究背景

随着我国城市化进程及基础设施建设的稳步推进，人们对城市地理信息的应用需求不断增长，而城市地理空间数据获取是最基础、最核心的一项工作，其获取手段受到人们广泛关注[1]。如何快捷、有效、低廉地获取城市地理空间数据，对于满足旺盛的社会需求至关重要。

测绘科技的发展主要以观测技术为基础，依赖于科技和仪器的进步。目前，小范围对地测绘依然采用全站仪、GPS载波相位差分技术（GPS-RTK）、近景摄影测量、地面三维激光测量等主要手段获取数据，然而随着城市化进程的不断加快，城市规模日益扩大，这种利用单点、固定、机械的作业模式不仅强度大、成本高、效率低，在人口稠密的城市存在一定的安全隐患，这些手段还很难适应当前需要。虽然利用航空遥感［航空摄影或激光雷达（LiDAR）］测量可以大面积获取建筑物顶部信息，但由于存在高层建筑遮挡，很难完整获得地面物体的立面细节信息及纹理属性信息等[2,3]；另外，航空遥感信息的社会化属性不足，也就是说传统测绘仅关注基础地理信息，缺乏与行业应用及与人们衣食住行有关的大量属性信息，且数据获取成本昂贵。航空遥感测量的数据处理需要大量的人机交互，现势性差，很难做到按需测量，特别是难以及时有效地提供地理变化信息。落后的数据采集、处理共享和服务方式一直制约着城市地理信息产业的发展。

陆基移动测绘技术的出现有效弥补了航空遥感测量和地面固定

式单点测量模式的不足，适应了对城市地理信息数据需求量大，可视、及时、低成本的发展方向及信息化测绘发展要求[4,5]，是对空基移动测绘技术的有力补充，是当前摄影测量与遥感深入发展研究的新领域，其强大的地面多视角可量测实景，具有影像采集能力，为GIS数据采集与更新开辟了一条高效的新途径[6-8]，在智慧城市、实景三维、智能交通、公共交全、应急服务、公共地图服务及工矿企业维护等领域表现出巨大的应用潜力[9-33]。

1.2 国内外研究现状与分析

1.2.1 硬件系统研究现状

移动测绘技术是当今最前沿的测绘科学技术之一，它作为高精度、高效率及海量的实景影像和三维激光数据采集手段，已在我国100多个数字城市信息化项目中成功应用，它代表着未来测绘与地理信息技术的一个重要发展方向，也是数字城市、智慧城市建设不可或缺的一项支撑技术，受到政府和各行业的高度关注。

20世纪80年代，由美国国家航空航天局（NASA）赞助的制图中心与加拿大卡尔加里大学首次提出移动测绘系统的概念，然而近20年来，特别是近10年，随着直接地理参考技术与数字成像技术的突破与进步，以及计算能力的大幅提升，移动测绘技术最终由概念变为现实并得到快速发展。起初，描述移动测绘技术的名称很多，有动态测量（Kinematic Surveying）、动态测图（Dynamic Mapping）及车载测图（Vehicle－based Mapping）等[34]。

按照载体的不同，移动测绘系统主要分为空基（机载）移动测绘系统和陆基（地面）移动测绘系统。空基移动测绘系统包括数字航空摄影测量及无人机低空摄影测量系统等，陆基移动测绘系统（TMMS或LMMS）主要是基于地面运动载体（如车辆或人等）进行研究的。移动测绘技术集成了定位定向系统［或称定位定姿系统（POS)，主要由全球导航卫星系统（GNSS）与惯性测量单元

（IMU）等导航传感器组成］、成像系统［如固态数字电荷耦合器件（CCD）立体/全景相机、激光扫描仪（LS）等］及辅助系统［计算机系统（PCS）、距离测量指示器（DMI）* 和航位推算传感器（DR）等］，是通过对地理空间目标进行量测、处理、建模、表达的一项测绘新技术。陆基移动测绘系统机动灵活，主要用于地面道路及两侧建筑立面地理信息的快速获取与更新，它的诞生标志着城市测绘技术迈入了一个崭新的时代。

在陆基移动测绘系统中，影像采集系统最为常见，载体主要是汽车，即车载移动测绘系统（VMMS）。VMMS组成及工作流程分别见图1-1和图1-2，传感器以单目或多目光学传感器（测量型相机或摄像机）为主，通过近景摄影测量（计算机视觉）的原理获得空间目标的坐标信息。VMMS平台见图1-3。

图1-1 VMMS组成

* DMI（Distance Measurement Indicator），俗称里程计。

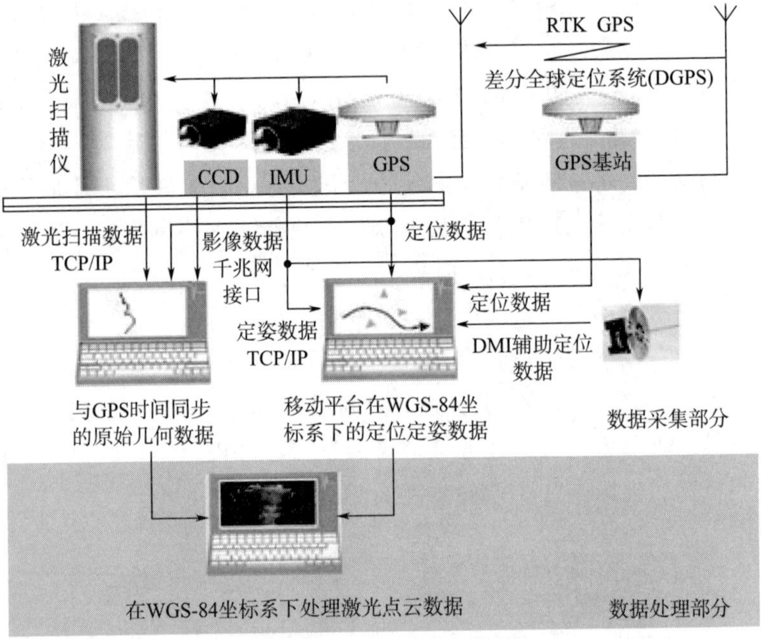

图 1－2　VMMS 工作流程

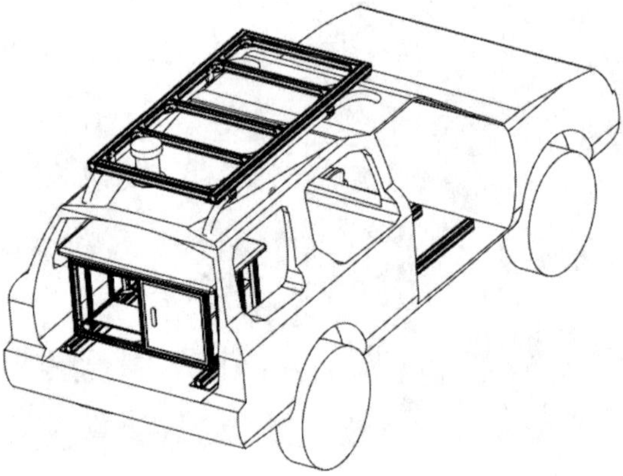

图 1－3　VMMS 平台

20世纪90年代初，美国俄亥俄州立大学制图中心率先开发了一套能自动和快速采集直接数字影像的陆地测量系统(GPSVan™)[35]，它是一个可以自动和快速采集直接数字影像的陆基移动测绘系统，这是第一个具有现代意义的移动测绘系统。20世纪90年代中期，加拿大卡尔加里大学和GEOFIT公司为高速公路的测量设计开发了VISAT™系统[36]；同期，德国慕尼黑联邦国防军大学也研制了基于车辆的移动测绘系统（KISS™）[37]，瑞士洛桑联邦理工学院和西班牙ICC研究所联合研制了GeoVan系统[38,39]；1995年，我国开始进行有关移动测绘技术的研究。1999年，原武汉测绘科技大学测绘遥感信息工程国家重点实验室在李德仁院士的主持下率先在国内成功研制出WUMMS；2000年，武汉大学与立得空间信息技术股份有限公司（立得公司）合作研制商业化移动测绘系统；2005年，立得公司的第一代LD2000系统正式面市，其获取的CCD影像，多用于城市建模、交通测量，并可为GIS提供地理空间数据[40,41]，使得广大测绘工作者能够将繁琐的数据采集工作从室外转移到室内，受到业内及社会的广泛关注，深刻影响着传统测绘。近年来，李德仁院士将通过MMT获得的可量测实景影像与传统基础测绘的4D产品并称为5D产品[42]，并预想其成为下一代空间数据服务的新方向。

现今，世界上能够自主研发VMMS的高校及科研机构（包括产品）还包括[43]：日本东京大学的VLMS及中国测绘科学研究院与相关机构研制的SSW-MMTS[44]。武汉大学在该领域积累了丰富的经验，为相关单位研制了多套VMMS。

当前，VMMS在城市空间目标量测、可视化、场景恢复、资产信息管理（如道路检测及城市部件采集等）、灾害应急等领域发挥了重要作用。大量实践表明，VMMS确实可大大降低城市遥感数据（影像和点云）采集的强度和成本，使数据的获取能力显著提高，在数字城市、智慧城市建设方面展现了很好的应用前景。图1-4为VMMS及测量轨迹，图1-5为VMMS获取的城市序列倾斜街景影像，图 1 - 6 为应用 VMMS 获取的实景影像及激光点云建立的数字城市三维建筑模型。

图 1 - 4　VMMS 及测量轨迹

图 1 - 5　VMMS 获取的城市序列倾斜街景影像

除了对地测绘，实际上，自从有了观测技术，人类就开始在月球、行星表面进行了测绘，到后来，航天和遥感技术的发展为人类深空探测插上了腾飞的翅膀。国际摄影测量与遥感协会（ISPRS）下设的行星遥感与测绘工作组，专门从事该领域的研究。

早期，人们主要通过绕月飞行器获取影像数据信息，众所周知，月球统一控制网（ULCN）提供的数据是进行月球测绘的基础，现有的 ULCN2005 是由 1994 年获取的 43 866 幅克莱门汀影像与之前的摄影数据进行摄影测量平差生成的，应用最为广泛。该控制网提供的 272 931 个结果点平面精度在 100 米至数百米量级，垂直精度在 100 米量级[45,46]。

图 1-6 应用 VMMS 获取的实景影像及激光点云建立的数字城市三维建筑模型

随着航天技术的进步，人类可以直接将装载各种成像传感器的巡视器（月球车）发送到星体表面，利用这种移动测量设备获取的序列影像，经过处理、解译后可以获得着陆区地形地貌、岩样识别等大量重要信息，利用序列影像还可以使巡视器实现自身导航定位，在这方面测绘科研人员做了大量科学试验，并取得了重要成果。

在 21 世纪初，为了精确测量勇气号和机遇号火星探测器的具体位置，时任美国俄亥俄州立大学测量系教授的李荣兴博士，作为该项目首席研究员，利用空中三角测量区域网平差原理，根据每天获得的火星表面的序列影像，通过匹配同名点，建立“航带”模型，以此精确计算每个摄站点的坐标位置，以纠正遥测定位产生的误差，如图 1-7 所示[47]。

2013 年和 2018 年，我国向月球分别发射了嫦娥三号和嫦娥四号

(a) 区域网平差原理

(b) 勇气号火星探测器漫游路径

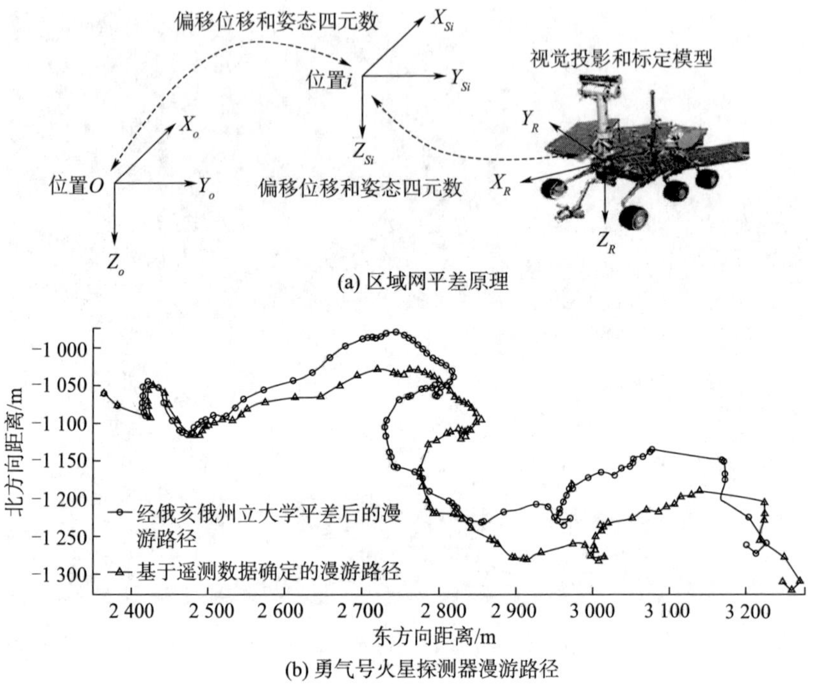

图 1-7　利用区域网平差原理为勇气号火星探测器导航定位

探测器，其中玉兔号和玉兔二号巡视器装载了全景相机、测月雷达、红外成像光谱仪、中性原子探测仪等多种科研设备，对月球正面和背面进行了科学探测，通过安装在车体不同位置的相机获取立体像对，利用双目视觉测量原理恢复月面三维信息来实现。玉兔二号巡视器顶部安装的立体视觉系统对所处的月球表面复杂环境进行了有效的感知和信息融合，以完成月面影像的获取[48]；然后通过数传系统将月面影像发送回地面，在地面完成月面影像数据解析、影像预处理、影像像点匹配、三维解算与 DEM/DOM 地形生成、三维场景重构等一系列处理，为巡视器任务规划、可视化显示等功能的实现提供基础地形数据，也为人类提供了基于遥感信息的月面环境认知（图 1-8）。

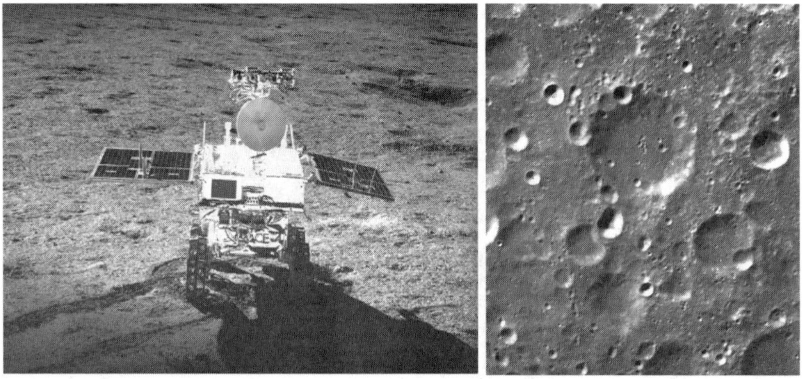

图1-8　玉兔二号巡视器及月面局部地形

在月面地形重构方面，戴宪彪等[49]从增大月面地形重建速度的角度出发，根据对月面巡视器双目立体视觉系统及其工作环境的分析，提出了一种相机离线标定和区域生长稠密匹配相结合的月面环境重建方法，通过相机离线标定、极线校正和基于区域生长的立体匹配，快速得到月面巡视器漫游环境的深度图；香港理工大学吴波博士利用三角形约束密集匹配技术实现了对月面地形、地貌的三维重建[50]（图1-9），为人类深入认识星体提供了素材。

1.2.2　数据处理、产品开发与应用现状

（1）数据处理、产品开发

车载移动测量数据处理主要包括轨迹数据处理、激光点云数据处理及街景影像数据处理，前两者处理方法与其他平台获取的同类数据处理手段相似，这里不再叙述。

当前，在计算机视觉及摄影测量专业领域开展了街景影像数据处理及应用的相关研究。

在计算机视觉领域，研究人员大多利用杂乱的网络数码照片，

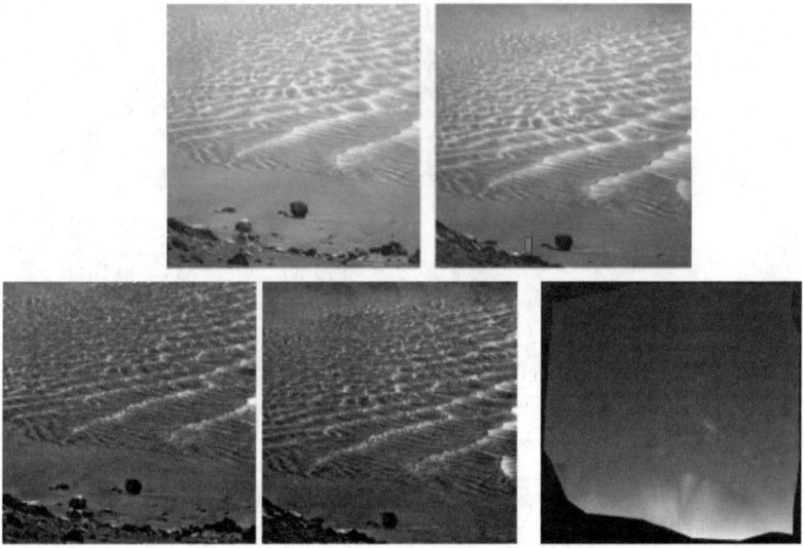

图 1-9　对月面地形、地貌的三维重建（见彩插）

通过密集匹配及光束法平差*技术实现从运动到结构（Structure from Motion，SfM）及三维重建（见第 7 章），虽然进行了误差处理，但行业的特殊要求使计算机视觉中的误差处理方法不够严密，因此得到的结果精度较低。另外，该领域只关注模型的相对关系，不考虑目标的尺度，给高精度量测带来了很大麻烦。当前著名的研究项目包括 Debevec 的 Façade 项目、麻省理工学院的 City Scanning 项目、佐治亚理工学院的 4D Cities 项目、斯坦福大学的 City Block 项目、意大利 ATOR（Arc-Team Open Research）考古研究项目、华盛顿大学 Photo City 及一日建成罗马项目（图 1-10）等。

在商用系统方面，加拿大 Eos Systems 公司于 20 世纪 90 年代开发了一款基于地面近景摄影测量（Close-range Photogrammetry）理论的三维建模软件 PhotoModeler，该软件能够对近景目标进行准

---

* 计算机视觉中称捆集调整（Bundle Adjustment，BA）。

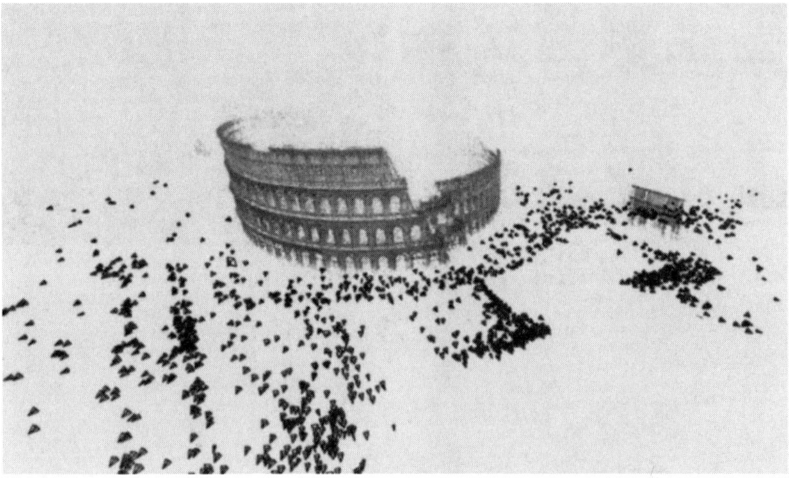

图 1-10　应用网络图像及 SfM 技术建立罗马斗兽场

确量测。SfM 在商用系统方面有 Agisoft Photoscan 软件及美国微软公司的 Photosynth 软件等，Photosynth 软件能将来自不同相机、不同时间、不同分辨率、不同比例的同一场景照片融合，对某一目标进行三维重建或者拼接成全景图。

典型的 SfM 开源软件资源包括 Autodesk 公司的 Web 服务 SfM——123D Catch 及 ARC3D、捷克布拉格查理大学的 Web 服务 SfM——CMPMVS、华盛顿大学的 Visual SfM（单机版具有 GPU 加速功能）等，这些开源软件资源的核心技术主要包括影像密集匹配和光束法平差技术，因此也有一些研究人员将这些不同特点的开源软件资源进行了组合研究，如 Bundler + PMVS2、OSM + Bundler、openMVG（图 1-11）及 Apero+MicMac（图 1-12）等在计算机视觉及摄影测量三维重建方面都有广泛研究。

（2）应用现状

在当前测绘领域，街景影像的数据处理主要停留在可视化阶段，且测量数据精度较低。吴军[51]以数码相机拍摄的近景影像和直升机机载视频序列影像作为纹理数据源，采用纹理重建系统 Recon 和

图 1 - 11　由 openMVG 重建的建筑

图 1 - 12　由 Apero＋MicMac 重建的国会大厦

3DmapCreate 分别进行建筑墙面纹理快速重建试验，取得了一定的效果，但实际精度较低。康志忠[52]融合车载街景影像和二维矢量地图，快速实现了城市街道两侧凹凸建筑立面三维可视化，见图 1 - 13。图 1 - 14 为立得公司在街景影像应用方面推出的我秀中国实景地图导航服务。然而，对街景影像高精度处理、实现高精度量测应用的产品还很少。

众所周知，测绘项目一般针对特定的目标进行严格的规范获取和数据处理，但车载街景影像自然、便捷的获取方式使得其数据进

图 1-13　街道两侧凹凸建筑立面三维可视化

图 1-14　我秀中国实景地图导航服务

行高精度处理比较困难。近年来，随着互联网地理信息产业的崛起，测绘行业逐渐认识到街景影像的潜在价值，不断地研究针对街景影像数据特征的算法及相关应用，如可量测的三维可视化、矢量化等。从现有的资料来看，在测绘领域应用车载激光点云数据、城市倾斜航空影像及手工拍摄的大角度近景影像开发的可量测三维可视化产品居多，应用车载街景影像开发的可量测三维可视化成果及产品还很少。利用车载激光点云结合同步拍摄的全景影像，通过精确配准技术实现城市场景的三维重建成为测绘领域的重要研究方向，该技术的测量精度取决于点云扫描精度，因此测量精度较高，在小范围内（如一栋建筑、一个街区）可以取得较好的效果，但用于城市大场景三维建模时，由于海量点云数据（TB级）处理及多源海量数据融合技术存在诸多挑战，因此该方法仍在不断探索实践中。另外，在当前摄影测量技术中，倾斜摄影测量技术是一个重要的研究热点，其代表性的产品是街景工厂，它能够采用航空倾斜影像实现城市三维模型的快速重建，图 1-15 是由该软件制作的法国马赛的城市三维模型。

图 1-15　法国马赛的城市三维模型

李畅[53]以手工拍摄的大角度影像为数据源，通过灭点理论获得外方位元素初值，再经过广义点光束法平差技术优化后，利用提取的建筑物的凹凸边界进行点线匹配后，与纹理图像叠加最终得到了建筑物三维模型（图 1-16）。近年来，基于张祖勋院士的多基线摄影测量理论，武汉朗视软件有限公司开发了一系列近景摄影测量产品，在工程建设、文物保护等多个领域得到应用。

图 1-16　基于灭点理论得到的建筑物三维模型

1.3　发展趋势及存在问题

1.3.1　技术发展趋势

目前基于多传感器集成的 VMMS 构造越来越复杂，功能越来越强大，除了在传统测绘领域发挥重要作用外，在其他与空间位置相关的领域，这些集成传感器系统也发挥着独特的作用，只是名称不同。下面从几个重要的应用领域介绍该技术的发展。

(1) 无人驾驶与室内定位

无人驾驶（或辅助驾驶）是智能交通领域非常重要的技术，它是依靠安装在车身上的摄像头、激光雷达传感器以及手动汽车数据库信息，完成无人驾驶汽车导航任务的。在该技术领域，美国卡内基梅隆大学和斯坦福大学保持着世界领先水平[54]。谷歌公司以其巨大的信息技术优势在技术开发应用方面同样处于领先地位，并取得了突破性进展，其将测试环境由高速公路转移到更加复杂多变的城市街区，并能自动处理路况。据报道，无人驾驶系统（Driving Assistance Systems，DAS）能够同时检测数以百计的不同对象，包括行人、公共汽车、交通协管员手中的停车标志，或者是骑自行车人员做出的一个可能转弯的手势。自 2009 年以来，谷歌的无人驾驶汽车已行驶 70 多万英里（1 英里≈1.609 3 千米），而且未发生任何交通事故，其相关技术有望成为该领域标准。图 1-17 所示为谷歌无人驾驶汽车。

图 1-17　谷歌无人驾驶汽车

目前，众多汽车公司也纷纷研发和测试 DAS。武大卓越科技有限责任公司的科技人员也在无人驾驶汽车方面进行了卓有成效的研究，在国内率先开发出 SmartV 系统，并为验证相关技术进行了大量试验。DAS 与 VMMS 的区别在于 DAS 更加注重导航轨迹信息及成像传感器识别的作用。众所周知，在已投入应用的服务中，世界著名的地图、交通等综合地理服务供应商 NavTech（美国）、TeleAtlas（荷兰）主要利用 VMMS 获取道路空间信息，并为驾驶员及消费者提供辅助驾驶和位置服务（Location Based Service，LBS）[55-57]，足见其拥有巨大的应用前景。

在复杂室内条件下实施救援任务时，人们熟悉室内环境空间信息对于灾害处置是非常重要的。以前，测绘工作主要是在户外进行的，人们很少在意室内的具体情况，也认为室内定位信号差，测绘的可操作性不强。但随着科技的进步，已经出现了一些可以用于室内高效测绘的技术（如 Wi-Fi 技术）和工具（如 Tirmble 公司推出的室内测图系统 Indoor Mapping——TIMMS），引起测绘行业的极大关注，也成为近年来导航定位领域较热门的研究方向。

(2) 移动互联网街景地图导航位置服务

近年来，具有一定技术实力的IT企业也纷纷进军地理信息产业。众所周知，谷歌公司旗下的Google Maps通过VMMS车队（采购或租赁）采集并发布城市街景（Street View），微软公司则推出类似的Live Street-Side、Bing Maps。立得公司率先在该领域成功研制VMMS，通过实景三维地理信息的创新应用在多领域创造了崭新的模式，并为互联网公司百度提供街景数据。2014年年初，阿里巴巴网络技术有限公司（阿里巴巴）以全资股份并购高德软件有限公司，在互联网领域通过全新的街景地图业务及运营模式进行创新，如街景导航及位置服务、网络社交、娱乐消费等，有望带来全新的经济增长方式。2013年，立得公司采用当今最先进的移动测绘及实景地图技术打造实景地图服务网站——我秀中国，为公众提供基于街景影像地图的位置服务。据报道，与谷歌街景不同的是，我秀中国具有一定的量测功能，开启了实景地图应用新模式。深圳市腾讯计算机系统有限公司（腾讯）也从当初的街景数据采购方转型，全面开展数据采集业务，正式入股北京四维图新科技股份有限公司（四维图新）。

可以说，这些创新模式的发掘与VMMS便捷的数据采集方式及其广泛的应用潜力密不可分。

(3) 人工智能和工业测量

移动机器人技术是人工智能的一个重要分支，移动机器人技术的一个主要应用就是对位置环境的感知与测量。当移动载体进入未知环境时，为了对自身进行定位，需要利用载体周围环境地图；而为了建立未知周围环境地图，需要利用载体位置信息。然而，如果已知周围环境地图而为载体定位，则属于定位问题；如果已知载体位置信息而构建周围环境地图，则属于测绘问题；如果我们既没有周围环境地图，又不知道载体位置信息，要同时为载体定位与构建周围环境地图，便成为一个两难的问题。

同步定位与地图创建（Simultaneous Localization And Mapping,

SLAM，或 Concurrent Mapping and Localization，CML）是利用移动载体建立未知周围环境地图，又以创建的周围环境地图为参考实现自身定位，因此 SLAM 是视觉里程计（Visual Odometry）和三维重建（3D Reconstruction）的统一技术。由于 SLAM 具有很强的理论和应用价值，因此，其是移动机器人路径规划、导航、自动驾驶领域的一项热点研究课题。图 1－18 为自主机器人系统。

图 1－18　自主机器人系统

从测绘的角度来看，SLAM 实质上是在没有控制点的情况下，只依据影像信息同时完成定位与测绘两项任务，是实时的“无控空中三角测量”。SLAM 一般用于强调相对尺度下传感器位置关系的恢复及拍摄场景的稀疏重建，恢复的运动点位和场景是在一个不可量测的相对位置关系下进行的，并且对影像质量及重建后的参数精度要求相对较低，不强调建模质量及纹理质量等，但 SLAM 要求在数据处理上具有很强的实效性，这是区别于测绘行业显著的特征之一。

在空中三角测量中，影像位姿和特征点的初始三维空间坐标一般通过影像相对定向、绝对定向及前方交会等步骤获得，然后再通过光束法平差得到整体优化后的影像位姿和特征点坐标参数。对于基于视觉（影像）的SLAM而言，为保障各种参数的实时求解，机器人当前时刻的运动状态（影像位姿）和观测参数（特征点坐标）是通过前面时刻的运动状态及观测参数估计得到的，因此建立的数学模型通常包含状态方程和观测方程两部分。然而，不同时刻的状态向量和观测向量都不同，所以求解时通常采用增量式的方法。卡尔曼滤波是解决SLAM问题常用的数据处理方法，近年来，卡尔曼滤波发展了很多变体，如扩展卡尔曼滤波法（Extended Kalman Filter ，EKF）能减小高阶方程求解负担而且可缩短时间延迟，满足了相关领域的特殊应用要求，由于缺少外部控制信息，随着路径增加，滤波误差累计较大，这也是近年来为解决SLAM问题的主要研究方向。SLAM目标跟踪及定位误差椭圆见图1-19。

由于SLAM要求解算具有实时性，而在现实解算过程中存在一定的时间延迟，如果以凸显场景三维重建为目标，可将实时处理转变为事后处理，降低问题的复杂性，这就是计算机视觉领域中，著名的SfM问题，它首先根据视觉（影像）信息估计运动参数（即相对定向），然后通过三角化（双像交会）获得空间目标三维特征点云，最后利用局部平差技术精化定向参数和三维特征点云，由于采用事后处理，各类参数的误差分布较SLAM均匀。

从技术流程来看，基于计算机视觉的三维重建与近景摄影测量立体测绘更为接近（图1-20），差异在于计算机视觉三维重建仅完成相对定向，也就是说在相差一个空间尺度下完成三维重建，见图1-21。由图1-20可知，SfM与摄影测量相对定向及前方交会等环节比较类似，由于是在相对定向下完成三维重建，因此，经过SfM后还需要使用局部平差技术（LBA）确定尺度参数。

与测绘领域密切相关的近景摄影测量是工业测量，使自动装配线的机器人完成视觉检测是机器视觉及工业自动化领域非常重要的

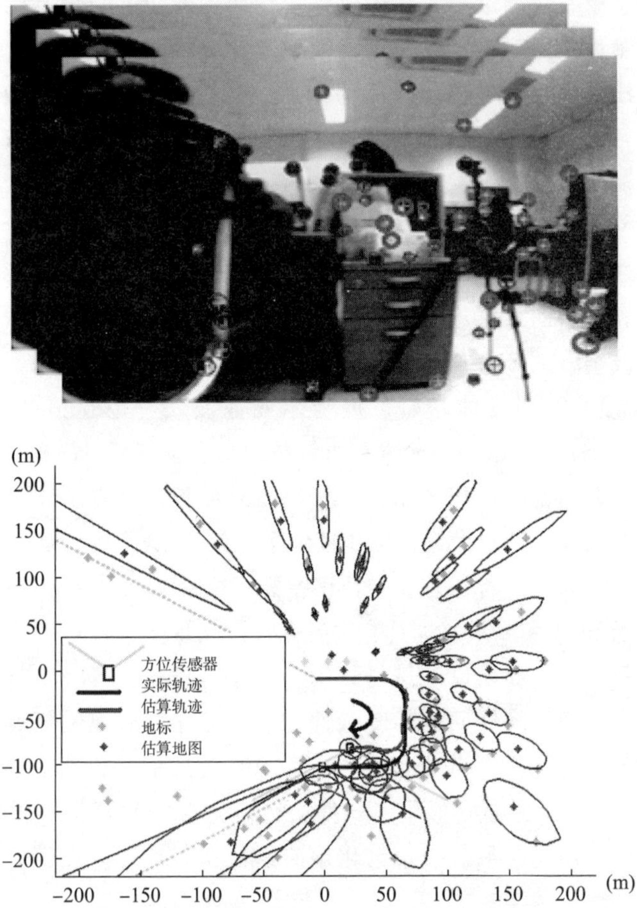

图 1－19　SLAM 目标跟踪及定位误差椭圆（见彩插）

一项任务。利用摄像机代替人眼，可以大大减少劳动者的重复性工作，实现生产的自动化，例如，V－STARS 软件可实现近景目标的高精度工业级量测。

上述系统在硬件集成方面与 VMMS 都有着很强的相似性，其软件流程、方法与近景摄影测量数据处理过程也非常接近，但研究的侧重点和方法有所不同。

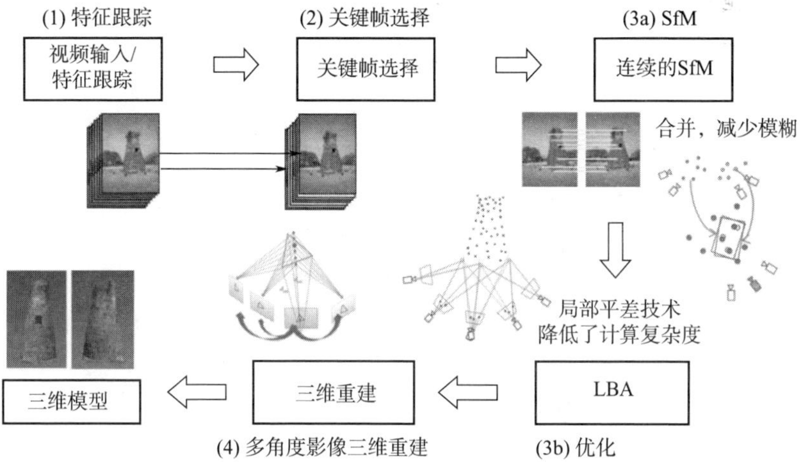

图 1-20 基于计算机视觉的三维重建流程

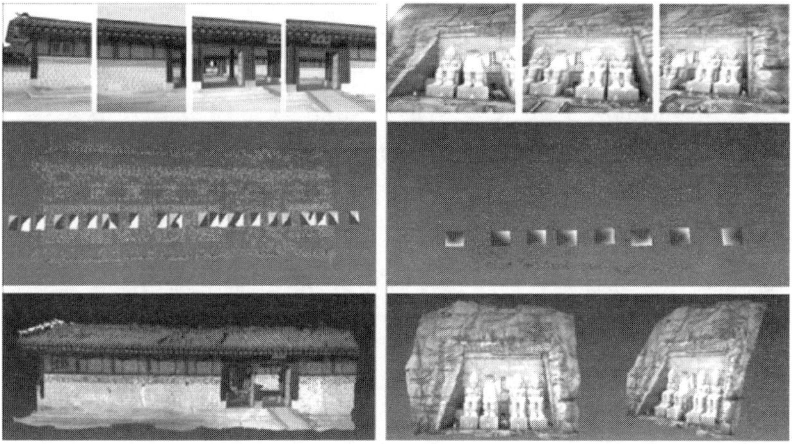

图 1-21 计算机视觉三维重建

(4) 多源数据的高精度融合快速处理

VMMS 的应用效果与其数据处理及开发水平息息相关，随着测绘行业对地理空间数据处理质量要求越来越高，其应用范围自然会得到不断拓宽。

VMMS集成了多种高性能成像传感器以及直接地理参考设备，能够同步采集到所需的各种数据，数据之间通过地理坐标基准准确套合（配准）后能发挥数据的最大优势，有效提升了数据的可用性及质量。因此，多源遥感数据（激光点云、影像等）与POS数据高精度快速融合处理已经成为VMMS数据高精度处理的一个主要发展趋势[58]。

此外，VMMS需要解决的问题是如何对获得的数据进行有效、快速的处理，当前，海量数据的并行、网格、GPU及云处理技术（云存储、云计算及云发布）为街景影像的管理与应用起到关键支撑作用，已经成为大数据时代的一种主流处理手段。Astrium公司继像素工厂（Pixel Factory™）后又率先推出了街景工厂（Street Factory™）软件，通过对街景影像（主要为航空倾斜影像）数据的快速自动处理为用户提供强有力的城市三维制图解决方案。

1.3.2 存在问题

VMMS在众多相关领域的应用潜力是巨大的，但是，与VMMS获取数据的能力相比，车载遥感数据的处理能力还很有限，主要面临着数据“又多又少”的矛盾问题。例如，车载激光点云获取数据便捷且精度较高，但海量数据（城市区域可达TB级）的处理难度较大，并且数据缺乏纹理属性信息。因此，采用车载激光点云的方法一方面数据多到无法处理，另一方面用户需要的数据又找不到，致使系统无法快速及时地回答用户提出的问题[8]。

当前车载街景影像还主要用于城市及道路目标识别、浏览与导航等领域[41]，量测功能还比较初级，精度较低。通过车载量测街景影像不仅要清楚“是什么”，更需要知道“是多少”，与数据获取设备发展速度相比，要想实现目标精确定位，仍需走很长的道路。

利用影像进行目标精确定位是影像几何处理的基础、信息量化的依据以及数据复合分析的关键，也是VMMS广泛应用的重要前提。目前，利用车载街景影像进行目标精确定位难点有4个方面：

1）构网强度弱。首先，车载街景影像一般是载体在行驶方向（沿道路延伸方向）获取的，因此，只是在行驶方向上有影像重叠（单航带）；其次，城市区域（建筑立面内）不易布设控制点，因此构网强度较弱。2）视场小、成像质量不高。车载CCD传感器一般为小面阵数字工业相机动态成像，摄影光束窄、影像视场角小、畸变大。3）影像数据琐碎且影像位姿参数众多。VMMS的相机一般曝光频率高（片数多），影像定向参数之间存在很强的相关性。图1-22为VMMS在一次测绘中的行驶轨迹，采集的影像多达上万张，并且测区影像为多角度拍摄。4）大角度倾斜摄影及干扰测量因素多。由于相机在车体上具有独特的安置位置，影像与建筑立面间一般呈大角度倾斜关系。另外，城市街区建筑目标前景与背景深度、近景与远景尺度差异较大，还存在（树木）遮挡及（车辆及行人等）运动目标等干扰因素，可用的数据非常少。以上众多原因导致车载街景影像目标精确定位难以控制，因此，相关处理技术正在研究中。

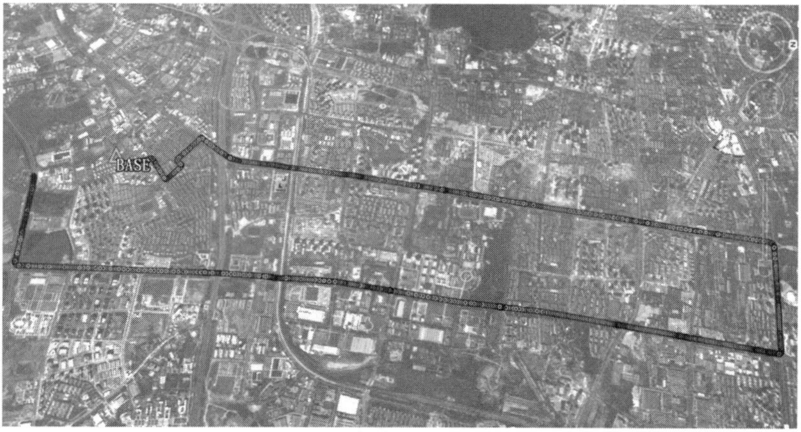

图1-22 VMMS在一次测绘中的行驶轨迹（Google Earth截图）

空中三角测量，简称“空三”，是摄影测量中获得高精度外方位元素及物方点的一种重要方法，该方法经过空中三角测量后，使得同名光线对对相交，在传统航空摄影测量控制点加密中扮演着重要角色，是影像高精度定位的基础。空三质量取决于像点测量及影像位姿参数的质量。在 VMMS 中，影像外方位元素（位姿参数）由 POS 提供，精度不高，可以作为影像初始位置关系及物方点坐标初始值；频率较高的曝光成像使影像间有很高的重叠度（最高可达 90%以上，有 10 度以上重叠），容易通过影像匹配技术获得可靠的多度重叠同名像点坐标，一定程度上弥补了车载街景影像构网强度弱的缺点，而且单航带街景影像本身的顺序是不需要事先确定影像间重叠关系的，相比航空影像，街景影像有利于影像快速匹配和同名点连接，因此通过研究可靠精确的原始数据、严密的平差模型与解算方法，有望实现车载街景影像的目标精确定位。

（1）紧组合 POS 数据

近 20 年来，随着 POS 测量精度及可靠性的不断提高，摄影测量学这门传统的学科开始欣欣向荣，向无地面控制方向发展[59]，高精度外方位元素对于提高作业水平、拓宽技术应用领域意义重大，也是众多学者孜孜以求的奋斗目标[60,61]。POS 在陆基移动测绘有源信号（GPS）完整性受到影响时，可利用无源设备（INS）有效弥补其不足，并且可以快速实现对 GPS 失锁信号的捕捉，由立得公司自主研发的 POS 可知，在 IMU 辅助下重新捕获的 GPS 信号时效由 10 s 缩短至 1 s，提高了测量的可靠性。POS 有两种用于影像空间定位的方式：1）直接传感器定向（DG）；2）集成传感器定向（ISO）。

直接传感器定向是在 POS 误差检校基础上，利用前方交会直接对目标定位。然而该方法存在很多弊端[62]，检校后的 POS 数据中仍含有不同程度的残余误差，定位精度差异较大，在测绘方面还很难奏效，基本可满足位姿参数要求不高的航空数字正射影像图的制作[63,64]。Alamus 等利用 GEOMOBIL 系统的原始 POS 数据对立体像对进行前方交会后，在一个区域测量得到的点在东/北/天三个方向的均方根误差（RMS）分别为 0.22 m/0.16 m/0.26 m，而在另外一个区域测量，三个方向的 RMS 则分别为 0.50 m/0.39 m/0.48 m[65]。国内学者指出，由于 POS 的测量精度与摄影测量成图的要求尚有一定的差距，很难满足航空大比例尺地图测绘需求[66,67]；袁修孝通过试验得出，利用POS数据重建立体模型实施安置元素测绘时，由于视准轴（偏心）误差的存在会产生很大的模型上下视差，且高程难以满足大比例尺地形测绘的精度要求[62]；大量航空摄影测量实践表明，当前POS精度在最优条件下仅能达到10像素以上（基于POS反投影像点残差）。

鉴于车载街景影像量测存在诸多的技术问题，人们势必要对POS数据质量提出更高要求。近年来，DGPS/IMU组合定位逐渐引起大家关注，将组合定位数据与摄影测量观测值进行联合平差，即集成传感器定向（ISO）。相比而言，对POS误差进行联合建模处理，提高了POS的数据精度。组合定位有松组合和紧组合两种方法，松组合是一个较低层次的组合，其特点是DGPS和IMU独立工作，工程实现简单且可靠性高，但误差补偿能力有限。刘军博士在机载POS的数据辅助三线阵数据处理中，采用定向片内插的方法不断改正POS数据，有效控制POS的漂移误差，在具有较少控制点情况下获得了较好的结果[66]。张永军等利用回归补偿模型对POS数据进行改正后，模型上下视差明显减小，有效补偿了外方位元素的系统误差[68]。松组合满足一定航空测绘需求（空域不易出现GPS信号问题），但这种方式总体来说精度较低，并且依赖GPS，在陆基移动测绘领域基本没有实用价值[69]。

紧组合（IN－Fusion）是将GPS的观测量和IMU的观测量融合解算，该方法能够有效补偿POS数据中的系统误差及漂移误差，目前可将POS数据处理的位置精度从m级、dm级提高到cm级，姿态精度可优于10″[70-74]。国内学者郭大海、孙红星、邹晓亮、李学友等在DGPS/IMU紧组合处理方面做了很多有益的工作，验证了紧组合定位的优势[75-79]，位置标准差三维分量均小于±5 cm，俯仰角和横滚角标准差均优于±0.002°/h，偏航角标准差优于±0.008°/h。立得公司自主研发的PPOI（Platform based Positioning and Orientation Instrument）定位定姿平台及紧组合算法，经验证可满足大比例尺航空测绘的需求。

（2）街景影像匹配

街景影像实现目标精确定位的一个重要环节就是同名像点坐标的稳健、准确量测。目前在航空摄影测量领域基本采用基于灰度的匹配技术实现同名像点坐标量测自动化，但对于街景影像，由于受到光照、视角等因素影响，传统的基于灰度的影像相关技术还不能完全满足要求，另外匹配得到的特征点大都是杂乱无章的，对于目标量测意义不大。因此，选择可靠的匹配方法和研究精确特征定位算子（子像素级）对于目标定位及三维重建等环节至关重要。当前特征匹配在近景及计算机视觉影像匹配中得到广泛应用，如 SIFT 算子在匹配可靠性、定位准确性方面都表现很好，但针对街景影像仍存在大量误匹配情况，仍需要一定的约束策略才能消除。

（3）严密的 POS 联合平差模型

由于 VMMS 测量环境的复杂性，在城市建筑立面设置控制点是比较困难的，另外，随着工业水平的进步，当前车载 POS 的精度明显提高，因此，研究在无控制点条件下的带有控制片的 POS 联合平差模型势在必行。此外，通过设置不同控制片有望进一步认识 POS 误差的规律。

（4）大型空三平差法方程高精度快速解算

大型空三平差法方程高精度快速解算是数字摄影测量中的一项关键技术，本书主要对姿态矩阵的构造方法、平差模型的构建及数值解算技术予以研究。

首先，车载街景影像曝光时间短、影像数量大，基于传统欧拉角旋转矩阵描述方法，对于车载街景影像定位的迭代解算存在诸多弊端，如繁冗的三角函数运算直接导致解向量的不稳定，并且影响解算效率，因此，选择合适的旋转矩阵描述方式显得尤为重要。其次，现代误差理论认为，考虑到待估参数的精确统计特性，可进一步提高测量数据处理模型的严密性。最后，从当前大型稀疏状法方程的求解技术水平来看，稀疏迭代解算技术是一种有效的方法，并且在众多涉及大型方程求解的应用中得到验证。

综上所述，车载街景影像空中三角测量与三维重建技术涉及测绘学科前沿（3S技术）及摄影测量核心（平差优化技术及密集匹配等），相关理论方法研究能极大拓展车载街景影像实现目标精确定位的应用范围，有力推进数字城市、智慧城市建设，促进城市及交通信息化发展；同时，也会加快相关学科间的技术交叉和融合，因此研究内容具有较强的理论和现实意义。

1.4 主要研究内容

本书介绍了影像测姿定向理论算法、影像空三连接点匹配和似密集匹配算法、轴角描述的序列影像空中三角测量理论与算法等研究内容，为车载街景影像目标精确定位提供了新的研究和实现途径。主要研究内容包括以下几个方面。

（1）基于影像的测姿定向理论算法

1）基于罗德里格矩阵的影像后方交会。研究建立了一种基于罗德里格矩阵及最大凸包面积的影像姿态初值估计方法，通过选择面积最大的三个像点对应的物点作为基点，利用矩阵分析理论首先通过最小二乘法估计得到外方位线元素，再基于罗德里格矩阵及矩阵形式下共线条件方程估计得到外方位角元素。

2）基于本质矩阵的影像相对定向。研究建立了一种基于本质矩阵的高精度影像相对定向方法。首先，选择立体影像重叠区域同名凸包点中构成面积最大的三个像点对应的物点作为基点，利用本质矩阵与影像相对位姿的关系及旋转矩阵保范性得到影像相对位置基线，然后应用罗德里格矩阵获得相机相对姿态参数。

（2）多种约束条件下近景街景影像可靠匹配

1）SIFT稀疏匹配与自动转点。针对街景影像经SIFT特征匹配后仍存在大量误匹配的难题，研究建立了在SIFT粗匹配基础上施加多种约束策略逐步精化的稀疏匹配新方法。实现了序列影像同名像点的自动快速连接，以满足车载街景影像空三系统中像点观测值的需要。

2）基于 SIFT 特征的面域似密集匹配。在提取的 SIFT 特征基础上，以可靠稀疏匹配点为种子点，建立了一种针对影像面状区域（墙面或地面）的三角形约束的似密集匹配方法。

（3）轴角描述的快速光束法联合平差模型

1）轴角描述的 POS 联合平差函数模型。针对传统欧拉角旋转矩阵描述方法对于多定向参数的车载街景影像数据迭代解算存在的诸多弊端（如繁冗的三角函数运算直接导致解向量不稳定且效率低），做了以下研究：首先，以现有主流商用软件紧组合 POS 结果作为位姿的初始观测值参与平差解算，研究构建由轴角表达的 POS 外方位元素；借鉴计算机视觉投影方程表达式，研究建立了齐次坐标矩阵形式下的共线条件方程式以及有控制点情况下 POS 联合平差模型、无控制点带有控制片的 POS 联合平差模型、包含控制点/控制片的 POS 联合平差模型及无控制条件下 POS 联合平差模型（其中分别包含是否有虚拟观测值的情况）。

2）像点权值的确定。针对车载倾斜影像，建立了一种依据倾斜影像分辨率定权的方法。

（4）大型方程组快速稳定解算

将稀疏共轭梯度数值解法引入大型区域网光束法联合平差法方程解算，在此基础上建立了一种以法方程系数矩阵对应的对角平方根矩阵作为预处理矩阵的构造方法，以改善法方程系数矩阵的条件数，提高解算稳定性及质量。

第 2 章　基础理论

摄影测量是通过二维影像信息建立三维目标信息的过程，目标测量需要获得准确的相机检校参数（内方位元素及畸变参数）和影像的位姿信息（外方位元素）。在车载移动测量中，影像采集一般采用框幅式数码相机，其检校参数是事先标定的，而外方位元素信息的获取一般分两种情况：1）传统航空摄影测量及无位姿参考下的摄影测量（如月球及其他星体测绘）。一般通过影像自身信息获得影像间的相对位姿关系，再将其统一至绝对坐标参考系下，即像方坐标参考系→物方坐标参考系（测图坐标系）。2）基于 POS 的现代对地测绘。一般是利用载体装配的 POS 获得位姿信息转换至测图坐标系（对地测绘），即像方坐标参考系→导航相关参考系→物方坐标参考系。本章从坐标系和基本方程出发，总结了本书涉及的专业基础理论。

2.1　参考坐标系

在车载移动测量中涉及多种坐标系相互转换，按转换阶段分为 3 类：1）像方坐标参考系，包括像素及像平面坐标系（o）、像空间坐标系（i）和相机坐标系（c）；2）导航相关参考系，包括车载平台坐标系（b）、当地水平坐标系（g）和地心直角坐标系（E）；3）物方坐标参考系，主要包括各个国家、城市或工程的测图坐标系（m）。

2.1.1　像方坐标参考系

（1）像素及像平面坐标系（o）

数字影像的像素坐标系（Image Pixel Frame，$o-uv$）为一个平面直角坐标系，原点在左上角（0，0），横轴 u 指向行方向，向右为正，竖轴 v 指向列方向，向下为正，坐标值是通过像素的行列号（u，v）表示的，见图 2-1。

像平面坐标系（Image Plane Frame，$o-xy$）亦为一个平面直角坐标系，坐标原点位于影像的中心点，x 轴指向右为正，y 轴指向上为正，见图 2-1，可见有了点位像素坐标及像素物理尺寸，很容易得到该点的像平面坐标。

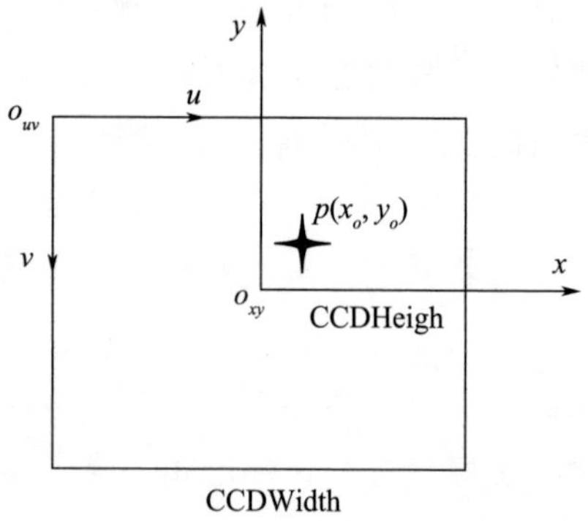

图 2-1　像素坐标系与像平面坐标系

（2）像空间坐标系（i）

像空间坐标系（Image Coordinate Frame，i）定义为一个右手空间直角坐标系，该坐标系是与像片相关联的，坐标原点位于相机镜头的投影中心，也是相机坐标系 c 的原点，x 轴与像平面的 x 轴平行，y 轴与像平面的 y 轴平行，z 轴垂直于像平面，以指向像片中心的反方向为正，坐标形式为（x，y，$-f$），见图 2-2。

另外需要补充一点，在传统航空摄影测量学中，还要构建一个与像方和物方联系紧密的坐标系——像空间辅助坐标系 $i-XYZ$，它的坐标原点和像空间坐标系坐标原点一致，但轴系指向与物方坐标系（2.1.3 节）轴向一致，因此它是一个过渡意义的坐标系，在模型点求解及公式推演过程中起到重要关联作用。

(3) 相机坐标系 (c)

相机坐标系 (Camera Body Coordinate Frame, c) 定义为一个空间直角坐标系，满足右手法则，坐标系固定在相机上，对于多数车载移动测量系统，为简化几何定标复杂性，将相机坐标系 c 与像空间坐标系 i 合二为一 (本书研究的车载移动测量系统中，相机坐标系不同于像空间坐标系，见 3.3.5 节)，见图 2-2。另外，虽然从系统设计上，相机坐标系与车载平台坐标系轴系间相互平行，但是受安置的影响存在安置偏心角，为了实际工程的需要，相机设备会偏离一定的角度，这两个角度就综合为相机坐标系与车载平台坐标系之间的偏心角。

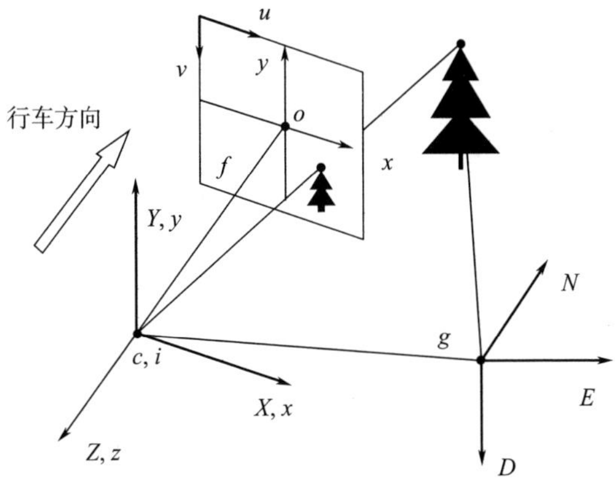

图 2-2　像空间坐标系与相机坐标系

2.1.2　导航相关参考系

导航相关参考系是指为联系物方坐标系和像方坐标系而在全球导航卫星系统 (GNSS) 框架内定义的各种坐标系的统称。

(1) 车载平台坐标系 (b)

车载平台坐标系 (Body Frame, b) 定义为一个右手空间直角坐标系，坐标系原点选在车体的几何中心，X_b 轴指向车体的前进方向，Y_b 轴指向车体的右侧，Z_b 轴垂直指向车体的下方，各轴系与车体的轴线严格对齐。一般来说，将车载平台坐标系选择在 IMU 坐标系上，因此也叫 IMU 载体坐标系（IMU Body Frame）。

一般来说，车载平台坐标系 Z 轴与摄影方向近乎垂直（在航空摄影测量中两者方向一致），X 轴与摄影方向呈一定的角度。

（2）当地水平坐标系（g）

当地水平坐标系（Local Level Geographic Frame，g）定义为与参考椭球相切，坐标原点位于的当前位置可以是主 GPS 天线的相位中心或者是车载平台上定义的任意一点，X_g 轴指向北（North，N），Y_g 轴指向东（East，E），Z_g 轴指向下（Down，D），即 Z_g 轴指向当地的重力矢量方向，当地水平意味着 Z_g 轴与当地垂直参考系的 Z 轴一致，车载平台的姿态角是相对于当地水平坐标系来测定的，当地水平坐标系是车载平台导航的坐标系，随着车辆的移动而变化，也称为导航坐标系（Navigation Frame，n）、地球切平面坐标系、北东地坐标系（NED）及东北天坐标系（ENU），同时也称地理坐标系（Geographic Coordinate Frame，g），严格来说，地理坐标系与导航坐标系在指北方向上相差一个自由方位角 α_f，两坐标系及转换关系 $\boldsymbol{R}_g^n$ 分别见图 2－3 和式（2－1）。

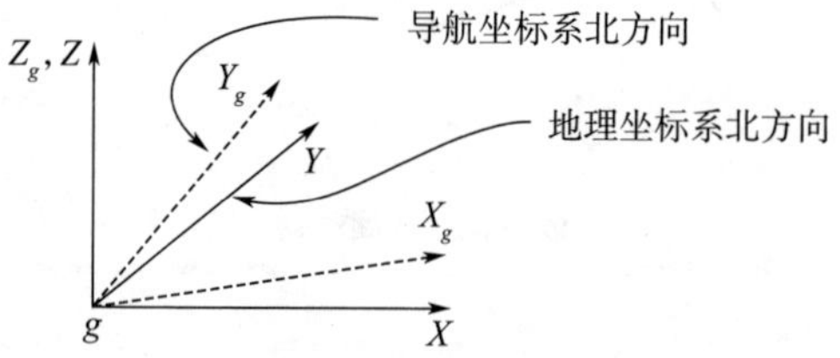

图 2－3　导航坐标系与地理坐标系关系

$$\boldsymbol{R}_g^n=\begin{bmatrix}\cos\alpha_f & \sin\alpha_f & 0\\ -\sin\alpha_f & \cos\alpha_f & 0\\ 0 & 0 & 1\end{bmatrix} \tag{2-1}$$

（3）地心直角坐标系（E）

地心直角坐标系指的是地心地固坐标系（Earth Centered Earth

Fixed，ECEF)，是固定在地球上与地球一起旋转的坐标系，简称地心坐标系（Earth Frame，E)，也称地球坐标系。该坐标系原点 O 位于地球质心，Z 轴与地轴平行指向北极点，X 轴指向本初子午线与赤道的交点，Y 轴垂直于 XOZ 平面（即东经 90°与赤道的交点)，构成右手坐标系，因此，地心直角坐标系是一个真正意义上的空间三维坐标系（区别于传统大地投影＋高程的三维坐标形式)。目前，我国应用较多的地心直角坐标系有 WGS－84 和 CGCS 2000。

WGS－84 坐标系是地心直角坐标系的一个具体实现，是 GPS 定位与导航的坐标框架。该坐标系定义如下：原点在地球质心，Z 轴指向国际地球极的方向（与 BIH1984.0 历元定义的协议地极 CTP 方向相差±0.005°)，X 轴指向 BIH1984.0 的起始子午面和赤道的交点（与 BIH1984.0 历元的零子午面相差±0.005°)，Y 轴在 XOZ 面内，与 Z 轴和 X 轴构成右手坐标系。WGS－84 坐标系作为全球大地测量参考系，可以看成是国际协议地球坐标系 CTS 的一个具体实现。与 WGS－84 大地坐标系相对应的是 WGS－84 椭球，WGS－84 大地坐标系原点与 WGS－84 椭球的几何中心重合，Z 轴也与旋转椭球的旋转轴重合，WGS－84 椭球是一个定位在地心的旋转等位椭球。

为了适应我国空间科学技术的发展，最大限度地满足使用空间测量手段进行测绘与导航的要求，2008 年 7 月 1 日，我国正式启用了 2000 中国大地坐标系（China Geodetic Coordinate System 2000，CGCS 2000)，它是我国新一代大地坐标系，是全球地心坐标系在我国的具体实现。CGCS 2000 与现行 1980 年西安坐标系和 1954 年北京坐标系转换衔接的过渡期为 8～10 年，2008 年 7 月 1 日后，新生产的各类测绘成果应采用 2000 中国大地坐标系。CGCS 2000 的原点位于整个地球的质量中心，Z 轴指向 BIH1984.0 定义的协议地极 CTP，X 轴指向 IERS 参考子午面与通过原点且同 Z 轴正交的赤道面的交线，Y 轴与 Z－X 轴满足右手法则。将历元 1984.0（1984 年 1 月 1 日 0 时 0 分 0 秒）与国际时间局（BIH）的定向一致等位面旋转椭球作为 CGCS 2000 的参考椭球，CGCS 2000 的参考椭球几何中心与 CGCS 2000 的原点重合，旋转轴与坐标系的 Z 轴一致，参考椭球既是几何应用的参考面，又是地球表面及空间正常重力场的参考面。

导航相关参考系间的关系见图 2－4。

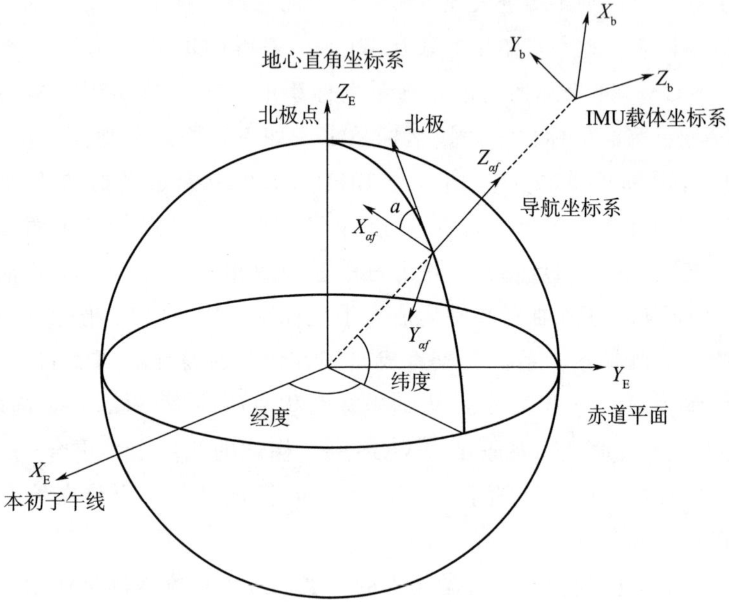

图 2－4　导航相关参考系

2.1.3　物方坐标参考系

物方坐标参考系主要指针对具体测绘任务建立的测图坐标系（Mapping Coordinate Frame，m），它是进行测图任务时选择的局部坐标系，其原点位于当地工程测区内某一个（或几处）固定点亦或位于一个已知大地坐标点上，选择测图坐标系时可以选择当地水平坐标系（NED）、WGS－84 或者平面投影坐标系（UTM）与高程形成的三维坐标系统中的任何一个，也可以选定一个地心地固坐标系。

在摄影测量的坐标系统中，测图坐标系也称物方空间坐标系（Object Space Coordinate Frame，O）。

2.2　共线条件方程的表达形式

2.2.1　非齐次坐标与齐次坐标

非齐次坐标，即欧几里德几何坐标（简称“欧氏坐标”）或笛卡尔坐标（Cartesian Coordinate)，是在数轴或相互垂直的参考系空间中，利用有序数及数对表示点位在坐标系中的位置。在最常见的一维直线、二维平面及三维空间中，可以分别用欧氏坐标 x 、$(x，y)$ 及 $(x，y，z)$ 表示点位位置。而齐次坐标（Homogeneous Coordinate)，是投影几何坐标（投影坐标)，在计算机图形学及三维计算机视觉中有广泛应用。一般来说，如二维、三维欧氏空间的一个点 $(x，y)$ 、$(x，y，z)$ ，对于任意非零实数 λ ，则三元组 $(\lambda x，\lambda y，\lambda)$ 、四元组 $(\lambda x，\lambda y，\lambda z，\lambda)$ 即为该点的齐次坐标，可见，元组内坐标间数值成比例，也就是说，欧氏坐标可通过元组内坐标数值与最后数值相比得到，或者说，一个欧氏空间点可用无限多个齐次坐标表示。简单来说，齐次坐标就是在欧氏坐标上加上一个维度（$\lambda=1$ 时)：

$$\left.\begin{array}{l}(x,y)\rightarrow(x,y,1)\\(x,y,z)\rightarrow(x,y,z,1)\end{array}\right\}\tag{2-2}$$

增加一个维度在刚体变换中，有着重要应用，齐次坐标的使用能够大大简化三维空间中的点线面表达方式和旋转平移等刚体变换操作。

（1）点在直线或平面上

在二维平面上，一条直线 l 可以用方程 $ax+by+c=0$ 来表示，该直线若用向量表示一般记作

$$\boldsymbol{l}=[a\quad b\quad c]^{\mathrm{T}}\tag{2-3}$$

我们知道，平面点 $p=(x，y)$ 在直线 l 上的充分必要条件是

$ax+by+c=0$。如果平面点 p 的齐次坐标记为 $\tilde{\boldsymbol{p}}=(x, y, 1)$ [*]，那么 $ax+by+c=0$ 就可以用两个向量的内积（点乘）来表示

$$\begin{aligned} ax+by+c &= a\cdot x+b\cdot y+c\cdot 1 \\ &= [a \quad b \quad c]\cdot[x \quad y \quad 1]^{\mathrm{T}} \\ &= \boldsymbol{l}^{\mathrm{T}}\cdot\tilde{\boldsymbol{p}}=0 \end{aligned}$$

只是其中一个向量为齐次坐标形式。同理，三维空间平面 A 可以用方程 $ax+by+cz+d=0$ 来表示，该平面用向量可表示为

$$\boldsymbol{A}=[a \quad b \quad c \quad d]^{\mathrm{T}} \tag{2-4}$$

三维空间点 $P=(x, y, z)$ 在平面 A 上的充分必要条件是 $ax+by+cz+d=0$。如果三维空间点 $P=(x, y, z)$ 的齐次坐标记为 $\tilde{P}=(x, y, z, 1)$，则点 P 在空间平面 A 上可以用两个向量的内积来表示

$$\begin{aligned} ax+by+cz+d &= a\cdot x+b\cdot y+c\cdot z+d\cdot 1 \\ &= [a \quad b \quad c \quad d]\,[x \quad y \quad z \quad 1]^{\mathrm{T}} \\ &= \boldsymbol{A}^{\mathrm{T}}\cdot\tilde{\boldsymbol{P}}=0 \end{aligned}$$

（2）两点间的直线和平面直线的交点

在齐次坐标下，可以用两个点 p、q 的齐次坐标 $\tilde{\boldsymbol{p}}$、$\tilde{\boldsymbol{q}}$ 的叉乘结果来表达一条直线 l，向量表示为

$$\boldsymbol{l}=\tilde{\boldsymbol{p}}\times\tilde{\boldsymbol{q}}$$

也可以使用两条直线 l、m 的叉乘表示它们的交点 $\tilde{\boldsymbol{x}}$，向量表示为

$$\tilde{\boldsymbol{x}}=\boldsymbol{l}\times\boldsymbol{m}$$

见图 2-5。

证明如下　根据向量叉乘的定义，$\boldsymbol{p}\times\boldsymbol{q}$ 的结果向量 $\boldsymbol{m}$（记为 $\boldsymbol{m}=\boldsymbol{p}\times\boldsymbol{q}$）与向量 $\boldsymbol{p}$ 和向量 $\boldsymbol{q}$ 都垂直，根据点乘的定义，垂直的向量之间的点乘（内积）为 0，因此可以得到

$$\boldsymbol{m}^{\mathrm{T}}\cdot\tilde{\boldsymbol{p}}=0$$

$$\boldsymbol{m}^{\mathrm{T}}\cdot\tilde{\boldsymbol{q}}=0$$

---

* 本书中，点的齐次坐标（向量）一律用（粗）斜体波浪表示。

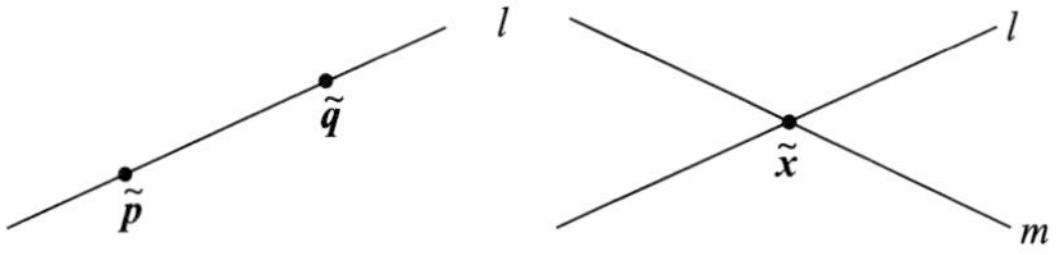

图 2-5　点、线的齐次坐标向量叉乘

即点 p 和 q 都在直线 m 上，因此，$\boldsymbol{l}=\tilde{\boldsymbol{p}}\times\tilde{\boldsymbol{q}}$ 。
同理，$\boldsymbol{l}\times\boldsymbol{m}$ 的结果向量 $\boldsymbol{p}$（记为 $\boldsymbol{p}=\boldsymbol{l}\times\boldsymbol{m}$）与 $\boldsymbol{l}$ 和 $\boldsymbol{m}$ 都垂直，垂直向量之间的点乘为 0，因此可以得到

$$\boldsymbol{l}^{\mathrm{T}}\cdot\tilde{\boldsymbol{p}}=0$$

$$\boldsymbol{m}^{\mathrm{T}}\cdot\tilde{\boldsymbol{p}}=0$$

因此，如果将向量 $\boldsymbol{p}$ 视为平面点坐标，根据点在直线上的结论，可以看到 p 既在直线 l 上又在直线 m 上，所以 $\boldsymbol{l}\times\boldsymbol{m}$ 是两条直线的交点 p ，证毕。

（3）区分一个向量和一个点

实际上在结论（2）中，已经看到齐次坐标在研究对象不同时可以方便地进行向量与点的相互转换。

从欧氏坐标转换成齐次坐标时，如果 (x,y,z) 是个点，则变为 $(x,y,z,1)$ ；如果 (x,y,z) 是个向量，则变为 $[x\quad y\quad z\quad 0]$。

从齐次坐标转换成欧氏坐标时，如果是 $(x,y,z,1)$ ，则知道它是个点，变成 (x,y,z) ；如果是 $(x,y,z,0)$ ，则知道它是个向量，仍然变成 $[x\quad y\quad z]$。

（4）表达无穷远

两条平行的直线 $ax+by+c=0$，$ax+by+c'=0$，可以分别用向量 $\boldsymbol{l}=[a\quad b\quad c]^{\mathrm{T}}$，$\boldsymbol{m}=[a\quad b\quad c']^{\mathrm{T}}$ 来表示，根据叉乘计算法则

$$\tilde{\boldsymbol{x}}=\boldsymbol{l}\times\boldsymbol{m}=(c'-c)\ [b,-a,0]^{\mathrm{T}}$$

根据前面论述的直线交点的计算方法，其交点为 $(b,\ -a,\ 0)$ ，并且是齐次坐标。如果要转化为非齐次坐标，那么会得到 $(b/0,\ -a/0)$ ，坐标是无穷大，可以认为该点为无穷远点，这与我们通常理解的平行线相交于无穷远的概念相吻合。这个结论

就是近年来在计算机视觉和摄影测量领域广泛应用的消失点或灭点理论。

（5）简洁的表达欧氏空间变换

表达欧氏坐标刚体变换是齐次坐标最重要的一个优势之一。使用齐次坐标，可以方便地将加法转化为乘法，方便地表达平移。

比如要将二维点坐标向量 $\boldsymbol{x}=[u \quad v]^{\mathrm{T}}$ 平移 $\boldsymbol{t}=[t_u \quad t_v]^{\mathrm{T}}$，如果用非齐次方法，则是基于如下的加法

$$\boldsymbol{x}'=\begin{bmatrix}u'\\v'\end{bmatrix}=\begin{bmatrix}u+t_u\\v+t_v\end{bmatrix}=\boldsymbol{x}+\boldsymbol{t}$$

如果用齐次坐标表示时可以将加法转换为乘法，表示为

$$\tilde{\boldsymbol{x}}'=\begin{bmatrix}u'\\v'\\1\end{bmatrix}=\begin{bmatrix}1&0&t_u\\0&1&t_v\\0&0&1\end{bmatrix}\begin{bmatrix}u\\v\\1\end{bmatrix}\tag{2-5}$$

在欧氏坐标刚体变换中一般有两种操作：旋转和平移。

如果将向量 $\boldsymbol{a}$ 进行一个标准的欧氏变换，一般是先用旋转矩阵 $\boldsymbol{R}$ 进行旋转，然后再用向量 $\boldsymbol{t}$ 进行平移，其结果 $\boldsymbol{a}'=\boldsymbol{R}\boldsymbol{a}+\boldsymbol{t}$。对于连续的平移旋转变换，假设我们将向量 $\boldsymbol{a}$ 进行两次欧氏变换，分别为 $\boldsymbol{R}_1$，$\boldsymbol{t}_1$ 和 $\boldsymbol{R}_2$，$\boldsymbol{t}_2$，得到 $\boldsymbol{a}'=\boldsymbol{R}_2(\boldsymbol{R}_1\boldsymbol{a}+\boldsymbol{t}_1)+\boldsymbol{t}_2$，显然，这样的变换在经过多次后会变得越来越复杂。其根本原因是上述表达方式并不是一个线性的变换关系。此时，如果使用齐次坐标向量来表达，$\boldsymbol{a}'=\boldsymbol{R}\boldsymbol{a}+\boldsymbol{t}$ 可以写为

$$\tilde{\boldsymbol{a}}'=\begin{bmatrix}\boldsymbol{a}'\\1\end{bmatrix}=\begin{bmatrix}\boldsymbol{R}&\boldsymbol{t}\\\boldsymbol{0}&1\end{bmatrix}\begin{bmatrix}a\\1\end{bmatrix}=\boldsymbol{T}\cdot\tilde{\boldsymbol{a}}\tag{2-6}$$

旋转和平移可以用一个矩阵 $\boldsymbol{T}$ 来表示，该矩阵 $\boldsymbol{T}$ 称为变换矩阵（transform matrix），这样通过欧氏变换就变成了线性关系，进行多次欧氏变换只需要连乘变换矩阵，比如前面的两次欧氏坐标刚体变换，齐次坐标就可以使用矩阵代数表示为

$$\tilde{\boldsymbol{a}}'=\boldsymbol{T}_2\cdot\boldsymbol{T}_1\cdot\tilde{\boldsymbol{a}}\tag{2-7}$$

事实上，齐次坐标还非常方便用于方程的表达和平差模型的理

论推导与运算，这在本书都有深入的讨论。

2.2.2　共线条件方程的表达

在摄影测量学中，在表达物点和像点之间关系时，采用的是欧氏坐标解析表达形式，本书以框幅式中心投影相机为例，在不考虑影像畸变且相机经过检校的情况下，共线条件方程解析表达式为

$$\left.\begin{aligned} x &= -f\frac{a_1(X-X_s)+b_1(Y-Y_s)+c_1(Z-Z_s)}{a_3(X-X_s)+b_3(Y-Y_s)+c_3(Z-Z_s)} = -f\frac{\overline{X}}{\overline{Z}} \\ y &= -f\frac{a_2(X-X_s)+b_2(Y-Y_s)+c_2(Z-Z_s)}{a_3(X-X_s)+b_3(Y-Y_s)+c_3(Z-Z_s)} = -f\frac{\overline{Y}}{\overline{Z}} \end{aligned}\right\} \tag{2-8}$$

其中

$$\begin{aligned} \overline{X} &= a_1(X-X_s)+b_1(Y-Y_s)+c_1(Z-Z_s) \\ \overline{Y} &= a_2(X-X_s)+b_2(Y-Y_s)+c_2(Z-Z_s) \\ \overline{Z} &= a_3(X-X_s)+b_3(Y-Y_s)+c_3(Z-Z_s) \end{aligned}$$

式中　$(\overline{X}, \overline{Y}, \overline{Z})$ ——物方点的像空间辅助坐标系坐标。

可见，欧氏坐标解析表达式参数关系明确但复杂，对于初学者而言较难深刻理解该式，可将式（2-8）表达为如下矩阵形式[80-81]

$$\begin{aligned} \lambda\tilde{\boldsymbol{x}} &= \boldsymbol{K}\boldsymbol{R}^{\mathrm{T}}(\boldsymbol{X}-\boldsymbol{X}_S) \\ \tilde{\boldsymbol{x}} &= [\boldsymbol{x}^{\mathrm{T}}, 1]^{\mathrm{T}} \end{aligned} \tag{2-9}$$

式中　$\boldsymbol{R}$——像空间坐标系到物方坐标系（或像空间辅助坐标系）的旋转矩阵；

$\boldsymbol{K}$——由相机主距构成的对角矩阵，$\boldsymbol{K}=\mathrm{diag}(-f,\ -f,\ 1)$；

$\tilde{\boldsymbol{x}}$——像点的齐次坐标向量；

$\boldsymbol{x}$——像点的欧氏坐标向量，$\boldsymbol{x}=[x\quad y]^{\mathrm{T}}$；

$\boldsymbol{X}$——同名物方点欧氏坐标向量，$\boldsymbol{X}=[X\quad Y\quad Z]^{\mathrm{T}}$；

$\boldsymbol{X}_S$——影像外方位线元素向量，$\boldsymbol{X}_S=[X_S\quad Y_S\quad Z_S]^{\mathrm{T}}$；

λ——摄影深度，$\lambda=\overline{Z}$。

如果 $\boldsymbol{x}$ 为像点的像素坐标（影像左上角为原点），则 $\boldsymbol{K}$ 为内方位元素构建的上三角矩阵，$\boldsymbol{K}=\begin{bmatrix} f & 0 & -0.5W \\ 0 & -f & 0.5H \\ 0 & 0 & 1 \end{bmatrix}$（其中，$W$、$H$ 是影像幅面的宽和高）。可见，矩阵形式的共线条件方程形式简洁，内、外方位元素分别以矩阵或向量形式表达，便于读者理解。

式（2－8）亦可表达为齐次坐标矩阵形式

$$\lambda \tilde{\boldsymbol{x}} = \boldsymbol{K}\boldsymbol{R}^{\mathrm{T}}[\boldsymbol{I}, -\boldsymbol{X}_S]\tilde{\boldsymbol{X}} \tag{2-10}$$

或

$$\lambda \tilde{\boldsymbol{x}} = \boldsymbol{M}\tilde{\boldsymbol{X}} \tag{2-11}$$

其中

$$\boldsymbol{M} = \boldsymbol{K}\boldsymbol{R}^{\mathrm{T}}[\boldsymbol{I}, -\boldsymbol{X}_S]$$

$$\tilde{\boldsymbol{X}} = [\boldsymbol{X}^{\mathrm{T}}, 1]^{\mathrm{T}} = [X \quad Y \quad Z \quad 1]^{\mathrm{T}}$$

式中 $\boldsymbol{M}$ ——投影矩阵；

$\tilde{\boldsymbol{X}}$ ——同名物方点齐次坐标向量。

矩阵形式的共线条件方程在后面介绍的关键算法研究中也起到了关键作用，式（2－9）在影像姿态估计中有很好的应用，而式（2－10）则在测量平差统一模型推导中有广泛的应用。另外，矩阵形式的共线条件方程与计算机视觉中的投影方程又有着紧密的联系，只是在坐标系和参数定义上有很大的差异，将共线条件方程解析式用矩阵形式表达对于认识共线条件方程与投影方程差异有着关键作用。

2.3 构象模型

近年来，机器视觉及其在测量与导航领域得到广泛应用，如 1.3 节提到的 SLAM 技术及 SfM 技术等。机器视觉又称为计算机视觉，是一门研究用摄影机和计算机代替人眼对目标进行识别、跟踪和测量等的学科。广义上，计算机视觉包括图像处理、目标重建与识别、景物分析、图像理解等内容。狭义上，计算机视觉通常是通过对采集的图片或视频进行处理以获得相应场景的三维信息，即三维重建。

这两门学科具有同样的理论基础，即小孔成像和双目视觉原理。但在应用和技术细节上，两者存在一些区别。例如，数字摄影测量主要用于相对静态的地形地物测绘，使用航空/航天平台，所用的相机通常为专业量测相机；而计算机视觉主要以普通相码相机、手动和车载移动平台为主，用于运动目标的实时重建与识别，应用领域包括人脸识别、机器人和无人驾驶车等大众应用领域。由于出发点不同导致基本公式有一定差异；另外处理对象不同，处理的流程也不同[82]。这两门学科的比较见图2-6。

数字摄影测量	计算机视觉
主要集中于航空/航天平台	以大众Crowd数据为主
目前向无人机、MMS、深空发展	目前向人脸识别、机器人和无人驾驶车发展
面阵、线阵专业测量相机	普通数码相机、手动和车载移动平台
最初应用与制图	应用广泛，贴近生活
以实用为主，理论基础稍欠	数学理论基础更好

图2-6　数字摄影测量与计算机视觉的学科比较[83]

本节重点讨论（数字）摄影测量和计算机视觉两门学科对坐标系定义和基本方程形式表达的特点和联系。众所周知，摄影测量的基本方程称为共线条件方程，而计算机视觉中的几何问题的基本方程称为投影方程，二者从本质上来说都是描述空间物点在相机焦平面的构象关系的，只是关注点不同导致有关参数的定义有较大差异。

2.3.1 坐标系定义

（1）影像坐标系差异

影像坐标系是以二维影像为基本建立的坐标系，描述像素点在影像上的位置，分为以像素为单位的像素坐标系 $o-uv$ 以及以物理尺寸为单位的像平面坐标系 $o-xy$。

对于数字影像，在摄影测量和计算机视觉中，像素坐标系 $o-uv$ 的定义是一致的，即都是以左上角位置为原点，u 轴和 v 轴分别平行于影像平面的两条垂直边（u 轴朝右，v 轴朝下）；两者在像平面坐标系坐标轴指向上有差别，在摄影测量中，$o-xy$ 以相机中心在像平面上的垂足为原点，x 轴与 u 轴指向一致，y 轴与 v 轴指向相反；在计算机视觉中，$o-xy$ 以相机主光轴与像平面的交点为原点，x 轴和 y 轴分别与 u 轴和 v 轴平行且方向一致。图 2-7 为摄影测量与计算机视觉影像坐标系定义。

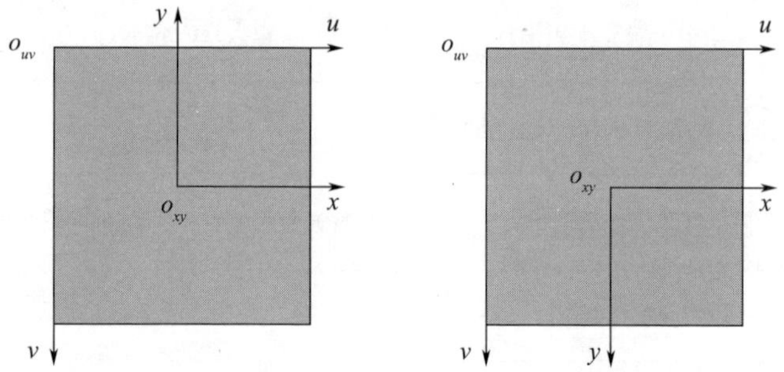

(a) 摄影测量　　(b) 计算机视觉

图 2-7　摄影测量与计算机视觉影像坐标系定义

（2）像空间坐标系差异

像空间坐标系是属于摄影测量的概念，在计算机视觉中称为相机坐标系。像空间坐标系是视觉测量中十分关键的坐标系，是衔接像方和物方坐标的过渡坐标系。像空间坐标系以相机中心为原点，x 轴与 y 轴分别与影像坐标系的 x 轴与 y 轴平行，且方向一致，根据右手坐标系规则得到 z 轴方向，因为影像坐标系中 y 轴方向的不同，导致摄影测量与计算机视觉的 z 轴方向正好相反，见 2－8。图中，$i-xyz$ 为像空间坐标系，i 为相机投影中心。

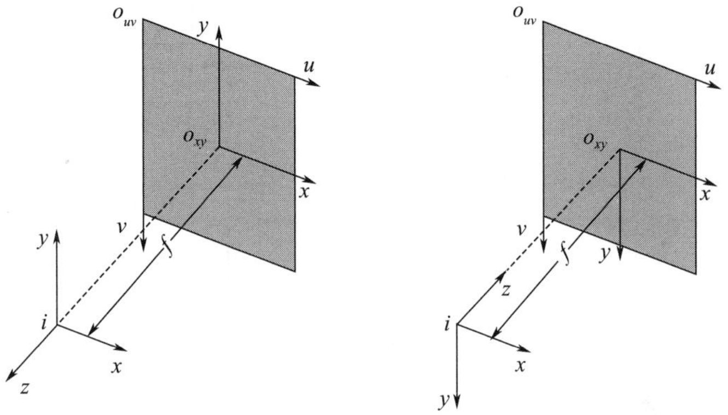

(a) 摄影测量　　(b) 计算机视觉

图 2－8　像空间坐标系

需要特别指出的是，f 的定义不同，在计算机视觉中为相机焦距，即透镜节点至焦点 F 的距离 f；在摄影测量中为主距，即透镜后方节点 S' 至像平面的距离 d（也用 f 表示），见图 2－9。

两者有一定差别，由小孔光学成像公式可知

$$\frac{1}{D}+\frac{1}{d}=\frac{1}{f} \tag{2-12}$$

式中　D ——物方平面 Q 到物点间 A 的距离，称为物距；

d ——像方平面 Q' 到像点 a 间的距离，称为像距（或称主距）。

在航空航天摄影测量中，由于 $D \gg d$ ，因此 $d \doteq f$ 。另外，若物距和像距分别取焦点 F 和 F' 为起算点，相应的物距和像距用 X 和 x 表示，则构像公式为

$$X \cdot x=f^{2} \tag{2-13}$$

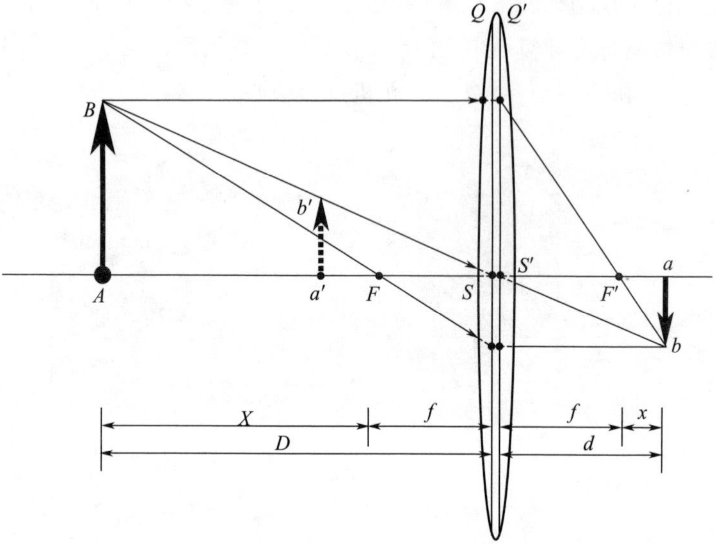

图 2－9　焦距与主距定义

（3）测图坐标系差异

测图坐标系是测绘学的概念，即通常是计算机视觉中的世界坐标系或物方坐标系，世界坐标系是客观三维世界中的绝对坐标系，它描述了双目立体视觉系统中的所有实体（包括相机、影像、真实物体等所有实体）在客观世界中的位置，在摄影测量中，世界坐标系通常是国家大地坐标系，在多视实景三维建模中，因为要得到目标的真实大地坐标，世界坐标系会选择国家大地坐标系；在计算机视觉或工业测量领域，如在手持式三维扫描应用中，由于只需要得到被扫描目标的真实尺寸信息，而不关心物体的坐标是否位于大地坐标系下，因此世界坐标系可以选择目标附近的一个局部位置，通常将原点放在第一个有效扫描帧（扫描仪双目立体系统）的左相机中心。

2.3.2　构象方程形式及参数定义

在 2.2 节中提到，在摄影测量中，常常用解析关系来描述像点与物点之间的构象关系，即共线条件方程；而在计算机视觉中，常常采用矩阵方程来描述构象关系，即投影方程。两者在表达形式上存在很大的差异。下面将从表达式差异来研究参数的定义。为表述方便，都采用齐次坐标矩阵形式的方程作对比。

（1）共线条件方程

齐次坐标下矩阵形式共线条件方程为

$$\lambda\tilde{\boldsymbol{x}} = \boldsymbol{K}\boldsymbol{R}^{\mathrm{T}}[\boldsymbol{I}, -\boldsymbol{X}_{S}]\tilde{\boldsymbol{X}} \tag{2-14}$$

其中

$$\boldsymbol{K} = \mathrm{diag}(-f, -f, 1)$$

式中　$\boldsymbol{R}$——像空间坐标系到物方坐标系（像方在物方）的旋转矩阵。

（2）投影方程

齐次坐标下矩阵形式投影方程为

$$\lambda\tilde{\boldsymbol{x}} = \boldsymbol{K}[\boldsymbol{R}, \boldsymbol{T}]\tilde{\boldsymbol{X}} \tag{2-15}$$

其中

$$\boldsymbol{K} = \mathrm{diag}(f, f, 1)$$

式中　$\boldsymbol{R}$——物方坐标系到像空间坐标系（物方在像方）的旋转矩阵。

从上面的式子可以看出，两个学科在参数的定义及使用上有很大的差异，为对比方便，用下角标区别。

1）姿态定义不同。在摄影测量学中，国家大地坐标系作为统一的物方坐标系（测图坐标系），也就是说，各摄影测量问题的物方坐标系是统一的。它以影像（相机）坐标系在物方坐标系中的姿态角来构建旋转矩阵，习惯选择按连动轴 $Y-X_{\varphi}-Z_{\varphi\omega}$（$\varphi-\omega-\kappa$ 转角系统）的顺序依次旋转的欧拉角作为姿态角，由于在航空摄影测量学中，有明确的大地坐标系指向作为相机姿态参考，三个欧拉角含义分别为航向倾角、旁向倾角和像片旋角。

例如，$m-XYZ$ 为物方坐标系，$i-xyz$（$z=-f$）为影像像空间坐标系，根据航向倾角、旁向倾角和像片旋角的正负规定，其旋

转矩阵定义及描述为

$$\boldsymbol{R}_{\text{pho}} \stackrel{\text{def}}{=} \begin{bmatrix} \cos\widehat{Xx} & \cos\widehat{Xy} & \cos\widehat{Xz} \\ \cos\widehat{Yx} & \cos\widehat{Yy} & \cos\widehat{Yz} \\ \cos\widehat{Zx} & \cos\widehat{Zy} & \cos\widehat{Zz} \end{bmatrix}$$

$$\boldsymbol{R}_{\text{pho}} = \begin{bmatrix} \cos\varphi & 0 & -\sin\varphi \\ 0 & 1 & 0 \\ \sin\varphi & 0 & \cos\varphi \end{bmatrix} \begin{bmatrix} 1 & 0 & 0 \\ 0 & \cos\omega & -\sin\omega \\ 0 & \sin\omega & \cos\omega \end{bmatrix} \begin{bmatrix} \cos\kappa & -\sin\kappa & 0 \\ \sin\kappa & \cos\kappa & 0 \\ 0 & 0 & 1 \end{bmatrix} \tag{2-16}$$

式中 $\boldsymbol{R}$ ——像空间坐标系到物方坐标系的旋转矩阵。

在计算机视觉几何问题研究中，每个问题都建立一个以第一个影像像空间坐标系作为物方坐标系的独立坐标系，不同问题的物方坐标系之间没有联系。由于仅关注模型对象本身，因此它只完成以第一个影像像空间坐标系为参考的相对定向，并且空间坐标不含物理尺度属性。影像的姿态角常由当前影像像空间坐标系按连动轴 $x-y_{\alpha}-z_{\alpha\beta}$ 顺序依次旋转（数学意义上）的欧拉角 $\alpha-\beta-\gamma$ 构成，由于计算机视觉没有统一严格的专业坐标框架作为参考，因此姿态角也没有具体含义。

其旋转矩阵定义及描述为

$$\boldsymbol{R}_{\text{cv}} \stackrel{\text{def}}{=} \begin{bmatrix} \cos\widehat{xX} & \cos\widehat{xY} & \cos\widehat{xZ} \\ \cos\widehat{yX} & \cos\widehat{yY} & \cos\widehat{yZ} \\ \cos\widehat{zX} & \cos\widehat{zY} & \cos\widehat{zZ} \end{bmatrix}$$

$$\boldsymbol{R}_{\text{cv}} = \begin{bmatrix} 1 & 0 & 0 \\ 0 & \cos\alpha & -\sin\alpha \\ 0 & \sin\alpha & \cos\alpha \end{bmatrix} \begin{bmatrix} \cos\beta & 0 & \sin\beta \\ 0 & 1 & 0 \\ -\sin\beta & 0 & \cos\beta \end{bmatrix} \begin{bmatrix} \cos\gamma & -\sin\gamma & 0 \\ \sin\gamma & \cos\gamma & 0 \\ 0 & 0 & 1 \end{bmatrix} \tag{2-17}$$

可见，计算机视觉的旋转矩阵定义和摄影测量学正相反，$\boldsymbol{R}$ 表示物方坐标系到当前影像像空间坐标系的旋转矩阵，摄影测量姿态是在中国大地坐标系统一描述，而计算机视觉姿态则是以当前影像像空间坐标系作为后续影像的姿态参考，再逐步统一至第一张影像像空间坐标系。

另外，由于 POS 的出现，影像位姿可间接地通过 POS 与物方坐标系联系起来。移动载体（常常指飞行体）坐标系 X 轴指向前进方向，Z 轴垂直向下，Y 轴与 $Z-X$ 轴通过右手法则确定。分别绕 X、Y、Z 轴旋转的角度即为有几何意义的横滚角（roll）、俯仰角（pitch）和偏航角（yaw），导航学中习惯以连动轴 $X-Y_r-Z_{rp}$ 的旋转顺序（该序列角也称 Tait-Bryan 角），即

$$\boldsymbol{R}=\boldsymbol{R}_X(\text{roll})\boldsymbol{R}_Y(\text{pitch})\boldsymbol{R}_Z(\text{yaw}) \tag{2-18}$$

有时见到相反顺序构建的旋转矩阵，如 $\boldsymbol{R}=\boldsymbol{R}_Z(\text{yaw})\boldsymbol{R}_Y(\text{pitch})\boldsymbol{R}_X(\text{roll})$，是按照固定旋转轴得到的，这个需要注意。

2）旋转、平移的顺序不同。摄影测量学中使用统一的坐标系来描述影像的位置和姿态（外方位元素），通常采用先平移后旋转构建共线条件方程，计算机视觉则正好相反，其主要完成相对定向而无绝对位置和方位作为参考，因此，构象方程参照上一幅影像位姿来建立，因此一般通过先旋转后平移来构建投影方程。

3）$\boldsymbol{K}$ 矩阵不同。由于像空间坐标系轴系指向的定义差别，$\boldsymbol{K}$ 矩阵也不同。

4）像点坐标向量不同。在式（2-14）和式（2-15）中，虽然像点坐标形式上相同，但二者的坐标系定义不同，像点坐标向量也不同。两者关系亦可以表示为

$$x_{\text{cv}}=x_{\text{pho}},y_{\text{cv}}=-y_{\text{pho}} \tag{2-19}$$

由于 $\boldsymbol{K}_{cv}=\text{diag}(-1,\ -1,\ 1)\boldsymbol{K}_{pho}$，$\lambda_{cv}=-\lambda_{pho}=-\overline{Z}$（$\overline{Z}$ 为摄影深度，即物方点的像空间辅助坐标 Z 分量），综合考虑公式参数的差异，式（2-15）与式（2-14）关系为

$$\lambda_{\text{cv}}\widetilde{\boldsymbol{x}}_{\text{cv}} = \boldsymbol{K}_{\text{cv}}[\boldsymbol{R}_{\text{cv}}, \boldsymbol{T}]\widetilde{\boldsymbol{X}} = -\boldsymbol{C}\boldsymbol{K}_{\text{pho}}\boldsymbol{R}_{\text{pho}}^{\text{T}}[\boldsymbol{I}, -\boldsymbol{X}_S]\widetilde{\boldsymbol{X}} = -\boldsymbol{C}\lambda_{\text{pho}}\widetilde{\boldsymbol{x}}_{\text{pho}} \tag{2-20}$$

式中 $\boldsymbol{C}$ ——像点齐次坐标向量转换矩阵，$\boldsymbol{C} = \text{diag}(1, -1, 1)$。

因此，两者位姿（平移与旋转）关系为

$$\left.\begin{aligned} \boldsymbol{T} &= -\text{diag}(1, -1, -1)\boldsymbol{R}_{pho}^{\text{T}}\boldsymbol{X}_S \\ \boldsymbol{R}_{cv} &= \text{diag}(1, -1, -1)\boldsymbol{R}_{pho}^{\text{T}} \end{aligned}\right\} \tag{2-21}$$

从两者旋转矩阵关系来看，正是像空间坐标系 y 和 z 轴反向的差异所致。

如果仅从公式形式上看，忽略像点坐标差异，即 $\boldsymbol{K}[\boldsymbol{R}_{\text{cv}}, \boldsymbol{T}]\widetilde{\boldsymbol{X}} = \boldsymbol{K}\boldsymbol{R}_{\text{pho}}^{\text{T}}[\boldsymbol{I}, -\boldsymbol{X}_S]\widetilde{\boldsymbol{X}}$，则

$$\left.\begin{aligned} \boldsymbol{T} &= \boldsymbol{R}_{pho}^{\text{T}}\boldsymbol{X}_S \\ \boldsymbol{R}_{cv} &= \boldsymbol{R}_{pho}^{\text{T}} \end{aligned}\right\} \tag{2-22}$$

2.4 偶然误差平差基础

测量平差理论是观测数据处理的理论基础，在摄影测量数据处理中，观测值主要为像点二维坐标，基于共线条件方程建立适当的测量平差模型来获得待估量的最或是值，待估量一般是影像位姿参数、目标点位三维坐标及附加参数等。由于这部分内容是测绘专业的基础，因篇幅所限，本节直接给出关于偶然误差的平差模型及其解以供参考，精度评定及详细理论推导可参照相应工具书。

2.4.1 间接平差模型

间接平差的函数模型（误差方程）为

$$\boldsymbol{V} = \boldsymbol{B}\text{d}\boldsymbol{X} - \boldsymbol{l}, \boldsymbol{P} \tag{2-23}$$

随机模型为

$$\boldsymbol{D} = \sigma_0^2\boldsymbol{Q} = \sigma_0^2\boldsymbol{P}^{-1}$$

令 $\underset{t\times t}{\boldsymbol{N}_{bb}} = \boldsymbol{B}^{\text{T}}\boldsymbol{P}\boldsymbol{B}$，$\underset{t\times 1}{\boldsymbol{W}} = \boldsymbol{B}^{\text{T}}\boldsymbol{P}\boldsymbol{l}$。

依观测值改正数最小二乘准则（$\boldsymbol{V}^{\mathrm{T}}\boldsymbol{P}\boldsymbol{V}=\min$），法方程可以写为

$$\boldsymbol{N}_{bb}\mathrm{d}\boldsymbol{X}-\boldsymbol{W}=\boldsymbol{0}$$

其解为

$$\mathrm{d}\hat{\boldsymbol{X}}=\boldsymbol{N}_{bb}^{-1}\boldsymbol{W},\boldsymbol{V}=\boldsymbol{B}\boldsymbol{N}_{bb}^{-1}\boldsymbol{W}-\boldsymbol{l} \tag{2-24}$$

参数及观测值平差值为

$$\hat{\boldsymbol{X}}=\boldsymbol{X}^{0}+\mathrm{d}\hat{\boldsymbol{X}}$$

$$\hat{\boldsymbol{L}}=\boldsymbol{L}+\boldsymbol{V}$$

2.4.2　条件平差模型

条件平差的函数模型为

$$\boldsymbol{A}\boldsymbol{\Delta}-\boldsymbol{W}=\boldsymbol{0},\boldsymbol{W}=-(\boldsymbol{A}\boldsymbol{L}+\boldsymbol{A}_{0}),\boldsymbol{P} \tag{2-25}$$

随机模型为

$$\boldsymbol{D}=\sigma_{0}^{2}\boldsymbol{Q}=\sigma_{0}^{2}\boldsymbol{P}^{-1}$$

令 $\underset{r\times r}{\boldsymbol{N}_{aa}}=\boldsymbol{A}\boldsymbol{Q}\boldsymbol{A}^{\mathrm{T}}$，由 $\boldsymbol{V}^{\mathrm{T}}\boldsymbol{P}\boldsymbol{V}=\min$，联系数及观测值改正数的解为

$$\boldsymbol{K}=\boldsymbol{N}_{aa}^{-1}\boldsymbol{W}$$

$$\boldsymbol{V}=\boldsymbol{P}^{-1}\boldsymbol{A}^{\mathrm{T}}\boldsymbol{K}=\boldsymbol{Q}\boldsymbol{A}^{\mathrm{T}}\boldsymbol{K} \tag{2-26}$$

观测值的平差值是

$$\hat{\boldsymbol{L}}=\boldsymbol{L}+\boldsymbol{V}$$

2.4.3　附有参数的条件平差模型

附有参数的条件平差的函数模型（条件方程）为

$$\boldsymbol{A}\boldsymbol{V}+\boldsymbol{B}\mathrm{d}\boldsymbol{X}+\boldsymbol{W}=\boldsymbol{0},\boldsymbol{W}=(\boldsymbol{A}\boldsymbol{L}+\boldsymbol{B}\boldsymbol{X}^{0}+\boldsymbol{A}_{0}),\boldsymbol{P} \tag{2-27}$$

随机模型为

$$\boldsymbol{D}=\sigma_{0}^{2}\boldsymbol{Q}=\sigma_{0}^{2}\boldsymbol{P}^{-1}$$

令 $\underset{r\times r}{\boldsymbol{N}_{aa}}=\boldsymbol{A}\boldsymbol{Q}\boldsymbol{A}^{\mathrm{T}}$，由 $\boldsymbol{V}^{\mathrm{T}}\boldsymbol{P}\boldsymbol{V}=\min$，参数改正值、联系数及观测值改正数的解为

$$\mathrm{d}\hat{\boldsymbol{X}} = -(\boldsymbol{B}^{\mathrm{T}}\boldsymbol{N}_{aa}^{-1}\boldsymbol{B})^{-1}\boldsymbol{B}^{\mathrm{T}}\boldsymbol{N}_{aa}^{-1}\boldsymbol{W}$$

$$\boldsymbol{K} = -\boldsymbol{N}_{aa}^{-1}(\boldsymbol{B}\mathrm{d}\hat{\boldsymbol{X}} + \boldsymbol{W})$$

$$\boldsymbol{V} = \boldsymbol{Q}\boldsymbol{A}^{\mathrm{T}}\boldsymbol{K} \tag{2-28}$$

观测值及参数的平差值是

$$\hat{\boldsymbol{L}} = \boldsymbol{L} + \boldsymbol{V}$$

$$\hat{\boldsymbol{X}} = \boldsymbol{X}^{0} + \mathrm{d}\hat{\boldsymbol{X}}$$

2.4.4 附有条件的间接平差模型

同样，附有条件的间接平差模型的函数模型为

$$\boldsymbol{V} = \boldsymbol{B}\mathrm{d}\boldsymbol{X} - \boldsymbol{l} = \boldsymbol{0}, \boldsymbol{P}$$

$$\boldsymbol{C}\mathrm{d}\boldsymbol{X} + \boldsymbol{W}_{X} = \boldsymbol{0} \tag{2-29}$$

随机模型为

$$\boldsymbol{D} = \sigma_0^2\boldsymbol{Q} = \sigma_0^2\boldsymbol{P}^{-1}$$

令 $\underset{u\times u}{\boldsymbol{N}_{bb}} = \boldsymbol{B}^{\mathrm{T}}\boldsymbol{P}\boldsymbol{B}$，$\boldsymbol{W} = \boldsymbol{B}^{\mathrm{T}}\boldsymbol{P}\boldsymbol{l}$ 。

由 $\boldsymbol{V}^{\mathrm{T}}\boldsymbol{P}\boldsymbol{V} = \min$ ，联系数、参数改正值及观测值改正数的解为

$$\boldsymbol{K}_{S} = \boldsymbol{N}_{cc}^{-1}(\boldsymbol{C}\boldsymbol{N}_{bb}^{-1}\boldsymbol{W} + \boldsymbol{W}_{X})$$

$$\underset{S\times S}{\boldsymbol{N}_{cc}} = \boldsymbol{C}\boldsymbol{N}_{bb}^{-1}\boldsymbol{C}^{\mathrm{T}}$$

$$\mathrm{d}\hat{\boldsymbol{X}} = \boldsymbol{N}_{bb}^{-1}(\boldsymbol{W} - \boldsymbol{C}^{\mathrm{T}}\boldsymbol{K}_{S})$$

$$\boldsymbol{V} = \boldsymbol{B}\mathrm{d}\hat{\boldsymbol{X}} - \boldsymbol{l} \tag{2-30}$$

观测值及参数的平差值是

$$\hat{\boldsymbol{X}} = \boldsymbol{X}^{0} + \mathrm{d}\hat{\boldsymbol{X}}$$

$$\hat{\boldsymbol{L}} = \boldsymbol{L} + \boldsymbol{V}$$

2.5 本章小结

本章从坐标系、共线条件方程的表达形式及摄影测量与计算机视觉中构象方程的差异性方面，讨论了影像数据处理的基本理论基

础，详细探讨了共线条件方程与投影方程的异同点，从方程形式上分析了参数的定义和两者之间的关系，为基于矩阵表达的共线条件方程的理论和算法研究奠定了基础。

第 3 章　影像测姿定向理论算法

影像测姿定向问题是空间信息研究的基本课题之一[84-85]，也是测绘学中除了定位之外的极其重要的问题。在空间信息获取中，除了确定传感器的位置外还要知道它在参考系中的姿态，这样才能够解决数据获取的问题，例如在工程测量学中，常以当地水平面作为参考面，这样只需在平面内实现精确定向及相关测量就可以完成工程任务，而在摄影测量中，则需获得传感器在三维空间中的姿态及相关观测才能完成量测任务。本章主要讨论影像姿态估计和相对定向两个关键问题的新方法。

3.1　基于罗德里格矩阵的影像后方交会

在摄影测量中，影像姿态估计称为后方交会，即确定影像在拍摄时的外方位元素，确定方法有两种，即迭代解法和直接解法。迭代解法作为一种严密方法，解算精度高并且具有很好的几何意义，解算的结果准确度比较均匀，但运算量大[86]，并且需要位姿初值。直接解法是在没有初值情况下直接求解位姿参数，主要指直接线性变换（DLT）法，它是通过建立像点坐标和同名物方点坐标之间直接的线性关系，利用最小二乘方法获得最小代数误差解，因无须外方位元素的初始近似值，如近景非量测数码影像或无人机影像处理[87-88]，具有解算速度快等优点，即使解算精度不高并且参数没有明确几何意义，也可作为迭代方法的姿态初始值。张永军将二维 DLT 初值经解析后得到标定参数初值，再利用光束法平差予以精化，取得了很好的效果[89]。另外，计算机视觉领域对于相机姿态估计的文献也比较多，文献提出了两种姿态线性解算方法[90-91]，其中，参考文献［91］提出的EPnP算法被认为是较好的线性方法。

本节给出了一种基于点组结合罗德里格表达的影像姿态估计新方法，通过该方法得到的姿态参数精度较直接分解投影矩阵的方法要高，因此可将其结果作为迭代方法的初值使用。

3.1.1　归一化共线条件方程的表达

根据像空间辅助坐标系下几何的相似关系，有共线条件方程

$$\left.\begin{aligned} x &= -f\frac{a_1(X-X_s)+b_1(Y-Y_s)+c_1(Z-Z_s)}{a_3(X-X_s)+b_3(Y-Y_s)+c_3(Z-Z_s)} \\ y &= -f\frac{a_2(X-X_s)+b_2(Y-Y_s)+c_2(Z-Z_s)}{a_3(X-X_s)+b_3(Y-Y_s)+c_3(Z-Z_s)} \end{aligned}\right\} \tag{3-1}$$

可表达为像点坐标归一化形式

$$\left.\begin{aligned} \bar{x} &= \frac{x}{-f} = \frac{a_1(X-X_s)+b_1(Y-Y_s)+c_1(Z-Z_s)}{a_3(X-X_s)+b_3(Y-Y_s)+c_3(Z-Z_s)} \\ \bar{y} &= \frac{y}{-f} = \frac{a_2(X-X_s)+b_2(Y-Y_s)+c_2(Z-Z_s)}{a_3(X-X_s)+b_3(Y-Y_s)+c_3(Z-Z_s)} \end{aligned}\right\} \tag{3-2}$$

式中　$\bar{x}$，$\bar{y}$——归一化后的像点坐标；

　　f——相机主距。

同样，式（3-2）矩阵形式为[80]

$$\lambda\,\tilde{\tilde{\boldsymbol{x}}} = \boldsymbol{R}^{\mathrm{T}}(\boldsymbol{X}-\boldsymbol{X}_{\mathrm{S}}) \tag{3-3}$$

其中

$$\tilde{\tilde{\boldsymbol{x}}} = \boldsymbol{K}^{-1}\tilde{\boldsymbol{x}}$$

式中　$\tilde{\tilde{\boldsymbol{x}}}$——像点的归一化齐次坐标向量。

向量$\tilde{\tilde{\boldsymbol{x}}} = [\bar{x}\quad \bar{y}\quad 1]^{\mathrm{T}}$，为表示简洁，下文中将以$\tilde{\boldsymbol{x}}$代替$\tilde{\tilde{\boldsymbol{x}}}$。

3.1.2　影像后方交会分层估计方法

在姿态估计问题中，实质上是通过物方及像方同名点通过共线条件方程（3-3）估计式中的λ、$\boldsymbol{R}$及$\boldsymbol{X}_s$。由于这些参数耦合在一起，不易获得待求参数向量的显式表达式，故很难一次性获得所有

参数解，因此须将参数分别求解。

(1) 基于最大面积凸包的基点选择

为可靠获得 6 个外方位元素，理论上至少需要 3 对物-像点，实际上，选择分布合理、质量可靠的 3 对物-像点作为基点对提高外方位元素估计质量是至关重要的，其余像点可用此 3 个影像基点表示，从数学角度看，其他参与估计的像点坐标可表示为关于 3 个影像基点坐标的线性函数关系。由于基点的选择直接影响参数估计的质量，因此，在所有参与位姿估计的像点所构成的凸包中，选择构成三角形面积最大的一组三点像点作为基点。如图 3－1 所示，“×”为所有的像点，黑线为像点的凸包络线，由其节点参与位姿估计，而灰线是以构成面积最大的 3 个像点作为基点形成包络线。

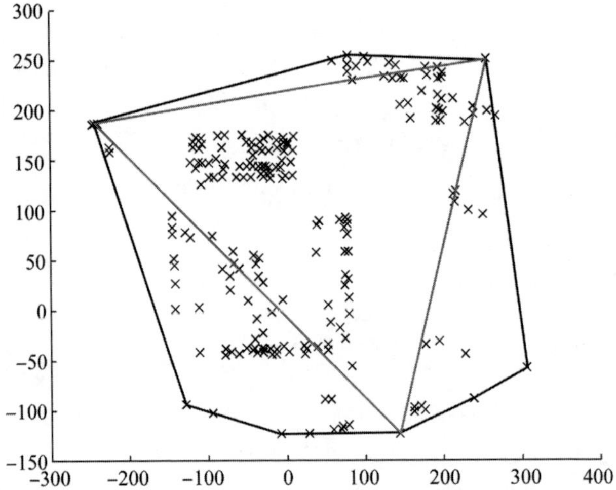

图 3－1 影像基点选择（坐标轴单位为像素）（见彩插）

(2) 摄影深度及平移向量的计算

设 $\{\boldsymbol{X}_1, \boldsymbol{X}_2, \boldsymbol{X}_3\}$ 为选择的基点，由选择条件知，基点不共线，即行列式 $|\boldsymbol{X}_1, \boldsymbol{X}_2, \boldsymbol{X}_3| \neq 0$，令 $[a_1^j, a_2^j, a_3^j]^{\mathrm{T}} = [\boldsymbol{X}_1, \boldsymbol{X}_2, \boldsymbol{X}_3]^{-1}\boldsymbol{X}_j (j=4, 5, \cdots, N)$，那么式（3－3）可转化为

$$
\begin{aligned}
\lambda_j \tilde{\boldsymbol{x}}_j &= \boldsymbol{R}^{\mathrm{T}} \boldsymbol{X}_j - \boldsymbol{R}^{\mathrm{T}} \boldsymbol{X}_s \\
&= \boldsymbol{R}^{\mathrm{T}} \boldsymbol{X}_j - \boldsymbol{T} \\
&= \sum_{i=1}^{3} a_i^j \boldsymbol{R}^{\mathrm{T}} \boldsymbol{X}_i - \boldsymbol{T} \\
&= \sum_{i=1}^{3} (a_i^j x_i) \lambda_i + \left(\sum_{i=1}^{3} a_i^j - 1\right) \boldsymbol{T}
\end{aligned}
\tag{3-4}
$$

其中，$\boldsymbol{T}=\boldsymbol{R}^{\mathrm{T}}\boldsymbol{X}_s$。对式（3－4）两侧同时左乘 $[\tilde{\boldsymbol{x}}_j]_\times$，$[\cdot]_\times$ 为反对称矩阵。由于 $[\tilde{\boldsymbol{x}}_j]_\times \cdot \tilde{\boldsymbol{x}}_j = \boldsymbol{0}$，于是得到了关于参数 $(\lambda_1, \lambda_2, \lambda_3, \boldsymbol{T}^{\mathrm{T}})^{\mathrm{T}}$ 的齐次方程组

$$
\sum_{i=1}^{3} (a_i^j \, [\tilde{\boldsymbol{x}}_j]_\times \tilde{\boldsymbol{x}}_i) \lambda_i + \left(\sum_{i=1}^{3} a_i^j - 1\right) [\tilde{\boldsymbol{x}}_j]_\times \boldsymbol{T} = 0 (j=4,5,\cdots,N)
\tag{3-5}
$$

记式（3－5）的最小二乘解为[92]

$$
\begin{cases}
\lambda_i = \alpha \lambda_i^* \\
\boldsymbol{T} = \alpha \boldsymbol{T}^*
\end{cases}
(i=1,2,3)
\tag{3-6}
$$

式中　λ_i^*，$\boldsymbol{T}^*$ ——式（3－5）的齐次解。

$\alpha > 0$ 时为标量，将上式代入式（3－3）中，得

$$
\alpha (\lambda_i^* \tilde{\boldsymbol{x}}_i + \boldsymbol{T}^*) = \boldsymbol{R}^{\mathrm{T}} \boldsymbol{X}_i
\tag{3-7}
$$

由旋转矩阵的保范数特性知

$$
\hat{\alpha} = \frac{1}{3} \sum_{i=1}^{3} (\| \tilde{\boldsymbol{x}}_i \| / \| \lambda_i^* \tilde{\boldsymbol{x}}_i + \boldsymbol{T}^* \|)
\tag{3-8}
$$

（3）旋转矩阵和外方位角元素估计

应用罗德里格反对称矩阵表达的旋转矩阵可表示为

$$
\boldsymbol{R} = (\boldsymbol{I} + \boldsymbol{S})(\boldsymbol{I} - \boldsymbol{S})^{-1}
\tag{3-9}
$$

其中

$$
\boldsymbol{S} = [\boldsymbol{s}]_\times
$$

$$
\boldsymbol{s} = [s_1 \quad s_2 \quad s_3]^{\mathrm{T}}
$$

式中　$\boldsymbol{S}$ ——反对称矩阵；

s_1，s_2，s_3——构建反对称矩阵及旋转矩阵的 3 个独立参数。

将式（3－8）和式（3－9）代入式（3－7）中，经整理可得

$$[\boldsymbol{X}_i+\alpha^*(\lambda_i^*\widetilde{\boldsymbol{x}}_i+\boldsymbol{T}^*)]_\times\cdot\boldsymbol{s}=\alpha^*(\lambda_i^*\widetilde{\boldsymbol{x}}_i+\boldsymbol{T}^*)-\boldsymbol{X}_i \tag{3-10}$$

通过基点（$i=1$，2，3）物-像点对数据，由最小二乘法即可获得反对称矩阵独立参数估计值 $\hat{\boldsymbol{s}}$，继而得到旋转矩阵估计量 $\hat{\boldsymbol{R}}$，最终得到影像外方位角元素估计值（$\varphi-\omega-\kappa$ 转角系统）

$$\left.\begin{aligned}\hat{\varphi}&=\operatorname{atan}(-\hat{R}_{13}/\hat{R}_{33})\\ \hat{\omega}&=\operatorname{asin}(-\hat{R}_{23})\\ \hat{\kappa}&=\operatorname{atan}(\hat{R}_{21}/\hat{R}_{22})\end{aligned}\right\} \tag{3-11}$$

（4）外方位线元素估计

由式（3－1）演化可得

$$\left.\begin{aligned}&x\,[a_3(X-X_s)+b_3(Y-Y_s)+c_3(Z-Z_s)]=\\&\quad-f\,[a_1(X-X_s)+b_1(Y-Y_s)+c_1(Z-Z_s)]\\&y\,[a_3(X-X_s)+b_3(Y-Y_s)+c_3(Z-Z_s)]=\\&\quad-f\,[a_2(X-X_s)+b_2(Y-Y_s)+c_2(Z-Z_s)]\end{aligned}\right\} \tag{3-12}$$

整理可得

$$\left.\begin{aligned}-B_{11}X_s-B_{12}Y_s-B_{13}Z_s+l_x=0\\-B_{21}X_s-B_{22}Y_s-B_{23}Z_s+l_y=0\end{aligned}\right\} \tag{3-13}$$

式中

$$B_{11}=fa_1+xa_3,B_{12}=fb_1+xb_3,B_{13}=fc_1+xc_3$$
$$l_x=fa_1X+fb_1Y+fc_1Z+xa_3X+xb_3Y+xc_3Z$$
$$B_{21}=fa_2+ya_3,B_{21}=fb_2+yb_3,B_{23}=fc_2+yc_3$$
$$l_y=fa_2X+fb_2Y+fc_2Z+ya_3X+yb_3Y+yc_3Z$$

系数可由式（3－11）和已知控制点数据求得。式（3－13）的矩阵形式为

$$\begin{bmatrix} B_{11} & B_{12} & B_{13} \\ B_{21} & B_{22} & B_{23} \end{bmatrix} \begin{bmatrix} X_s \\ Y_s \\ Z_s \end{bmatrix} = \begin{bmatrix} l_x \\ l_y \end{bmatrix} \text{或} \boldsymbol{B}\boldsymbol{X}_s = \boldsymbol{l} \tag{3-14}$$

则外方位线元素估计值为

$$\hat{\boldsymbol{X}}_s = (\boldsymbol{B}^{\mathrm{T}}\boldsymbol{B})^{-1}\boldsymbol{B}^{\mathrm{T}}\boldsymbol{l} \tag{3-15}$$

一幅影像中的 n 对物像空间点，可由 $2n$ 个线性方程求解得到 X_s，Y_s，Z_s 3 个外方位线元素，至此由式（3－14）和式（3－15）可获得全部外方位元素估计值。

需要指出，在解算过程中，参数之间的相关性以及控制点的不合理分布（如共线共面或原点设置等），直接影响解的精度和稳定性，针对该情况本书采用物方坐标归一化预处理[93]，即 $\boldsymbol{X}_i = \boldsymbol{U}\boldsymbol{X}_i$，$\boldsymbol{U}$ 为相似变换矩阵。

3.1.3　试验与分析

在试验中，选用稀疏光束法平差（SBA[94]）中 7 幅影像数据，图 3－2 为 7 幅影像位姿及物方控制点分布情况，实际上只选用一部分物方点参与位姿估计（见表 3－1）。由于原数据尺度未知，为保证

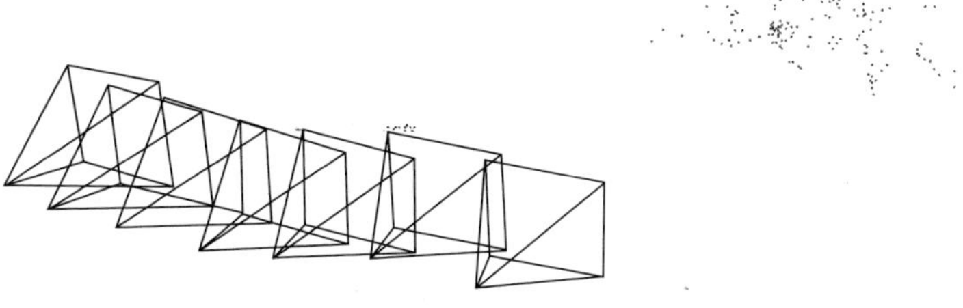

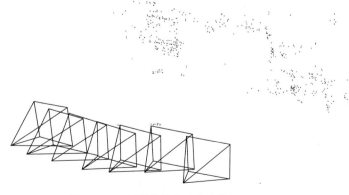

图 3－2　7 幅影像位姿及物方控制点分布情况

定量分析方法的有效性，首先对其进行尺度放大（1 000 倍）及原点平移（500 m），使数据量值放大。对影像位姿进行估计时，首先选择所有影像数据中最大凸包像点参与估计，每张像片参与位姿估计的同名点数见表 3－1，已知像点坐标、物方点坐标，原始外方位元素数据列于表 3－2。外方位元素试验结果见表 3－3，与已知位姿数据比较后外方位元素绝对误差见表 3－4。

表 3－1 参与位姿估计的同名点数

影像号	1	2	3	4	5	6	7
点数目	12	14	13	13	11	16	11

表 3－2 原始外方位元素

影像编号	X_s /m	Y_s /m	Z_s /m	φ /(°)	ω /(°)	κ /(°)
1	500.000	500.000	500.000	0.000	0.000	0.000
2	498.739	499.739	499.923	−0.989	−0.021	2.422
3	497.124	499.512	500.257	−5.882	−0.577	6.224
4	495.225	499.146	500.725	−9.529	−0.631	8.496
5	493.596	499.059	501.248	−13.044	0.059	8.623
6	491.479	499.121	501.993	−16.667	0.046	7.221
7	489.310	498.555	502.769	−18.994	−0.335	8.201

表 3－3 外方位元素试验结果

影像编号	X_s /m	Y_s /m	Z_s /m	φ /(°)	ω /(°)	κ /(°)
1	500.149	500.223	500.218	−0.056	0.437	−0.033
2	498.894	499.913	500.107	−1.083	0.144	2.287
3	497.298	499.724	500.424	−5.919	−0.323	6.139
4	495.339	499.308	500.799	−9.744	−0.631	8.388
5	493.761	499.135	501.268	−13.043	−0.257	8.560
6	491.536	499.495	502.204	−17.336	0.842	6.717
7	490.403	498.872	502.365	−16.214	0.303	9.712

表 3-4　外方位元素绝对误差

影像编号	ΔX_s /m	ΔY_s /m	ΔZ_s /m	$\Delta\varphi$ /(°)	$\Delta\omega$ /(°)	$\Delta\kappa$ /(°)
1	0.149	0.223	0.218	0.056	0.437	0.033
2	0.155	0.174	0.184	0.094	0.166	0.135
3	0.174	0.212	0.167	0.037	0.254	0.084
4	0.114	0.161	0.074	0.215	0.000	0.108
5	0.166	0.076	0.021	0.002	0.316	0.063
6	0.057	0.375	0.211	0.670	0.797	0.504
7	1.093	0.317	0.404	2.781	0.638	1.511

从表 3-4 可知，最终估计误差分布比较平缓，小误差较多，得到了应有的效果。与直接对投影矩阵分解的方法相比[80]，由于该方法在影像位姿估计中分别对位姿参数进行了最小二乘最优估计，因此，估计精度有了明显提高。

最后得到的位置绝对误差最大值为 1.093 m，位置误差基本在 0.5 m 内，姿态绝对误差最大值为 2.78°。通过观察，此影像为验证数据中的最后一张，拍摄的旋偏角度（κ）相比首张最大（计算机视觉领域，物方坐标系取第一张影像光心处），另外，参与位姿估计的控制点分布和数据质量（本数据物方控制点坐标含有一定的误差）也对结果有一定影响。

3.2　基于本质矩阵的影像解析相对定向

影像相对定向在传统航空摄影测量中是一个比较成熟的技术，在摄影测量理论中有详细介绍，测绘学中的影像相对定向一般从解析模型着手，通过选定相对定向元素，建立以共面条件关系为函数的线性公式，给定初始值再通过迭代解算优化定向参数，迭代方法属于严格方法，并且传统航空摄影测量相对定向参数容易给出，因此该方法得到的相对定向参数精度较高。本节在摄影测量坐标框架下推导出了基于本质矩阵表达的新的影像高精度相对定向方法。

3.2.1 连续法相对定向严格解析方法

在相对定向解析模型中，首先要清楚相对定向元素。在连续模型处理中应用广泛且与计算机视觉中模型方法联系最为紧密的为连续像对相对定向，它是以左影像空间坐标系为基准，采用右影像的直线运动和角运动实现相对定向，定向元素为（B_Y，B_Z，φ_2，ω_2，κ_2），如图 3－3 所示。

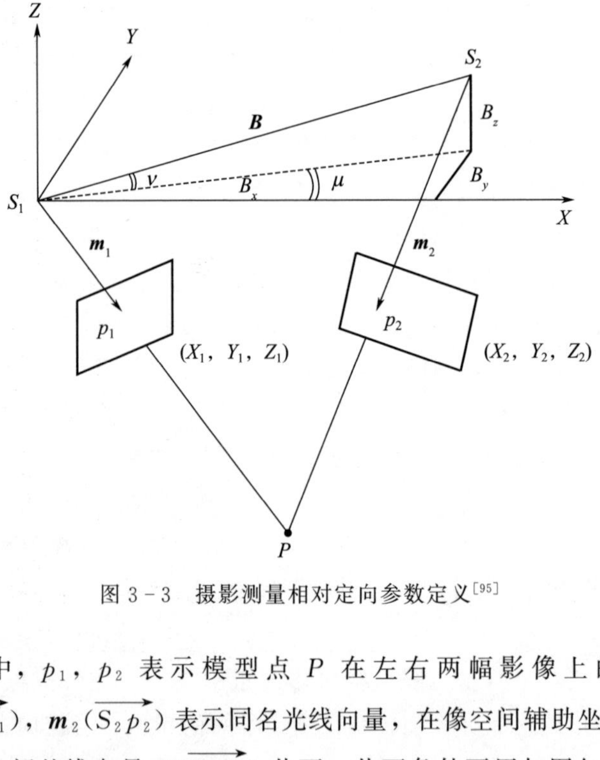

图 3－3　摄影测量相对定向参数定义[95]

图中，p_1，p_2 表示模型点 P 在左右两幅影像上的构象，$\boldsymbol{m}_1(\overrightarrow{S_1p_1})$，$\boldsymbol{m}_2(\overrightarrow{S_2p_2})$ 表示同名光线向量，在像空间辅助坐标系下，它们与空间基线向量 $\boldsymbol{B}(\overrightarrow{S_1S_2})$ 共面，共面条件可用如图矢量、$\boldsymbol{m}_1$、$\boldsymbol{m}_2$ 和 $\boldsymbol{B}$ 的混合积表示

$$\boldsymbol{B}\cdot(\boldsymbol{m}_1\times\boldsymbol{m}_2)=0 \tag{3-16}$$

行列式表示为

$$F=\begin{vmatrix} B_X & B_Y & B_Z \\ X_1 & Y_1 & Z_1 \\ X_2 & Y_2 & Z_2 \end{vmatrix}=0 \tag{3-17}$$

其中

$$\begin{bmatrix} X_1 \\ Y_1 \\ Z_1 \end{bmatrix}=\boldsymbol{R}_1\begin{bmatrix} x_1 \\ y_1 \\ -f \end{bmatrix}=\begin{bmatrix} x_1 \\ y_1 \\ -f \end{bmatrix},\boldsymbol{R}_1=\boldsymbol{I},\begin{bmatrix} X_2 \\ Y_2 \\ Z_2 \end{bmatrix}=\boldsymbol{R}_2\begin{bmatrix} x_2 \\ y_2 \\ -f \end{bmatrix}$$

式中　$[X_1\ \ Y_1\ \ Z_1]^{\mathrm{T}}$，$[X_2\ \ Y_2\ \ Z_2]^{\mathrm{T}}$——像点 p_1 和 p_2 的像空间辅助坐标。

对 x_1、y_1、x_2、y_2 影像坐标观测值加入改正数并严格处理，对 $\frac{\partial F}{\partial \varphi}$、$\frac{\partial F}{\partial \omega}$、$\frac{\partial F}{\partial \kappa}$ 取更严密的公式

$$\frac{\partial F}{\partial \varphi}=\begin{vmatrix} B_X & B_Y & B_Z \\ X_1 & Y_1 & Z_1 \\ -Z_2 & 0 & X_2 \end{vmatrix}$$

$$\frac{\partial F}{\partial \omega}=\begin{vmatrix} B_X & B_Y & B_Z \\ X_1 & Y_1 & Z_1 \\ -Y_2\sin\varphi & X_2\sin\varphi-Z_2\cos\varphi & Y_2\cos\varphi \end{vmatrix}$$

$$\frac{\partial F}{\partial \kappa}=\begin{vmatrix} B_X & B_Y & B_Z \\ x_1 & y_1 & -f \\ Z_2b_3-Y_2c_3 & X_2c_3-Z_2a_3 & Y_2a_3-X_2b_3 \end{vmatrix}$$

从而得到误差方程式

$$\frac{\begin{vmatrix} B_X & B_Y & B_Z \\ a_1 & b_1 & c_1 \\ X_2 & Y_2 & Z_2 \end{vmatrix}}{\begin{vmatrix} X_1 & Z_1 \\ X_2 & Z_2 \end{vmatrix}}V_{x_1}+\frac{\begin{vmatrix} B_X & B_Y & B_Z \\ a_2 & b_2 & c_2 \\ X_2 & Y_2 & Z_2 \end{vmatrix}}{\begin{vmatrix} X_1 & Z_1 \\ X_2 & Z_2 \end{vmatrix}}V_{y_1}+$$

$$
\frac{\begin{vmatrix} B_X & B_Y & B_Z \\ X_1 & Y_1 & Z_1 \\ a'_1 & b'_1 & c'_1 \end{vmatrix}}{\begin{vmatrix} X_1 & Z_1 \\ X_2 & Z_2 \end{vmatrix}} V_{x_2} + \frac{\begin{vmatrix} B_X & B_Y & B_Z \\ X_1 & Y_1 & Z_1 \\ a'_2 & a'_2 & a'_2 \end{vmatrix}}{\begin{vmatrix} X_1 & Z_1 \\ X_2 & Z_2 \end{vmatrix}} V_{y_2}
$$

$$
= \mathrm{d}B_Y - \frac{\begin{vmatrix} X_1 & Y_1 \\ X_2 & Y_2 \end{vmatrix}}{\begin{vmatrix} X_1 & Z_1 \\ X_2 & Z_2 \end{vmatrix}} \mathrm{d}B_Z - \frac{\begin{vmatrix} B_X & B_Y & B_Z \\ X_1 & Y_1 & Z_1 \\ -Z_2 & 0 & X_2 \end{vmatrix}}{\begin{vmatrix} X_1 & Z_1 \\ X_2 & Z_2 \end{vmatrix}} \mathrm{d}\varphi -
$$

$$
\frac{\begin{vmatrix} B_X & B_Y & B_Z \\ X_1 & Y_1 & Z_1 \\ -Y_2\sin\varphi & X_2\sin\varphi - Z_2\cos\varphi & Y_2\cos\varphi \end{vmatrix}}{\begin{vmatrix} X_1 & Z_1 \\ X_2 & Z_2 \end{vmatrix}} \mathrm{d}\omega -
$$

$$
\frac{\begin{vmatrix} B_X & B_Y & B_Z \\ x_1 & y_1 & -f \\ Z_2 b_3 - Y_2 c_3 & X_2 c_3 - Z_2 a_3 & Y_2 a_3 - X_2 b_3 \end{vmatrix}}{\begin{vmatrix} X_1 & Z_1 \\ X_2 & Z_2 \end{vmatrix}} \mathrm{d}\kappa - q
\tag{3-18}
$$

其中

$$
q = -\frac{\begin{vmatrix} B_X & B_Y & B_Z \\ X_1 & Y_1 & Z_1 \\ X_2 & Y_2 & Z_2 \end{vmatrix}}{\begin{vmatrix} X_1 & Z_1 \\ X_2 & Z_2 \end{vmatrix}}
$$

$$
= \frac{B_X Z_2 - B_Z X_2}{X_1 Z_2 - Z_1 X_2} Y_1 - \frac{B_X Z_1 - B_Z X_1}{X_1 Z_2 - Z_1 X_2} Y_2 - B_Y
$$

$$
= N_1 Y_1 - N_2 Y_2 - B_Y
$$

式中　a_i，b_i，c_i 和 a'_i，b'_i，c'_i——左右影像的旋转矩阵元素（$i=1,2,3$）；

q——相对定向时模型上的上下视差；

N_1，N_2——左右像点在各自像空间辅助坐标系中的投影系数。

将已知参数代入上述模型，可进一步化简得到

$$
\frac{\begin{vmatrix} B_Y & B_Z \\ Y_2 & Z_2 \end{vmatrix}}{\begin{vmatrix} x_1 & -f \\ X_2 & Z_2 \end{vmatrix}} V_{x_1} + \frac{\begin{vmatrix} B_X & B_Z \\ X_2 & Z_2 \end{vmatrix}}{\begin{vmatrix} x_1 & -f \\ X_2 & Z_2 \end{vmatrix}} V_{y_1} + \frac{\begin{vmatrix} B_X & B_Y & B_Z \\ x_1 & y_1 & -f \\ a'_1 & b'_1 & c'_1 \end{vmatrix}}{\begin{vmatrix} x_1 & -f \\ X_2 & Z_2 \end{vmatrix}} V_{x_2} + \frac{\begin{vmatrix} B_X & B_Y & B_Z \\ x_1 & y_1 & -f \\ a'_2 & a'_2 & a'_2 \end{vmatrix}}{\begin{vmatrix} x_1 & -f \\ X_2 & Z_2 \end{vmatrix}} V_{y_2}
$$

$$
= \mathrm{d}B_Y - \frac{\begin{vmatrix} x_1 & y_1 \\ X_2 & Y_2 \end{vmatrix}}{\begin{vmatrix} x_1 & -f \\ X_2 & Z_2 \end{vmatrix}} \mathrm{d}B_Z - \frac{\begin{vmatrix} B_X & B_Y & B_Z \\ x_1 & y_1 & -f \\ -Z_2 & 0 & X_2 \end{vmatrix}}{\begin{vmatrix} x_1 & -f \\ X_2 & Z_2 \end{vmatrix}} \mathrm{d}\varphi - \frac{\begin{vmatrix} B_X & B_Y & B_Z \\ x_1 & y_1 & -f \\ -Y_2\sin\varphi & X_2\sin\varphi - Z_2\cos\varphi & Y_2\cos\varphi \end{vmatrix}}{\begin{vmatrix} x_1 & -f \\ X_2 & Z_2 \end{vmatrix}} \mathrm{d}\omega - \frac{\begin{vmatrix} B_X & B_Y & B_Z \\ x_1 & y_1 & -f \\ Z_2b_3 - Y_2c_3 & X_2c_3 - Z_2a_3 & Y_2a_3 - X_2b_3 \end{vmatrix}}{\begin{vmatrix} x_1 & -f \\ X_2 & Z_2 \end{vmatrix}} \mathrm{d}\kappa - q \tag{3-19}
$$

该式为带有参数的条件平差基本方程式，用矩阵形式可写为

$$\boldsymbol{AV} = \boldsymbol{B}\mathrm{d}\boldsymbol{X} - \boldsymbol{l}, \boldsymbol{P}$$

可利用 2.4.3 节平差模型迭代求解为

$$\mathrm{d}\hat{\boldsymbol{X}} = [\boldsymbol{B}^{\mathrm{T}}(\boldsymbol{AP}^{-1}\boldsymbol{A}^{\mathrm{T}})^{-1}\boldsymbol{B}]^{-1}\boldsymbol{B}^{\mathrm{T}}(\boldsymbol{AP}^{-1}\boldsymbol{A}^{\mathrm{T}})^{-1}\boldsymbol{l}$$

容易看出，在垂直航空摄影测量计算中，由于序列影像间的相对姿态变化差异不大，这时相对定向旋转元素初始值可取 0，即 $\varphi = \omega = \kappa = 0$，由于 B_X 仅确定立体模型大小，因此可取 $B_X = X_2 - X_1$，在编程实现时，迭代相对定向元素改正数小于某一限差（如 0.3×10^{-4}）时为止。

在小角度倾斜摄影测量及偏航角大的长航带序列影像数据处理时，应用严格解析方法较为适宜。

3.2.2 连续法相对定向分层估计方法

对于相对姿态变化较大时，例如近景摄影测量或倾斜摄影测量，3.2.1 节严格解析方法对于初始值要求极为严格，初始值选取不当常导致解算不收敛，因此参数初值确定是前提条件。计算机视觉及直接相对定向（RLT）方法基本解决了此问题，但这些模型基本通过矩阵分解或直接线性变换等方式获得影像的旋转矩阵和平移向量，实践证明，该方法得到的影像相对定向参数精度较低。本节应用矩阵形式，寻求建立基于本质矩阵表达的新的影像高精度相对定向方法。

在基于矩阵表达的相对定向模型中，同样利用向量共面条件关系（Coplanarity），见图 3-4，立体像对中，$\boldsymbol{M}_1(\overrightarrow{S_1P})$ 和 $\boldsymbol{M}_2(\overrightarrow{S_2P})$ 为测站至物方点的向量，与 3.2.1 节同名光线向量 $\boldsymbol{m}_1$、$\boldsymbol{m}_2$ 同方向，$\boldsymbol{B}(\overrightarrow{S_1S_2})$ 为基线向量。

根据向量共面条件关系

$$\boldsymbol{B} \cdot (\boldsymbol{M}_1 \times \boldsymbol{M}_2) = 0 \tag{3-20}$$

其中

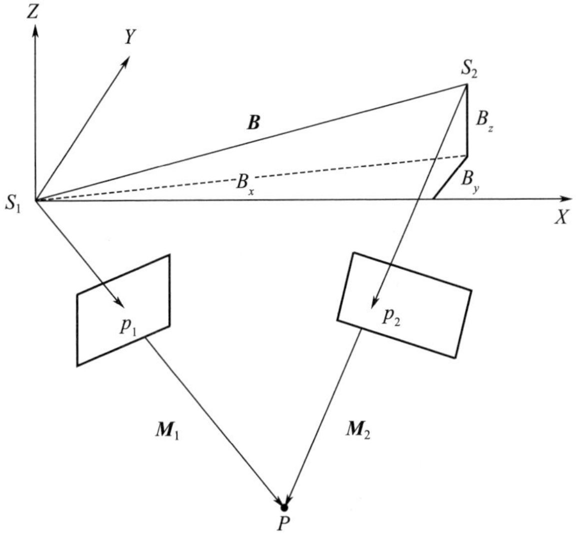

图 3－4　向量共面条件关系

$$\boldsymbol{B}=\begin{bmatrix}B_x\\B_y\\B_z\end{bmatrix}=\begin{bmatrix}X_{s2}-X_{s1}\\Y_{s2}-Y_{s1}\\Z_{s2}-Z_{s1}\end{bmatrix}$$

$$\boldsymbol{M}_1=\begin{bmatrix}X-X_{s1}\\Y-Y_{s1}\\Z-Z_{s1}\end{bmatrix}=\lambda_1\boldsymbol{R}_1\begin{bmatrix}x_1\\y_1\\-f\end{bmatrix}$$

$$\boldsymbol{M}_2=\lambda_2\boldsymbol{R}_2\begin{bmatrix}x_2\\y_2\\-f\end{bmatrix}$$

式中　$\lambda_i(i=1,\ 2)$ ——比例因子。

式（3－20）是在绝对坐标框架下表达的共面条件方程。

由向量叉乘与点乘的转换性质可知

$$\boldsymbol{B}\times\boldsymbol{a}=\boldsymbol{B}_k\cdot\boldsymbol{a}\tag{3-21}$$

其中

$$\boldsymbol{B}_k = [\boldsymbol{B}]_\times = \begin{bmatrix} 0 & -B_z & B_y \\ B_z & 0 & -B_x \\ -B_y & B_x & 0 \end{bmatrix}$$

式中　$\boldsymbol{B}_k$ ——向量 $\boldsymbol{B}$ 对应的反对称矩阵。

$$\boldsymbol{M}_1 = \lambda_1 \boldsymbol{R}_1 \begin{bmatrix} x_1 \\ y_1 \\ -f \end{bmatrix} = \lambda_1 \boldsymbol{R}_1 \begin{bmatrix} 1 & 0 & 0 \\ 0 & 1 & 0 \\ 0 & 0 & -f \end{bmatrix} \begin{bmatrix} x_1 \\ y_1 \\ 1 \end{bmatrix} = \lambda_1 \boldsymbol{R}_1 \boldsymbol{C} \begin{bmatrix} x_1 \\ y_1 \\ 1 \end{bmatrix} \tag{3-22}$$

对于右片而言，式（3－20）可转化为

$$\boldsymbol{B} \cdot (\boldsymbol{M}_1 \times \boldsymbol{M}_2) = \boldsymbol{M}_2 \cdot \boldsymbol{B} \times \boldsymbol{M}_1 = \boldsymbol{M}_2^{\mathrm{T}} \boldsymbol{B}_k \boldsymbol{M}_1 = 0 \tag{3-23a}$$

式中　$\boldsymbol{B}_k \boldsymbol{M}_1$——三个向量构成的平面法向量。

整理得

$$\begin{bmatrix} x_2 \\ y_2 \\ 1 \end{bmatrix}^{\mathrm{T}} \boldsymbol{C}^{\mathrm{T}} \boldsymbol{R}_2^{\mathrm{T}} \boldsymbol{B}_k \boldsymbol{R}_1 \boldsymbol{C} \begin{bmatrix} x_1 \\ y_1 \\ 1 \end{bmatrix} = 0 \tag{3-24a}$$

其中

$$\tilde{\boldsymbol{p}}_1 = [x_1 \quad y_1 \quad 1]^{\mathrm{T}}$$

$$\tilde{\boldsymbol{p}}_2 = [x_2 \quad y_2 \quad 1]^{\mathrm{T}}$$

式中　$\tilde{\boldsymbol{p}}_1$，$\tilde{\boldsymbol{p}}_2$——同名点 p_1 和 p_2 对应的齐次坐标向量。

对照计算机视觉基础矩阵，则

$$\boldsymbol{F} = \boldsymbol{C}^{\mathrm{T}} \boldsymbol{R}_2^{\mathrm{T}} \boldsymbol{B}_k \boldsymbol{R}_1 \boldsymbol{C} \tag{3-25a}$$

则式（3－24a）转变为

$$\tilde{\boldsymbol{p}}_2^{\mathrm{T}} \boldsymbol{F} \tilde{\boldsymbol{p}}_1 = 0 \tag{3-26a}$$

式中　$\boldsymbol{F}\tilde{\boldsymbol{p}}_1$——像点 p_2 对应的核线。

对于左片而言

$$\boldsymbol{B} \cdot (\boldsymbol{M}_1 \times \boldsymbol{M}_2) = \boldsymbol{M}_1 \cdot \boldsymbol{B} \times \boldsymbol{M}_2 = \boldsymbol{M}_1^{\mathrm{T}} (-\boldsymbol{B}_k) \boldsymbol{M}_2 = 0 \tag{3-23b}$$

整理得

$$\begin{bmatrix} x_1 \\ y_1 \\ 1 \end{bmatrix}^{\mathrm{T}} \boldsymbol{C}^{\mathrm{T}}\boldsymbol{R}_1^{\mathrm{T}}(-\boldsymbol{B}_k)\boldsymbol{R}_2\boldsymbol{C}\begin{bmatrix} x_2 \\ y_2 \\ 1 \end{bmatrix}=0 \tag{3-24b}$$

$$\boldsymbol{F}^{\mathrm{T}}=\boldsymbol{C}^{\mathrm{T}}\boldsymbol{R}_1^{\mathrm{T}}(-\boldsymbol{B}_k)\boldsymbol{R}_2\boldsymbol{C}\Leftrightarrow\boldsymbol{F}=\boldsymbol{C}^{\mathrm{T}}\boldsymbol{R}_2^{\mathrm{T}}\boldsymbol{B}_k\boldsymbol{R}_1\boldsymbol{C} \tag{3-25b}$$

则式（3－24b）转变为

$$\tilde{\boldsymbol{p}}_1^{\mathrm{T}}\boldsymbol{F}^{\mathrm{T}}\tilde{\boldsymbol{p}}_2=0 \tag{3-26b}$$

式中　$\boldsymbol{F}^{\mathrm{T}}\tilde{\boldsymbol{p}}_2$——像点 p_1 对应的核线。

与计算机视觉理论的区别在于，式（3－25）和式（3－26）是在摄影测量坐标系（绝对框架）下推导得到的基础矩阵和核线关系表达式。根据连续相对定向参数，即以立体像对左片像空间坐标系为参照，记 $\boldsymbol{R}_1=\boldsymbol{I}_3$，$\boldsymbol{R}_2=\boldsymbol{R}$，则

$$\boldsymbol{F}=\boldsymbol{C}^{\mathrm{T}}\boldsymbol{R}^{\mathrm{T}}\boldsymbol{B}_k\boldsymbol{C} \tag{3-27}$$

进一步，如果 $\boldsymbol{K}=\mathrm{diag}(-f,\ -f,\ 1)$ 已知，则本质矩阵为

$$\boldsymbol{E}=\boldsymbol{K}^{\mathrm{T}}\boldsymbol{F}\boldsymbol{K}=\boldsymbol{K}^{\mathrm{T}}\boldsymbol{C}^{\mathrm{T}}\boldsymbol{R}_2^{\mathrm{T}}\boldsymbol{B}_k\boldsymbol{R}_1\boldsymbol{C}\boldsymbol{K}\Leftrightarrow\boldsymbol{E}=\boldsymbol{K}^{\mathrm{T}}\boldsymbol{C}^{\mathrm{T}}\boldsymbol{R}^{\mathrm{T}}\boldsymbol{B}_k\boldsymbol{C}\boldsymbol{K} \tag{3-28}$$

由于本质矩阵的性质及 $\boldsymbol{C}\boldsymbol{K}=-f\cdot\boldsymbol{I}_3$，则

$$\boldsymbol{E}=\boldsymbol{K}^{\mathrm{T}}\boldsymbol{F}\boldsymbol{K}=f^2\cdot\boldsymbol{R}_2^{\mathrm{T}}\boldsymbol{B}_k\boldsymbol{R}_1=f^2\cdot\boldsymbol{R}^{\mathrm{T}}\boldsymbol{B}_k \tag{3-29}$$

由 $\boldsymbol{B}_k\boldsymbol{B}=\boldsymbol{0}$，得

$$\boldsymbol{E}\boldsymbol{B}=\boldsymbol{R}^{\mathrm{T}}\boldsymbol{B}_k\boldsymbol{B}=\boldsymbol{0} \tag{3-30}$$

因此，基线向量 $\boldsymbol{B}$ 是 $\boldsymbol{E}$ 的最小奇异值右奇异向量，记为 $\boldsymbol{B}^*$，于是必有 $\boldsymbol{B}=k\boldsymbol{B}^*$。取 $\boldsymbol{B}_\perp^*$ 与 $\boldsymbol{B}^*$ 正交，则 $\boldsymbol{E}\boldsymbol{B}_\perp^*=k\boldsymbol{R}^{\mathrm{T}}\boldsymbol{B}_k^*\boldsymbol{B}_\perp^*\neq\boldsymbol{0}$，由旋转矩阵保范性可知

$$k=\pm\frac{\|\boldsymbol{E}\boldsymbol{B}_\perp^*\|}{\|\boldsymbol{B}_k^*\boldsymbol{B}_\perp^*\|}=\pm k^*$$

令 $\boldsymbol{B}=k^*\boldsymbol{B}^*$，根据罗德里格反对称矩阵表达的旋转矩阵有

$$\boldsymbol{R}=(\boldsymbol{I}+\boldsymbol{S})(\boldsymbol{I}-\boldsymbol{S})^{-1} \tag{3-31}$$

其中

$$\boldsymbol{S}=[\boldsymbol{s}]_\times$$

$$\boldsymbol{s}=[s_1\quad s_2\quad s_3]^{\mathrm{T}}$$

式中　$\boldsymbol{S}$——反对称矩阵；

s_1，s_2，s_3——构建反对称矩阵及旋转矩阵的 3 个独立参数。

将这些参数代入式（3-28）中

$$(\boldsymbol{I}-\boldsymbol{S})^{\mathrm{T}}\boldsymbol{E}=(\boldsymbol{I}+\boldsymbol{S})^{\mathrm{T}}\boldsymbol{B}_k \Leftrightarrow (\boldsymbol{I}+\boldsymbol{S})\boldsymbol{E}=(\boldsymbol{I}-\boldsymbol{S})\boldsymbol{B}_k \tag{3-32}$$

经转化为

$$\boldsymbol{S}(\boldsymbol{E}+\boldsymbol{B}_k)=-(\boldsymbol{E}-\boldsymbol{B}_k) \tag{3-33a}$$

或

$$\boldsymbol{S}[\boldsymbol{a}_1 \quad \boldsymbol{a}_2 \quad \boldsymbol{a}_3]=-[\boldsymbol{b}_1 \quad \boldsymbol{b}_2 \quad \boldsymbol{b}_3] \tag{3-33b}$$

其中

$$\boldsymbol{E}+\boldsymbol{B}_k=[\boldsymbol{a}_1 \quad \boldsymbol{a}_2 \quad \boldsymbol{a}_3]$$

$$\boldsymbol{E}-\boldsymbol{B}_k=[\boldsymbol{b}_1 \quad \boldsymbol{b}_2 \quad \boldsymbol{b}_3]$$

因此，得到方程组

$$[\boldsymbol{a}_i]_{\times}\boldsymbol{s}=\boldsymbol{b}_i(i=1,2,3) \tag{3-34}$$

由最小二乘法即可获得 $\hat{\boldsymbol{s}}$ 及 $\hat{\boldsymbol{R}}$ 。

最终得到相对定向旋转参数（φ-ω-κ 转角系统）

$$\left.\begin{aligned}\hat{\varphi}&=\operatorname{atan}(-\hat{R}_{13}/\hat{R}_{33})\\ \hat{\omega}&=\operatorname{asin}(-\hat{R}_{23})\\ \hat{\kappa}&=\operatorname{atan}(\hat{R}_{21}/\hat{R}_{22})\end{aligned}\right\} \tag{3-35}$$

由求得的基线向量 $\boldsymbol{B}$ 和相对旋转参数就完成了相对定向。

实际上，本质矩阵可通过 7 点法或 5 点法获得，或者先利用直接方法估计得到基础矩阵后获得本质矩阵，求解基础矩阵的基本方法见附录 C.1。

3.2.3　试验与分析

本节试验采用车载序列影像数据，影像像素为 1 600×1 200，像元大小为 4.4 μm×4.4 μm，焦距为 7.5 mm；在城市平坦地区，车载影像的特点是偏航角一般变化较大（一般在 20°内），而在移动载体速度平稳的情况下，横滚角和俯仰角数值及变化较小（一般在 2°

内)，因此在本试验中不予考虑。表3-5中的数据为所选取环绕某超市前进拍摄的11张序列影像姿态的IMU测量值，最大偏航角为17°，最小为3°。在试验中的软件平台为MATLAB R7.13，处理器为4核Intel（R）Core（TM）i3 CPU，内存为4 G。

表3-5　序列影像姿态的IMU测量值

单位:(°)

影像号	IMU值	影像号	IMU值
70	317.547	76	34.193
71	16.965	77	38.051
72	346.878	78	41.139
73	3.884	79	43.705
74	17.608	80	46.675
75	27.608		

以70、71号两张影像为例（图3-5），利用SIFT算法在两张未经处理的影像上依次得到722个、776个关键点（“+”标示），从影像上可以看到，得到的关键点分布比较均匀，同时，在纹理相似区域也出现了误匹配，经RANSAC方法剔除错误后，得到115对内点(inliers)，经同名特征点连线检查，匹配错误率在2%内，可通过核线约束等策略剔除，经序列影像反复试验得到的结果比较一致，说明经利用SIFT算法结合RANSAC方法用于车载序列影像匹配特征点具有较高的稳定性。

表3-6为选取的11张序列影像像对的相对姿态的IMU测量值与基于计算机视觉的CV计算值对比。

(a) 粗匹配结果 (SIFT)

(b) 精匹配结果 (RANSAC)

图 3-5 粗、精匹配结果（以 70、71 号影像为例）

表 3-6 IMU 测量值与 CV 计算值对比

单位:(°)

序列像对	IMU 测量值	CV 计算值	差值
70-71	12.366	13.217	-0.851
71-72	16.965	19.296	-2.331
72-73	17.006	17.451	-0.445
73-74	13.724	16.120	-2.396
74-75	10.000	12.561	-2.562
75-76	6.585	8.551	-1.966

续表

序列像对	IMU 测量值	CV 计算值	差值
76-77	3.858	6.770	−2.912
77-78	3.088	4.873	−1.784
78-79	2.566	5.226	−2.660
79-80	2.970	5.508	−2.538

由于该系统采用 Applanix 公司高精度的 POS/LV 模块经紧耦合处理后的位姿作为参考，因此在短时间内可将其姿态（或方位）视为真值，利用 CV 计算值与 IMU 测量值获得像对偏航角比较，见图 3-6。

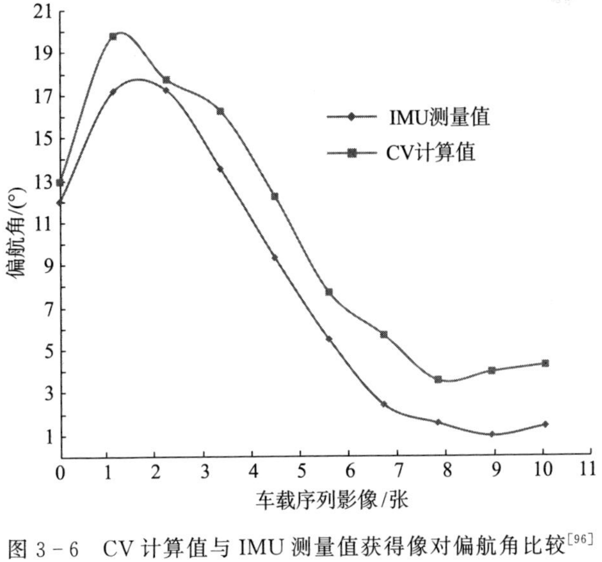

图 3-6　CV 计算值与 IMU 测量值获得像对偏航角比较[96]

从图 3-6 中的数据可以看出，两种方法得到的序列影像像对偏航角变化趋势一致，最小偏差为 0.445°，最大为 2.912°，均方误差为 0.076 8°，由此可以说明，基于计算机视觉方法得到的车载序列影像相对定向的绝对误差可限制在 3°之内，中误差可保证在 0.8°之内，与计算无人机偏航角质量大体相当。

观察发现，与 IMU 测量值相比，用矩阵分解方法计算得到的偏航角误差符号朝一个方向变化，表现为一定的系统性，初步推断为相机坐标与 IMU 坐标系不平行引起的系统误差所致，详细结论还要进行试验研究。另外，偏航角变化较大的像对计算误差相对较小，偏航角变化较小的像对计算误差则相对较大，可以推断基于方向余弦方法在反算小角度航偏变化时容易引起计算的不稳定。

利用罗德里格矩阵得到的影像相对定向结果与 IMU 测量值对比见表 3－7 和图 3－7。最小偏差为 0.376°，最大为 2.052°，均方误差为 0.04°，从图中不难发现，较计算机视觉矩阵分解方法，通过罗德里格矩阵及最小二乘法得到的影像相对定向姿态精度要高，并且误差分布要平缓。

表 3－7　本文方法与 IMU 测量值对比

单位：(°)

序列像对	IMU 测量值	本文方法	差值
70－71	12.366	12.914	－0.548
71－72	16.965	17.998	－1.033
72－73	17.006	17.382	－0.376
73－74	13.724	14.96	－1.236
74－75	10.000	11.791	－1.791
75－76	6.585	8.258	－1.673
76－77	3.858	5.91	－2.052
77－78	3.088	4.234	－1.146
78－79	2.566	4.222	－1.656
79－80	2.970	4.386	－1.416

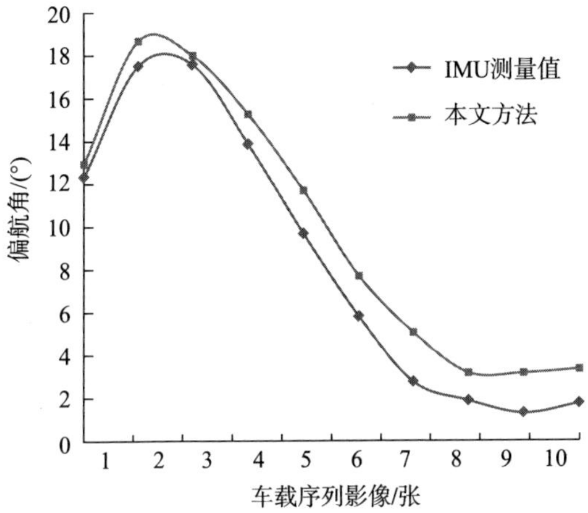

图3-7 本文方法与IMU测量值获得像对偏航角比较

3.3 基于导航相关参考系的影像位姿

随着GNSS应用的普及和惯性导航设备（IMU）的不断实用化，由GNSS和IMU组合构成的POS省去了传统航空摄影测量先确定影像位姿的烦琐工序，使得航空摄影测量质量一致性和测绘效率大幅提升。

POS输出的原始数据是以一定的频率输出GPS天线相位中心（标定后为IMU中心）的WGS-84大地坐标 (B, L, H) 、IMU相对于导航坐标系的HPR角［即偏航角（Ψ）、俯仰角（Θ）和横滚角（Φ）］及相应的精度等信息，根据2.1节所述，由物方坐标系到像方坐标系的转换关系可分解为测图坐标系（m）→地心直角坐标系（E）→当地水平坐标系（g）→车载平台坐标系（b）→相机坐标系（c）→像空间坐标系（i）的连续旋转。

3.3.1 地心直角坐标系 E 到测图坐标系 m

设测图坐标系 m 的原点 P_0 在地心直角（地心地固）坐标系中的坐标为 $(B_0, L_0, 0)$ ，以地心直角坐标系 E 绕 X 轴顺时针旋转

(π/2－B_0)弧度，再绕 Z 轴顺时针旋转(π/2＋L_0)弧度到测图坐标系 m，旋转矩阵如式(3-36)所示[97]

$$\boldsymbol{R}_E^m(B_0,L_0)=\begin{bmatrix}1 & 0 & 0\\ 0 & \cos(\pi/2-B_0) & \sin(\pi/2-B_0)\\ 0 & -\sin(\pi/2-B_0) & \cos(\pi/2-B_0)\end{bmatrix}\cdot\begin{bmatrix}\cos(\pi/2+L_0) & \sin(\pi/2+L_0) & 0\\ -\sin(\pi/2+L_0) & \cos(\pi/2+L_0) & 0\\ 0 & 0 & 1\end{bmatrix}$$
$$=\begin{bmatrix}-\sin L_0 & \cos L_0 & 0\\ -\cos L_0\sin B_0 & -\sin L_0\sin B_0 & \cos B_0\\ \cos L_0\cos B_0 & \sin L_0\cos B_0 & \sin B_0\end{bmatrix} \tag{3-36}$$

3.3.2 当地水平坐标系 *g* 到地心直角坐标系 *E*

当地水平坐标系 g(即导航坐标系 n)到地心直角坐标系 E 的旋转矩阵有如下定义，首先将地心直角坐标系绕其 Z_E 轴逆时针旋转 l 弧度；再绕旋转后的 Y_E 轴顺时针旋转(π/2＋λ)弧度，构成的旋转矩阵为

$$\boldsymbol{R}_g^E(\lambda,l)=\begin{bmatrix}\cos l & -\sin l & 0\\ \sin l & \cos l & 0\\ 0 & 0 & 1\end{bmatrix}\begin{bmatrix}\cos(\pi/2+\lambda) & 0 & -\sin(\pi/2+\lambda)\\ 0 & 1 & 0\\ \sin(\pi/2+\lambda) & 0 & \cos(\pi/2+\lambda)\end{bmatrix}$$
$$=\begin{bmatrix}-\sin\lambda\cos l & -\sin l & -\cos\lambda\cos l\\ -\sin\lambda\sin l & \cos l & -\cos\lambda\sin l\\ \cos\lambda & 0 & -\sin\lambda\end{bmatrix} \tag{3-37}$$

3.3.3 车载平台坐标系 *b* 到当地水平坐标系 *g*

车载平台坐标系 b(或 IMU 载体坐标系)与当地水平坐标系 g 的关系见图 2-4，b 系到 g 系的旋转矩阵由惯导设备输出的偏航角

Ψ 、俯仰角 Θ 和横滚角 Φ 构成，如式（3－38）所示。

$$
\begin{aligned}
&\boldsymbol{R}_b^g(\Psi,\Theta,\Phi)\\
&=\boldsymbol{R}_Z(\Psi)\boldsymbol{R}_Y(\Theta)\boldsymbol{R}_X(\Phi)\\
&=\begin{bmatrix}\cos\Psi & -\sin\Psi & 0\\ \sin\Psi & \cos\Psi & 0\\ 0 & 0 & 1\end{bmatrix}\begin{bmatrix}\cos\Theta & 0 & \sin\Theta\\ 0 & 1 & 0\\ -\sin\Theta & 0 & \cos\Theta\end{bmatrix}\begin{bmatrix}1 & 0 & 0\\ 0 & \cos\Phi & -\sin\Phi\\ 0 & \sin\Phi & \cos\Phi\end{bmatrix}\\
&=\begin{bmatrix}\cos\Theta\cos\Psi & \sin\Phi\sin\Theta\cos\Psi-\cos\Phi\sin\Psi & \cos\Phi\sin\Theta\cos\Psi+\sin\Phi\sin\Psi\\ \cos\Theta\sin\Psi & \sin\Phi\sin\Theta\sin\Psi-\cos\Phi\sin\Psi & \cos\Phi\sin\Theta\sin\Psi-\sin\Phi\cos\Psi\\ -\sin\Theta & \sin\Phi\cos\Theta & \cos\Phi\cos\Theta\end{bmatrix}
\end{aligned}
\tag{3-38}
$$

3.3.4　相机坐标系 c 到车载平台坐标系 b

相机坐标系 c 到车载平台坐标系 b 的旋转矩阵 $\boldsymbol{R}_c^b$ 由相机与车载平台坐标系（IMU 指示方向）安装角度（偏心角）确定。

$$
\begin{aligned}
&\boldsymbol{R}_c^b(\Theta_x,\Theta_y,\Theta_z)\\
&=\boldsymbol{R}_X(\Theta_x)\boldsymbol{R}_Y(\Theta_y)\boldsymbol{R}_Z(\Theta_z)\\
&=\begin{bmatrix}1 & 0 & 0\\ 0 & \cos\Theta_x & \sin\Theta_x\\ 0 & -\sin\Theta_x & \cos\Theta_x\end{bmatrix}\begin{bmatrix}\cos\Theta_y & 0 & -\sin\Theta_y\\ 0 & 1 & 0\\ \sin\Theta_y & 0 & \cos\Theta_y\end{bmatrix}\begin{bmatrix}\cos\Theta_z & \sin\Theta_z & 0\\ -\sin\Theta_z & \cos\Theta_z & 0\\ 0 & 0 & 1\end{bmatrix}\\
&=\begin{bmatrix}\cos\Theta_y\cos\Theta_z & \cos\Theta_y\sin\Theta_z & -\sin\Theta_y\\ \sin\Theta_x\sin\Theta_y\cos\Theta_z-\cos\Theta_x\sin\Theta_z & \sin\Theta_x\sin\Theta_y\sin\Theta_z+\cos\Theta_x\cos\Theta_z & \sin\Theta_x\cos\Theta_y\\ \cos\Theta_x\sin\Theta_y\cos\Theta_z+\sin\Theta_x\sin\Theta_z & \cos\Theta_x\sin\Theta_y\sin\Theta_z-\sin\Theta_x\cos\Theta_z & \cos\Theta_x\cos\Theta_y\end{bmatrix}
\end{aligned}
\tag{3-39}
$$

3.3.5　像空间坐标系 i 到相机坐标系 c

在所研究的车载移动测绘系统中，相机坐标系与车载平台坐标系坐标轴指向基本一致，原点设置在相机上，摄影方向与车体前进方向呈 α 弧度，见图 3－8，由此可以得到像空间坐标系 i 到相机坐标系 c 的旋转矩阵为

$$
\boldsymbol{R}_i^c(\alpha)=\begin{bmatrix}\cos\pi & 0 & \sin\pi\\ 0 & 1 & 0\\ -\sin\pi & 0 & \cos\pi\end{bmatrix}\begin{bmatrix}\cos\pi/2 & -\sin\pi/2 & 0\\ \sin\pi/2 & \cos\pi/2 & 0\\ 0 & 0 & 1\end{bmatrix}
\cdot\begin{bmatrix}1 & 0 & 0\\ 0 & \cos\pi/2 & -\sin\pi/2\\ 0 & \sin\pi/2 & \cos\pi/2\end{bmatrix}\begin{bmatrix}\cos\alpha & 0 & -\sin\alpha\\ 0 & 1 & 0\\ \sin\alpha & 0 & \cos\alpha\end{bmatrix}
=\begin{bmatrix}-\sin\alpha & 0 & -\cos\alpha\\ \cos\alpha & 0 & -\sin\alpha\\ 0 & -1 & 0\end{bmatrix}
\tag{3-40}
$$

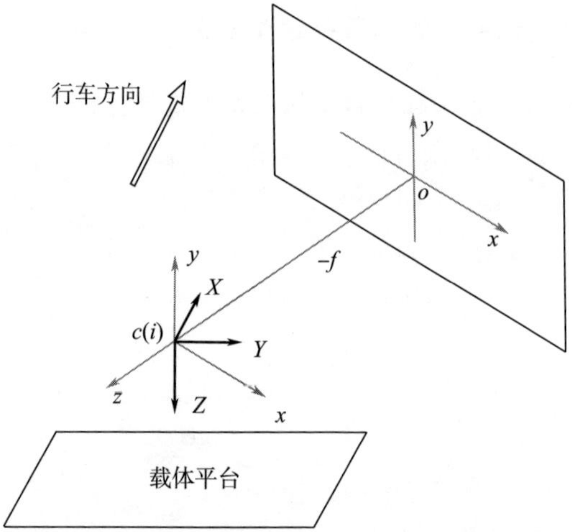

图 3-8　移动测绘系统像空间坐标系与相机坐标系关系

3.3.6　像素坐标系 o_{uv} 到像平面坐标系 o_{xy}

像素坐标系到像平面坐标系间的转换关系是二维的，由于两坐标系间的轴系相互平行，因此只需要进行原点平移及坐标轴旋转 π/2 弧度即可，转换关系比较简单，可利用式（3-41）进行。

$$\begin{bmatrix} x \\ y \\ 1 \end{bmatrix} = \text{pixel} \cdot \boldsymbol{R}_{o_{uv}}^{o_{xy}} \cdot \begin{bmatrix} u \\ v \\ 1 \end{bmatrix} = \text{pixel} \cdot \begin{bmatrix} 1 & 0 & -0.5W \\ 0 & -1 & 0.5H \\ 0 & 0 & 0 \end{bmatrix} \begin{bmatrix} u \\ v \\ 1 \end{bmatrix} \tag{3-41}$$

式中　(u, v)——像点的像素坐标（单位：像素行列号，以影像左上角计数）；

(x, y)——像点的像平面坐标（单位：μm）；

W，H——影像幅面的宽与高（单位：像素行列号）；

pixel——像元物理尺寸（单位：μm）。

最后，由角元素 $(\varphi, \omega, \kappa)$ 构成的旋转矩阵 $\boldsymbol{R}_i^m(\varphi, \omega, \kappa)$ 可表示为

$$\boldsymbol{R}_i^m = \boldsymbol{R}_E^m(B_0, L_0)\boldsymbol{R}_n^E(\lambda, l)\boldsymbol{R}_b^n(\Psi, \Theta, \Phi)\boldsymbol{R}_c^b(e_x, e_y, e_z)\boldsymbol{R}_i^c(0, \pi, \pi) \tag{3-42}$$

式中，$\boldsymbol{R}_i^m = \begin{bmatrix} a_1 & a_2 & a_3 \\ b_1 & b_2 & b_3 \\ c_1 & c_2 & c_3 \end{bmatrix}$。继而可得到欧拉角，如式（3-43）中的 φ，ω，κ 转角，或轴角 n_1，n_2，n_3［见第5章式（5-22）］

$$\left.\begin{aligned} \tan\varphi &= -\frac{a_3}{c_3} \\ \sin\omega &= -b_3 \\ \tan\kappa &= \frac{b_1}{b_2} \end{aligned}\right\} \tag{3-43}$$

外方位线元素 (X_s, Y_s, Z_s) 通过式（3-44）求解

$$\begin{bmatrix} X_s \\ Y_s \\ Z_s \end{bmatrix} = \boldsymbol{R}_E^m \left[\begin{bmatrix} X_{\text{IMU}} \\ Y_{\text{IMU}} \\ Z_{\text{IMU}} \end{bmatrix}^E + \boldsymbol{R}_g^E \boldsymbol{R}_b^g(\Psi, \Theta, \Phi) \begin{bmatrix} l_{x-\text{cam}} \\ l_{y-\text{cam}} \\ l_{z-\text{cam}} \end{bmatrix} - \begin{bmatrix} X_0 \\ Y_0 \\ Z_0 \end{bmatrix} \right] \tag{3-44}$$

式中　$\begin{bmatrix} l_{x-\text{cam}} \\ l_{y-\text{cam}} \\ l_{z-\text{cam}} \end{bmatrix}$——相机透视中心在 IMU（Ref）坐标系中的坐标向

量，需要严格标定；

$\begin{bmatrix} X_0 \\ Y_0 \\ Z_0 \end{bmatrix}$，$\begin{bmatrix} X_{\mathrm{IMU}} \\ Y_{\mathrm{IMU}} \\ Z_{\mathrm{IMU}} \end{bmatrix}$——空间直角坐标系（LSR）坐标系锚点（Anchor）$(L_0, B_0, 0)$ 及 IMU 几何中心 (B, L, H) 相应的地心直角坐标向量。

采用的计算公式为

$$\left.\begin{aligned} X &= (N+H)\cos B\cos L \\ Y &= (N+H)\cos B\sin L \\ Z &= [N(1-e^2)+H]\sin B \end{aligned}\right\} \tag{3-45}$$

$$\left.\begin{aligned} N &= \frac{a}{\sqrt{1-e^2\sin^2 B}} \\ e &= \sqrt{\frac{a^2-b^2}{a^2}} \end{aligned}\right\} \tag{3-46}$$

式中　N——参考椭球的卯酉圈曲率半径；

e——第一偏心率；

a，b——参考椭球的长半轴长与短半轴长。

另外，如果将上述坐标系间的转换关系用向量代数描述则更加清晰，见图 3-9。

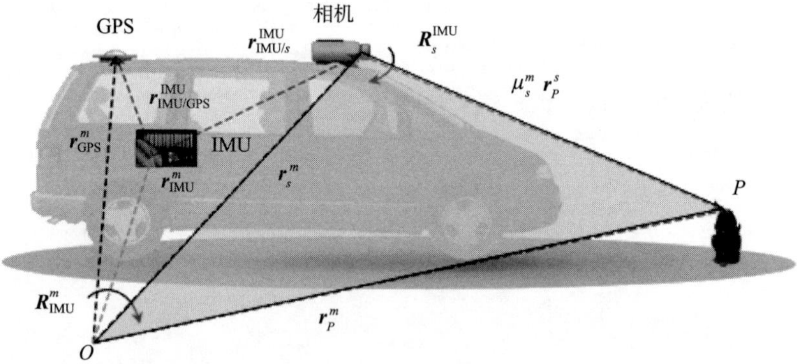

图 3-9　VMMS 坐标系间的转换关系（见彩插）

此时 P 点在测图坐标系中的坐标可用向量 $\boldsymbol{r}_P^m$ 表示，它们是

$$
\left.\begin{aligned}
&\boldsymbol{r}_P^m = \boldsymbol{r}_s^m + \mu_s^m \boldsymbol{R}_s^m \boldsymbol{r}_P^s \\
&\boldsymbol{r}_P^m = (\boldsymbol{r}_{\mathrm{GPS}}^m - \boldsymbol{r}_{\mathrm{IMU/GPS}}^m + \boldsymbol{r}_{\mathrm{IMU}/si}^m) + \mu \boldsymbol{R}_{\mathrm{IMU}}^m R_{si}^{\mathrm{IMU}} \boldsymbol{r}_P^{si} \\
&\boldsymbol{r}_P^m = (\boldsymbol{r}_{\mathrm{GPS}}^m - \boldsymbol{R}_{\mathrm{IMU}}^m \boldsymbol{r}_{\mathrm{IMU/GPS}}^{\mathrm{IMU}} + \boldsymbol{R}_{\mathrm{IMU}}^m \boldsymbol{r}_{\mathrm{IMU}/si}^{\mathrm{IMU}}) + \mu_s^m \boldsymbol{R}_{\mathrm{IMU}}^m \boldsymbol{R}_{si}^{\mathrm{IMU}} \boldsymbol{r}_P^{si} \\
&\boldsymbol{r}_P^m = \boldsymbol{r}_{\mathrm{GPS}}^m + \boldsymbol{R}_{\mathrm{IMU}}^m (\boldsymbol{r}_{\mathrm{IMU}/si}^{\mathrm{IMU}} - \boldsymbol{r}_{\mathrm{IMU/GPS}}^{\mathrm{IMU}} + \mu_s^m \boldsymbol{R}_{si}^{\mathrm{IMU}} \boldsymbol{r}_P^{si})
\end{aligned}\right\}
\tag{3-47}
$$

3.4　本章小结

本章从基于影像的位姿参数估计及基于 POS 的直接位姿参考两个方面详细介绍了基于影像测姿、定向理论及实践问题。在基于影像的位姿参数估计理论中，推导并证明了基于矩阵模型及最大面积凸包点的分层估计影像位姿参数的方法。试验结果表明，该方法较矩阵分解的方法精度要高且结果稳定；同时，基于同样的思想，推导并证明了该思路在估计影像相对定向参数中同样具有很好的效果。

第4章　序列影像空三连接点匹配算法

影像匹配技术是根据影像模式寻找同名点的过程，是影像信息提取和应用的关键环节，在许多领域都有重要应用。例如，对称检测[98]、宽基线匹配[99-100]、全景拼接[101]、影像分类[102]、视频影像检索[103]、目标识别[104-107]、行为识别[108]、三维重建[109]及人脸检测[110-111]等领域。

对于摄影测量领域的影像匹配，主要用于目标量测及三维重建等，关注的焦点在于影像匹配的可靠性、准确性、同名点数量、分布及匹配的效率等。

人眼可以精确地识别影像上的同名特征，几乎不存在误匹配问题，因而可以准确地感知三维世界。但在数字摄影测量中，利用计算机匹配替代人眼测定影像同名点时，由于受到影像间重叠度、影像变形等限制，存在一定的误匹配，基于此，影像匹配研究主要集中在匹配相似性测度和减小同名点搜索范围以提高匹配可靠性。国内外相关领域学者围绕这两方面提出了众多有效方法，如基于灰度和特征的匹配相似性测度方法；在同名点搜索范围的确定或者从约束条件及匹配策略运用方面，建立了核线约束[112-113]、视差连续性约束、视差梯度约束及三角形约束[114-116]、分级匹配策略[117-118]、冗余匹配策略（如多视匹配[119]）等。

4.1　序列街景影像匹配难点及任务

由于受摄影方式、视角、目标尺度、分布差异（影像变形）、遮挡、光照和视差断裂等因素影响，近景影像可靠匹配一直比较困难，制约了在相关领域的应用。最初考虑到扩大视场范围，车载相机在安置时与载体坐标系往往呈一定角度*关系，即车载影像摄影属于倾斜摄影方式，如图 4 - 1 所示，并且拍摄轨迹很不规则（多视角）；此外，目标尺度及分布差异会导致影像的分辨率变化较大，就单张影像而言，影像分辨率就有较大差别，考虑其他影响因素时，如光照、目标深度分布不规则引起的影像变形等，传统基于航空影像的灰度匹配方法存在较大的局限性，故将其用于近景匹配几乎是无法完成的。因此，本章基于特征匹配方法获得同名点，该方法除了在特征的可定位性方面表现一般外，在特征的可重复性、显著性、数量、分布上均可以达到较好的效果，因此在近景摄影测量及计算机视觉领域应用较广。

在摄影测量中，有两个阶段需要用到影像匹配技术，分别是为空中三角测量（Aerial Triangulation，AT）提供稀疏的像点量测值和为制作数字表面模型（Digital Surface Model，DSM）提供密集像点坐标，下面可将上述两个阶段的影像匹配称为“空三匹配”和“DSM 匹配”。空三匹配需要匹配一定数量的、分布均匀的 3 度及以上重叠的同名点（连接点），用于空三加密和区域网平差，因此匹配的点数不多，匹配过程不需要逐点进行，因此空三匹配属于稀疏匹配范畴。DSM 匹配是在空中三角测量完成后，提取密集的特征点，一般利用核线约束（通过核线影像）匹配或者在稀疏匹配基础上进行加密匹配，从而生成被摄目标的数据模型，此时匹配的点数多，计算量大，在基于灰度相关的匹配方法中，一般 DSM 匹配要逐像素进行，而基于特征的匹配一般在提取的特征中逐一匹配，因此 DSM 匹配属于密集或似密集匹配。因此，两个阶段任务概括如下：

1）空三匹配阶段，利用 SIFT 算子提取的特征点做多种约束，尽量保留街景影像中面状区域内的特征点。使其特征点分布较均匀，特征点数量较少。

---

* 假定建筑立面呈直线型分布，车体沿建筑走向前行，该角度为像平面与建筑立面的夹角。

(a) 车载相机安置图

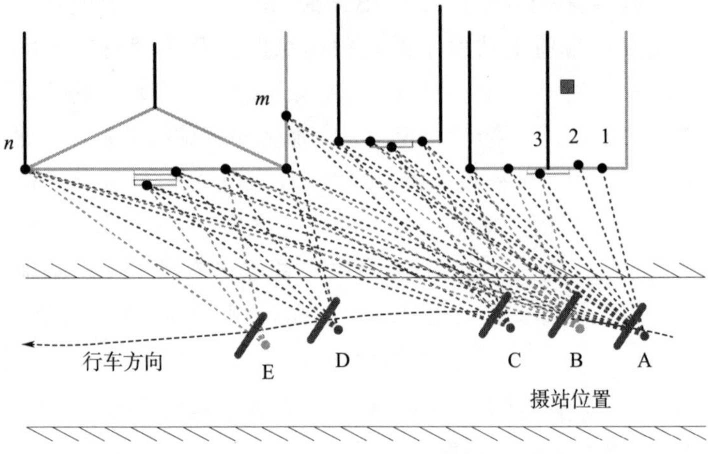

(b) 对立面倾斜摄影示意图

图 4-1 车载相机安置及摄影示意图（见彩插）

2）DSM 匹配阶段，利用空三匹配时的可靠特征点作为种子点构建 Delaunay 三角形，在三角形内做进一步的加密匹配，达到密集匹配的效果，生成 DSM，这部分将在第 7 章详细讨论。

4.2　基于 SIFT 算子的空三立体匹配

4.2.1　SIFT 与 RANSAC

近年来，尺度不变特征变换（SIFT[120-121]）算子被广泛应用于计算机视觉及近景摄影领域。SIFT 算子最早由 D. G. Lowe 于 1999 年提出，当时主要应用于对象识别。直到 2004 年 D. G. Lowe 才对该算子做了全面的总结，并正式提出了一种基于尺度空间的，对图像缩放、旋转甚至仿射变换保持不变的图像局部特征描述算子——SIFT（Scale Invariant Feature Transform）算子，即尺度不变特征变换。

SIFT 算子主要有以下优点：

1）SIFT 特征是图像的局部特征，其对旋转、尺度缩放、亮度变化保持不变性，对视角变化、仿射变换、噪声也保持一定程度的稳定性。

2）独特性好，信息量丰富，适用于在海量特征数据库中进行快速、准确的匹配。

3）多量性，即使少数的几个物体也可以产生大量 SIFT 特征向量。

4）高速性，经优化的 SIFT 匹配算法甚至可以达到实时的要求。

5）可扩展性，可以很方便地与其他形式的特征向量进行联合。

SIFT 算子主要包括以下步骤：

1）尺度空间的极值探测。

2）关键点的精确定位。

3）确定关键点的主方向。

4）关键点的描述。

在计算机视觉中有一种非常经典的去除粗差的方法——随机抽样一致性（RANSAC），是一种鲁棒的参数估计方法，于 1981 年由

Fischler 和 Bolles 首次提出。其实质就是对包含大量粗差的数据反复测试、不断进行迭代，最后拟合得到一个比较准确模型的方法。以拟合直线 $y=ax+b$ 为例，如图 4－2 所示，对 RANSAC 算法进行描述，有以下几个步骤：

1）从点集合 S 中随机抽取样本 s 的两个点组成一条直线。

2）确定一个阈值 T_d，并且判断集合 S 中距离这条直线小于 T_d 的点归到集合 T，集合 T 中的点称作“内点”。

3）若内点的个数超过了某个阈值 T_n，则使用集合 T 重新拟合直线。

4）若内点的个数小于阈值 T_n，则重新选择新的样本并重复以上过程。

5）经过 N 次尝试以后，集合 T 中的点的个数最大时，利用这些内点重新对直线进行拟合。

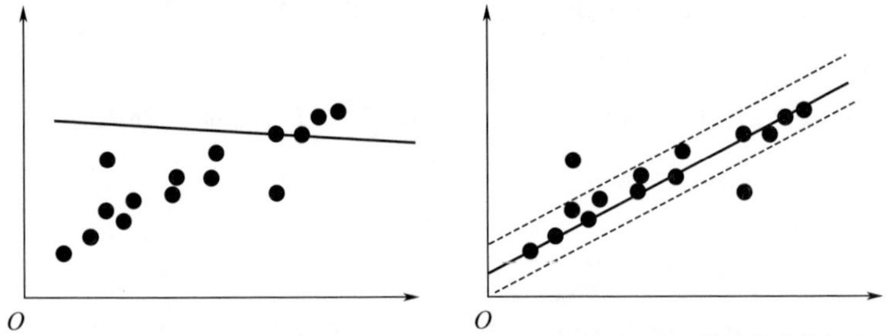

(a) 最小二乘直线拟合　(b) 基于RANSAC算法的直线拟合

图 4－2　RANSAC 算法用于拟合直线

从以上拟合直线的步骤可知，基于 RANSAC 算法的方法需确定三个参数，即距离阈值 T_d、样本数目阈值 T_n 以及采样次数 N，这些参数主要由实际数据量大小经过试验确定。RANSAC 算法应用非常广泛，特别是从含有一定比例错误数据样本中确定稳健的数学模型时具有较好的效果，有学者研究指出，在样本数据错误率不超过 50％的情况下，该方法依然能取得较好的结果。

针对空中三角测量阶段需要的像点观测值，本书采用的 SIFT 特征是在结合多种匹配策略（约束）下自动获得的，首先以提取的SIFT 特征为基础，通过向量最邻近的距离比为匹配测度获得初始匹配点，再通过双向约束、核线约束、视差梯度约束及灰度约束条件剔除误匹配点，通过上述策略剔除粗差点后，获得的同名点基本上是可靠的，另外，到平差解算环节（立体匹配经过同名点连接后，保证影像在 3 度重叠以上），通过基于 POS 数据前方交会物方点反投影误差再做进一步约束，保证了同名点的可靠性与准确性。

4.2.2　最近邻距离比匹配测度

近邻距离比匹配测度在特征匹配中应用最为广泛，Mikolajczyk and Schmid[122] 通过比较固定阈值、最近邻和最近邻距离比（Nearest Neighbor Distance Ratio，NNDR）测评特征描述子的性能后发现，NNDR 整体性能要优于前两者，因此该策略广泛应用于基于特征的匹配方法。如图 4 - 3 所示，其定义为

$$\text{NNDR}=\frac{d_1}{d_2}=\frac{\| D_A - D_B \|}{\| D_A - D_C \|} \tag{4-1}$$

式中　d_1，d_2——最近邻和次近邻距离；

D_A——目标特征描述子；

D_B，D_C——最近邻两个特征描述子。

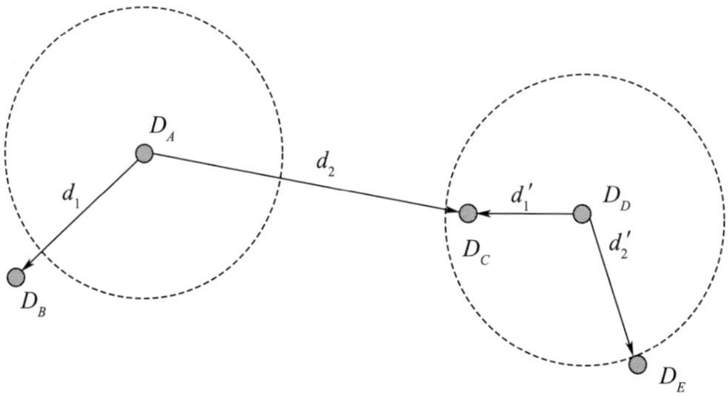

图 4 - 3　固定阈值、最近邻和 NNDR 比较

4.2.3 双向约束

双向匹配方法是基于如下思想的：如果两特征点是匹配的，那么在参考影像 I_A 的特征与搜索影像 I_B 的特征匹配成功的同时，从搜索影像 I_B 向参考影像 I_A 也应该是匹配成功的。如图 4-4 所示，左图显示了单向匹配成功，而右图展示的是反向匹配，如果双向匹配都是同样两个特征点时，说明匹配成功的概率明显增大。

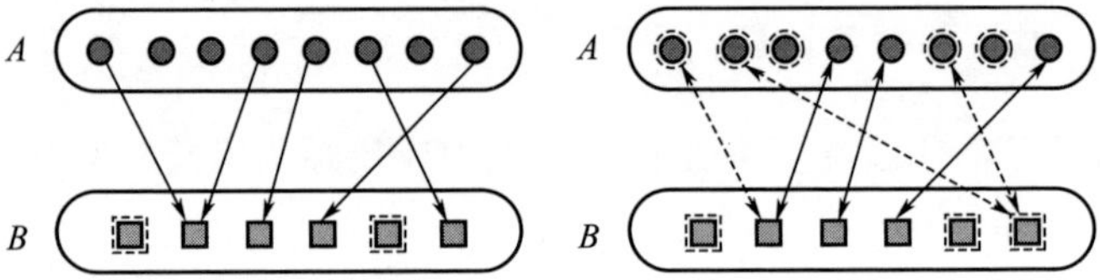

图 4-4 双向匹配原理

4.2.4 匹配点核线约束

核线约束方法是立体视觉中最常用的方法，即同名像点必然在同名核线上，如图 4-5 所示。在摄影测量领域主要利用这一特性提高匹配效率。在本章可以利用这一特性作为约束条件剔除错误匹配点，如果两个匹配点不是同名点，那么必然不满足核线约束关系。为建立立体像对的核线，摄影测量中需要完成影像相对定向，在计算机视觉中称为双视角极线（核线）几何关系，对从 4.2.1 节获得的匹配点，采用 RANSAC 算法优选出质量较好的匹配点拟合出两幅影像的基础矩阵，从而判断其余匹配点是否正确，双视角极线几何关系可表示为

$$\tilde{\boldsymbol{p}}_0^{\mathrm{T}} \boldsymbol{F} \tilde{\boldsymbol{p}}_1 = 0 \tag{4-2}$$

其中

$$\tilde{\boldsymbol{p}}_0 = [x_0 \quad y_0 \quad 1]^{\mathrm{T}}$$

$$\tilde{\boldsymbol{p}}_1 = [x_1 \quad y_1 \quad 1]^{\mathrm{T}}$$

式中 $\boldsymbol{F}$ ——基础矩阵；

$\tilde{\boldsymbol{p}}_0, \tilde{\boldsymbol{p}}_1$——同名像点的齐次坐标向量。

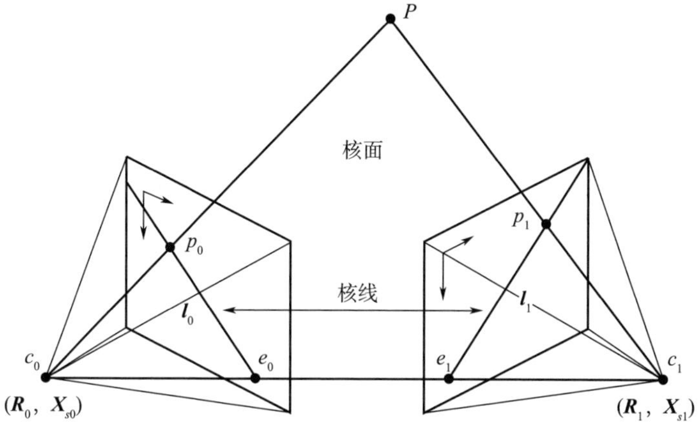

图 4-5　核线几何关系

4.2.5　匹配点视差及灰度约束

匹配点视差约束是消除近景影像由于目标表面突变、前后景（树枝与立面）遮挡及视角变化造成的匹配奇异性，一般情况下认为，在没有视差断裂情况下，若两点是同名点，那么同名点对的视差在一定范围内波动，对于车载序列影像，其上下视差变化较小（10 个像素左右）、左右（行驶方向）视差变化较大（300 个像素左右）。因此，通过视差约束可进一步剔除无效匹配点。左右视差 Q 及上下视差 P 的定义为

$$\left.\begin{aligned} Q_i &= x'_i - x_i \\ P_i &= y'_i - y_i \end{aligned}\right\} \tag{4-3}$$

式中　(x_i, y_i)，(x'_i, y'_i) ——左、右片上同名点坐标。

通过式（4-4）统计出立体像对上同名点视差均值及标准差，进而得到视差限值

$$\left.\begin{aligned}\overline{Q}=\frac{1}{n}\sum_{i=1}^{n}(Q_i)\sigma_Q=\sqrt{\frac{\sum_{i}^{n}(Q_i-\overline{Q})^2}{n-1}}\\ \overline{P}=\frac{1}{n}\sum_{i=1}^{n}(P_i)\sigma_P=\sqrt{\frac{\sum_{i}^{n}(P_i-\overline{P})^2}{n-1}}\end{aligned}\right\}\tag{4-4}$$

同样的道理，车载平台拍摄的近景影像也容易匹配出天空点，而天空的影像灰度值一般较近景目标大，因此，通过一定的灰度约束可以将其剔除，即满足下式

$$I(i,j)\geqslant T\tag{4-5}$$

作为剔除天空点条件。

4.2.6 物方点反投影误差约束

对于基于车载 POS 下多片前交得到的物方初始点（4.1 节）来说，点位精度主要受像点坐标精度、同名点重叠度及交会角大小等诸多因素影响。其中，对于目标尺度相差不大的近景目标，多片前方交会精度与影像间交会角及像点的重叠度的关系较为密切。在传统的摄影测量中，只利用相邻两张影像进行前方交会，因而交会角是由相邻影像的重叠度（或摄影基线的长度）确定的，交会角越小，不确定性（误差）越大，如图 4-6 所示。当影像的重叠度较大时，利用所有影像同时进行前方交会（多片前方交会），交会角是由间隔最大的两张影像确定的[123]，交会精度与可靠性显著提高。

在处理小面幅的车载近景影像时，虽然通过上述约束条件得到的同名点已经比较可靠，但受像点误差或（匹配）粗差的影响，利用它们进行前方交会获得的物方点误差（误差椭球）会很大，这样的点作为空中三角测量点显然是不利的。通过利用 POS 数据前交后得到的物方点坐标再反投影，与提取的点坐标比较，如果差别较大，则说明该点对应物方点距相机较远（远景）或者交会角小甚至是误

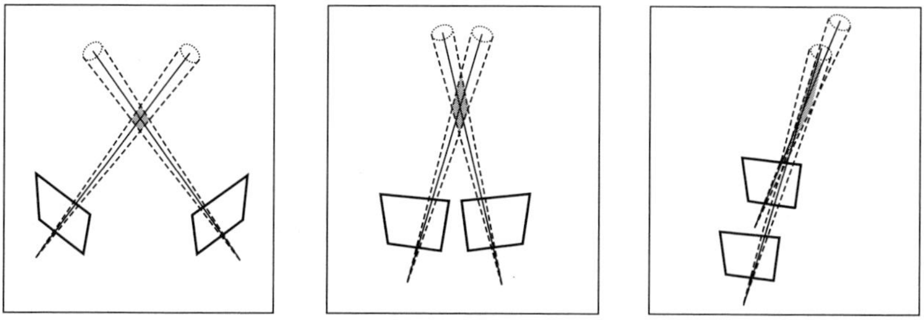

图 4 - 6　不同交会角获得物方点的不确定性比较

匹配点，从而将超出阈值的像点剔除。相反，满足要求的像点则在一定程度上反映了同名点的质量，在程序实现时满足式（4 - 6）的点可认为是可靠且精度较为一致的点

$$\text{err\_reproj} = \boldsymbol{x}' - \boldsymbol{x} \leqslant \text{Threshold} \tag{4-6}$$

式中　$\boldsymbol{x}$，$\boldsymbol{x}'$——提取的点位与反投影后的点位坐标向量。

4.3　空三连接点匹配试验

本节通过两组大转角车载影像数据验证空三连接点匹配方法的有效性。为此，编制了一套基于 MATLAB 平台的空三连接点匹配程序（BRPgMatch）。

试验一：某超市的序列影像，像素为 1 200×1 600，转角较大；

试验二：北京某街道序列影像，像素为 2 028×2 448，转角较小。

分别采用连续 11 幅和 10 幅序列影像进行试验，表 4 - 1 是两组数据经过每种约束策略阶段后的立体像对匹配效果。

表 4－1　立体像对匹配的效果

	一组数据 (70－71)	二组数据 (00－01)
原始影像对		
双向匹配	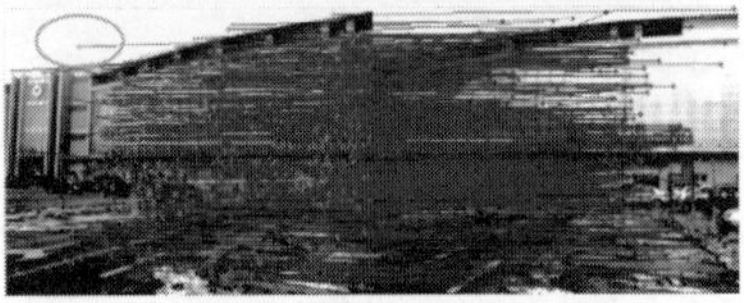	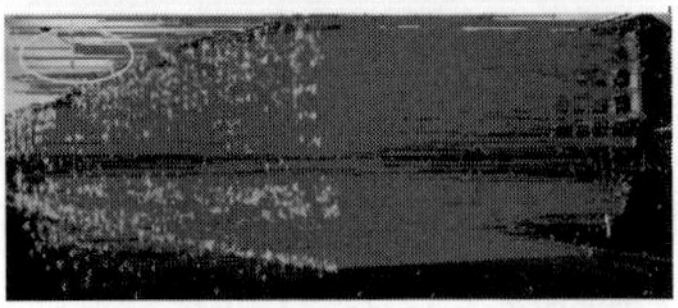
核线约束		
视差与灰度		

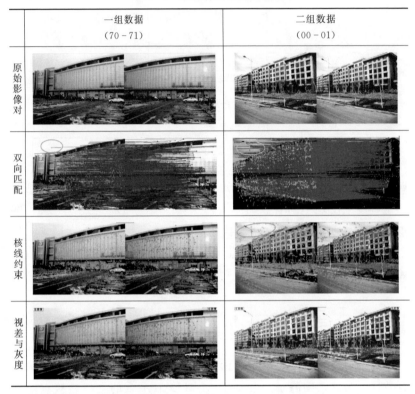

为说明问题，每组数据只统计前 5 幅序列影像的匹配总数和无效匹配数（粗差），见表 4－2 和表 4－3。

表 4－2　试验一匹配结果

立体像对	70－71		71－72		72－73		73－74	
统计指标	匹配总数	无效匹配	匹配总数	无效匹配	匹配总数	无效匹配	匹配总数	无效匹配
双向匹配	906	＞10（误）	747	＞10（误）	867	＞15（误）	1 124	＞14（误）
核线约束	827	＞1	680	0	793	＞1	987	＞3
视差灰度	786	0	579	0	621	0	767	0

表 4-3　试验二匹配结果

立体像对	00-01		01-02		02-03		03-04	
统计指标	匹配总数	无效匹配	匹配总数	无效匹配	匹配总数	无效匹配	匹配总数	无效匹配
双向匹配	3 269	>100（误）	3 194	>50（误）	3 116	>30（误）	2 967	>50（误）
核线约束	2 657	>10（误）	2 567	>10（误）	2 456	>10（误）	2 378	>8（误）
视差灰度	1 396	0	1 332	0	1 364	0	1 389	0

注：在目视统计无效匹配数目时，只统计了明显误匹配点。

表 4-2 和表 4-3 为两组数据试验统计结果。从每个环节的匹配结果可以看出，每个立体像对经过双向初次匹配后错误点仍较多，包括天空（无穷远）和路灯等无效的特征点。在经过核线约束后，大粗差点大部分剔除，对于清晰度好的影像（一组），无效匹配点基本上已经剔除，无明显误匹配点；相反，对于清晰度稍差的影像（二组），天空中大量的无效匹配点仍然没有得到剔除，这时通过灰度约束及视差约束可以将其完全剔除，达到只获得近景目标点的目的，保证了余下同名点的可靠性与准确性。

需要注意的是，对于反投影误差约束条件，需要在同名点的转点结束后进行，以保证较高的重叠度。

4.4　同名点自动连接及试验

从测量平差理论提高估计可靠性及准确性角度来看，空中三角测量的实质是利用尽量多的像点多余观测（精化）估计影像的外方位元素及重叠点三维坐标（即所谓的控制点加密）。因此，在立体匹配得到同名点之后，就要对其进行同名点连接，即所谓的转点，以期得到 3 度重叠以上的像点坐标信息，进而实现通过增加多余观测提高解算可靠性及精度的目的，而传统空三匹配需要 3 度以上重叠的同名点是为了模型连接的需要，以保证模型连接质量，两者的最终目标是一致的。有了立体像对的同名点之后，就可以根据立体像对间同名点组的坐标值信息判断同名点是否连接。

本节在 4.2 节序列影像立体匹配得到的同名点基础上进行自动连接，编制了同名点快速连接程序——FastTiePointCnct，程序通过集合运算进行同名点连接，能显著提高连接效率，表 4-4 为同名点连接前后情况。

表 4-4 同名点连接前后情况

试验数据	影像数/张	连接前同名点数	连接后同名点数	连接时间/s
数据一	10	10 691	5 042	0.83
数据二	50	55 373	27 013	6.72
数据三	100	125 958	55 688	43.51
数据四	155	201 624	91 997	102.27

图 4-7 为影像数分别为 10、50、100、155 张车载序列影像的转点耗时统计变化。从图中可以看出，随着片数的增加，时间呈非线性增加，主要是由于遍历次数随同名点总数增加而增加。总体来说，同名点连接效率是可以接受的。

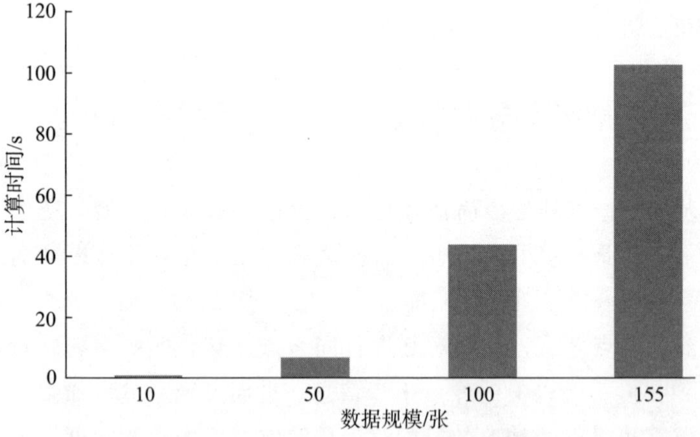

图 4-7 不同数据量同名点连接耗时

表 4-5 为 4.3 节测试数据进行同名点转点及反投影约束后的 3 度重叠同名点，表 4-6 和表 4-7 为试验数据 3 度以上重叠同名点的统计结果。

表 4-5　3°重叠同名点

	一组数据 (70-71)	二组数据 (00-01)
立体匹配		
3 度及以上重叠同名点		
反投影 3 度以上重叠同名点	—	

表 4-6　试验一　3 度以上重叠同名点匹配结果

立体像对	70-71		71-72		72-73		73-74	
结果类型	原始	反投影约束	原始	反投影约束	原始	反投影约束	原始	反投影约束
匹配点数	257	—	356	—	353	—	502	—

表 4-7　试验二　3 度以上重叠同名点匹配结果

立体像对	00-01		01-02		02-03		03-04	
结果类型	原始	反投影约束	原始	反投影约束	原始	反投影约束	原始	反投影约束
匹配点数	683	349	1 032	517	1 005	484	1 031	478

经过转点后，两组数据 3 度及以上重叠影像的同名点数分别减少 1/2 与 1/3 左右，由于第一组数据视角变化较大导致 3 度重叠的点数骤减；再通过物方点的反投影，比较像点的坐标差是否在阈值内，第一组数据合乎要求的点数非常少。经分析，第一组影像基线非常短，影像是在车体调头时拍摄的，大转角影像前方交会得到的物点质量较差，由于在短基线条件并且影像重叠区域较大，因此立体匹配环节效果较好；而第二组数据有立体匹配点提取的 3 度重叠点数减少了一半，这些点的质量（数量及分布）相对比较好，由于视角变化小、影像重叠度较高，最高可达 10 度重叠，而通过反投影约束后，发现影像处于远景边缘处的像点已剔除，说明该处点位质量是比较差的，与理论结果一致，最后余下的点作为空三像点。

表 4－8 为试验二数据在各匹配约束策略下成功匹配数，将其制作成柱状图（图 4－8），可以看出，经多种匹配约束后，每张影像上的 3 度以上重叠同名点仍可以保持在 350 点以上，并且匹配可靠性及正确性较高。

表 4－8　试验二数据在各匹配约束策略下成功匹配数

立体像对	00－01	01－02	02－03	03－04
双向匹配	3 269	3 194	3 116	2 967
核线约束	2 657	2 567	2 456	2 378
视差灰度	1 396	1 332	1 364	1 389
同名点连接	683	1 032	1 005	1 031
反投影	349	517	484	478

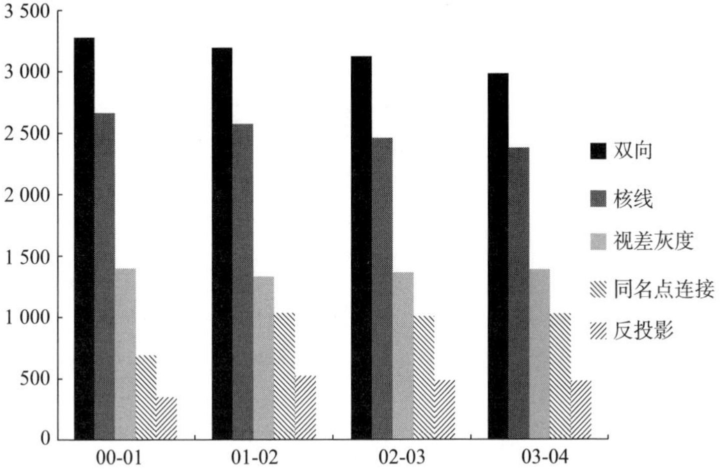

图 4－8　试验二约束匹配统计

4.5　本章小结

本章首先分析了车载街景影像匹配存在的主要难点问题，研究了基于 SIFT 特征及多种约束条件下的街景影像匹配问题。通过大角度车载街景影像试验证明，获得的同名点数较多，在其基础上完成同名点自动连接后，发现满足 3 度重叠的同名点数较立体匹配阶段下降明显，这主要是与特征匹配方法有关，也就是说，从已有特征中寻找同名点（特征匹配）较逐像素（灰度相关）寻找同名点的概率小很多；通过反投影约束后，能够较好地利用影像重叠度信息剔除误匹配点，另外也可以剔除影像远景中不可靠的匹配点；从最终获得的 3 度重叠以上同名点点数与分布情况来看，能够满足空三加密要求，证明该方法是有效的。但是从效率上来看，特征匹配比较耗时。

第 5 章　轴角光束法平差理论

摄影测量技术是利用重叠影像通过交会方法获得空间点坐标的，近半个世纪以来，其理论方法得到了快速发展，其中包括不断精化的平差模型、快速的解算方法、稀少控制点的布网方法等。特别是随着 POS 的出现及质量不断完善，摄影测量技术逐步朝无控制方向发展[59]。

在 VMMS 中，利用 POS 可以方便地获得高精度的影像位姿信息，这样对于应用 POS 联合平差方法加密点坐标的同时，还可以得到精化后的外方位参数，进一步研究车载测量系统 POS 数据的误差特性。

本章首先应用 POS 外方位元素和 3 度以上重叠影像点前方交会，获得物方点坐标作为平差初值；针对车载移动测绘影像外方位元素较多、基于欧拉角平差方法解算效率低的难题，推导得到轴角描述姿态的光束法平差模型，并在此基础上，构建了带有控制点和控制片等多种平差函数模型（分别包括是否含有虚拟观测值两种情况）；最后研究了车载倾斜影像像点观测值误差特性及定权方法。

5.1　基于定位定姿系统的物方点坐标初值确定

多片前方交会中交会角是由间隔最大的两张影像确定的，增大了交会角相当于增大了摄影基高比，因此，交会精度与可靠性可显著提高。本节基于定向测姿结果或 POS 提供的位姿信息及第 3 章匹配获得的 3 度重叠以上同名点通过多片前方交会得到物方点坐标作为平差初值。

由不带畸变差的共线条件方程

$$
\begin{aligned}
x &= -f\frac{a_1(X-X_s)+b_1(Y-Y_s)+c_1(Z-Z_s)}{a_3(X-X_s)+b_3(Y-Y_s)+c_3(Z-Z_s)} \\
y &= -f\frac{a_2(X-X_s)+b_2(Y-Y_s)+c_2(Z-Z_s)}{a_3(X-X_s)+b_3(Y-Y_s)+c_3(Z-Z_s)}
\end{aligned}
\tag{5-1}
$$

演化可得

$$
\left.
\begin{aligned}
&(x-x_0)\,[a_3(X-X_s)+b_3(Y-Y_s)+c_3(Z-Z_s)]= \\
&\qquad -f\,[a_1(X-X_s)+b_1(Y-Y_s)+c_1(Z-Z_s)] \\
&(y-y_0)\,[a_3(X-X_s)+b_3(Y-Y_s)+c_3(Z-Z_s)]= \\
&\qquad -f\,[a_2(X-X_s)+b_2(Y-Y_s)+c_2(Z-Z_s)]
\end{aligned}
\right\}
\tag{5-2}
$$

整理可得

$$
\left.
\begin{aligned}
B_{11}X+B_{12}Y+B_{13}Z-l_x=0 \\
B_{21}X+B_{22}Y+B_{23}Z-l_y=0
\end{aligned}
\right\}
\tag{5-3}
$$

其中

$$
\left.
\begin{aligned}
&B_{11}=fa_1+(x-x_0)\,a_3\,,B_{12}=fb_1+(x-x_0)\,b_3\,,B_{13}=fc_1+(x-x_0)\,c_3 \\
&l_x=fa_1X_s+fb_1Y_s+fc_1Z_s+(x-x_0)\,a_3X_s+(x-x_0)\,b_3Y_s+(x-x_0)\,c_3Z_s \\
&B_{21}=fa_2+(y-y_0)\,a_3\,,B_{22}=fb_2+(y-y_0)\,b_3\,,B_{23}=fc_2+(y-y_0)\,c_3 \\
&l_y=fa_2X_s+fb_2Y_s+fc_2Z_s+(y-y_0)\,a_3X_s+(y-y_0)\,b_3Y_s+(y-y_0)\,c_3Z_s
\end{aligned}
\right\}
\tag{5-4}
$$

式（5－3）的矩阵形式为

$$
\begin{bmatrix} B_{11} & B_{12} & B_{13} \\ B_{21} & B_{22} & B_{23} \end{bmatrix}
\begin{bmatrix} X \\ Y \\ Z \end{bmatrix}
=
\begin{bmatrix} l_x \\ l_y \end{bmatrix}
\text{ 或 } \boldsymbol{BX}=\boldsymbol{l}
\tag{5-5}
$$

对左、右影像上一对同名点，可列出 4 个线性方程，未知数为 3 个，可由最小二乘法求解。若 n 幅影像中含有同一个空间点，则可由共 $2n$ 个线性方程求解 X、Y、Z 3 个未知数。这是一个严格的、不受影像数约束的空间前方交会方法，也不需要空间坐标初值，那

么物方点的估计值可由式（5－6）得到

$$\hat{\boldsymbol{X}} = (\boldsymbol{B}^{\mathrm{T}}\boldsymbol{B})^{-1}\boldsymbol{B}^{\mathrm{T}}\boldsymbol{l} \tag{5-6}$$

5.2　共线条件方程线性化统一模型

在摄影测量学中，将同名的物点与像点满足的函数关系描述为共线条件方程，经典的共线条件方程也经常表达成解析形式，即欧氏坐标下的共线条件方程，常用的不顾及影像检校参数及镜头畸变差的共线条件方程为式（5－1）形式

$$\left.\begin{aligned} x &= -f\frac{a_1(X-X_s)+b_1(Y-Y_s)+c_1(Z-Z_s)}{a_3(X-X_s)+b_3(Y-Y_s)+c_3(Z-Z_s)} \\ y &= -f\frac{a_2(X-X_s)+b_2(Y-Y_s)+c_2(Z-Z_s)}{a_3(X-X_s)+b_3(Y-Y_s)+c_3(Z-Z_s)} \end{aligned}\right\}$$

根据 2.2 节讨论，用齐次坐标形式的矩阵形式表示为[81]

$$\lambda\tilde{\boldsymbol{x}} = \boldsymbol{M}\tilde{\boldsymbol{X}} \tag{5-7a}$$

或

$$\lambda\begin{bmatrix} x \\ y \\ 1 \end{bmatrix} = \begin{bmatrix} m_{11} & m_{12} & m_{13} & m_{14} \\ m_{21} & m_{22} & m_{23} & m_{24} \\ m_{31} & m_{32} & m_{33} & m_{34} \end{bmatrix}\begin{bmatrix} X \\ Y \\ Z \\ 1 \end{bmatrix} \tag{5-7b}$$

$$\begin{aligned} \boldsymbol{M} &= \boldsymbol{K}\boldsymbol{R}^{\mathrm{T}}[\boldsymbol{I}, -\boldsymbol{X}_S] \\ &= \begin{bmatrix} -f & 0 & 0 \\ 0 & -f & 0 \\ 0 & 0 & 1 \end{bmatrix}\begin{bmatrix} a_1 & b_1 & c_1 \\ a_2 & b_2 & c_2 \\ a_3 & b_3 & c_3 \end{bmatrix}\begin{bmatrix} 1 & 0 & 0 & -X_s \\ 0 & 1 & 0 & -Y_s \\ 0 & 0 & 1 & -Z_s \end{bmatrix} \\ &= \begin{bmatrix} -fa_1 & -fb_1 & -fc_1 & fa_1X_s+fb_1Y_s+fc_1Z_s \\ -fa_2 & -fb_2 & -fc_2 & fa_2X_s+fb_2Y_s+fc_2Z_s \\ a_3 & b_3 & c_3 & -(a_3X_s+b_3Y_s+c_3Z_s) \end{bmatrix} \\ &= \begin{bmatrix} m_{11} & m_{12} & m_{13} & m_{14} \\ m_{21} & m_{22} & m_{23} & m_{24} \\ m_{31} & m_{32} & m_{33} & m_{34} \end{bmatrix} \end{aligned}$$

结合式（5－6）、式（5－7a）、式（5－7b）亦可表达为

$$\left.\begin{aligned} x &= \frac{m_{11}X + m_{12}Y + m_{13}Z + m_{14}}{m_{31}X + m_{32}Y + m_{33}Z + m_{34}} = \frac{U}{W} \\ y &= \frac{m_{21}X + m_{22}Y + m_{23}Z + m_{24}}{m_{31}X + m_{32}Y + m_{33}Z + m_{34}} = \frac{V}{W} \end{aligned}\right\} \tag{5-7c}$$

$$\left.\begin{aligned} U &= m_{11}X + m_{12}Y + m_{13}Z + m_{14} \\ V &= m_{21}X + m_{22}Y + m_{23}Z + m_{24} \\ W &= m_{31}X + m_{32}Y + m_{33}Z + m_{34} \end{aligned}\right\} \text{或} \begin{bmatrix} U \\ V \\ W \end{bmatrix} = \begin{bmatrix} m_{11} & m_{12} & m_{13} & m_{14} \\ m_{21} & m_{22} & m_{23} & m_{24} \\ m_{31} & m_{32} & m_{33} & m_{34} \end{bmatrix} \begin{bmatrix} X \\ Y \\ Z \\ 1 \end{bmatrix}$$

其中

$$\tilde{\boldsymbol{x}} = [\boldsymbol{x}^{\mathrm{T}}, 1]^{\mathrm{T}} = [x \quad y \quad 1]^{\mathrm{T}}$$

$$\tilde{\boldsymbol{X}} = [\boldsymbol{X}^{\mathrm{T}}, 1]^{\mathrm{T}} = [X \quad Y \quad Z \quad 1]^{\mathrm{T}}$$

式中　$\boldsymbol{M}$ ——投影矩阵；

$\boldsymbol{K}$ ——由主距构成的对角矩阵；

$\boldsymbol{R}$ ——像空间坐标系至像空间辅助坐标系的旋转矩阵；

$\boldsymbol{X}_S$ ——影像投影中心在物方坐标系中的欧氏坐标向量；

λ ——摄影深度，$\lambda = W$；

$\boldsymbol{x}$ ——像点的欧氏坐标向量；

$\boldsymbol{X}$ ——物方点的欧氏坐标向量。

设在独立参数下描述的影像（6 个）外方位元素为 $(X_s, Y_s, Z_s, p_1, p_2, p_3)$，$(p_1, p_2, p_3)$ 姑且称为姿态参数。将式（5－1）线性化处理得到像点坐标误差方程式

$$\left.\begin{aligned} V_x &= a_{11}\Delta X_s + a_{12}\Delta Y_s + a_{13}\Delta Z_s + a_{14}\Delta p_1 + a_{15}\Delta p_2 + a_{16}\Delta p_3 - a_{11}\Delta X - a_{12}\Delta Y - a_{13}\Delta Z - l_x \\ V_y &= a_{21}\Delta X_s + a_{22}\Delta Y_s + a_{23}\Delta Z_s + a_{24}\Delta p_1 + a_{25}\Delta p_2 + a_{26}\Delta p_3 - a_{21}\Delta X - a_{22}\Delta Y - a_{23}\Delta Z - l_y \end{aligned}\right\} \tag{5-8}$$

式（5－8）可用矩阵表达为

$$\boldsymbol{V} = \boldsymbol{A}\,\mathrm{d}\boldsymbol{X}_{eop} + \boldsymbol{B}\,\mathrm{d}\boldsymbol{X}_{tie} - \boldsymbol{l} \tag{5-9}$$

其中

$$\boldsymbol{V} = [V_x \quad V_y]^{\mathrm{T}}$$

$$\boldsymbol{l} = [l_x \quad l_y]^{\mathrm{T}}$$

$$\boldsymbol{A} = \begin{bmatrix} a_{11} & a_{12} & a_{13} & a_{14} & a_{15} & a_{16} \\ a_{21} & a_{22} & a_{23} & a_{24} & a_{25} & a_{26} \end{bmatrix}$$

$$\boldsymbol{B} = \begin{bmatrix} -a_{11} & -a_{12} & -a_{13} \\ -a_{21} & -a_{22} & -a_{23} \end{bmatrix}$$

$$\mathrm{d}\boldsymbol{X}_{eop} = [\Delta X_s \quad \Delta Y_s \quad \Delta Z_s \quad \Delta p_1 \quad \Delta p_2 \quad \Delta p_3]^{\mathrm{T}}$$

$$\mathrm{d}\boldsymbol{X}_{tie} = [\Delta X \quad \Delta Y \quad \Delta Z]^{\mathrm{T}}$$

式中　$a_{11} \sim a_{26}$——像点坐标函数对各参数的偏导数。

这里，采用复合函数求导方法（链式法则）推导像点坐标函数对外方位元素的导数，即

$$\begin{aligned}
\boldsymbol{A} &= \begin{bmatrix} a_{11} & a_{12} & a_{13} & a_{14} & a_{15} & a_{16} \\ a_{21} & a_{22} & a_{23} & a_{24} & a_{25} & a_{26} \end{bmatrix} \\
&= \begin{bmatrix} \frac{\partial x}{\partial X_s} & \frac{\partial x}{\partial Y_s} & \frac{\partial x}{\partial Z_s} & \frac{\partial x}{\partial p_1} & \frac{\partial x}{\partial p_2} & \frac{\partial x}{\partial p_3} \\ \frac{\partial y}{\partial X_s} & \frac{\partial y}{\partial Y_s} & \frac{\partial y}{\partial Z_s} & \frac{\partial y}{\partial p_1} & \frac{\partial y}{\partial p_2} & \frac{\partial y}{\partial p_3} \end{bmatrix} \\
&= \begin{bmatrix} \frac{\partial x}{\partial m_{11}} & \frac{\partial x}{\partial m_{12}} & \frac{\partial x}{\partial m_{13}} & \frac{\partial x}{\partial m_{14}} & \frac{\partial x}{\partial m_{21}} & \frac{\partial x}{\partial m_{22}} & \frac{\partial x}{\partial m_{23}} & \frac{\partial x}{\partial m_{24}} & \frac{\partial x}{\partial m_{31}} & \frac{\partial x}{\partial m_{32}} & \frac{\partial x}{\partial m_{33}} & \frac{\partial x}{\partial m_{34}} \\ \frac{\partial y}{\partial m_{11}} & \frac{\partial y}{\partial m_{12}} & \frac{\partial y}{\partial m_{13}} & \frac{\partial y}{\partial m_{14}} & \frac{\partial y}{\partial m_{21}} & \frac{\partial y}{\partial m_{22}} & \frac{\partial y}{\partial m_{23}} & \frac{\partial y}{\partial m_{24}} & \frac{\partial y}{\partial m_{31}} & \frac{\partial y}{\partial m_{32}} & \frac{\partial y}{\partial m_{33}} & \frac{\partial y}{\partial m_{34}} \end{bmatrix}_{2\times 12} \cdot \\
&\quad \begin{bmatrix}
\frac{\partial m_{11}}{\partial X_s} & \frac{\partial m_{12}}{\partial X_s} & \frac{\partial m_{13}}{\partial X_s} & \frac{\partial m_{14}}{\partial X_s} & \frac{\partial m_{21}}{\partial X_s} & \frac{\partial m_{22}}{\partial X_s} & \frac{\partial m_{23}}{\partial X_s} & \frac{\partial m_{24}}{\partial X_s} & \frac{\partial m_{31}}{\partial X_s} & \frac{\partial m_{32}}{\partial X_s} & \frac{\partial m_{33}}{\partial X_s} & \frac{\partial m_{34}}{\partial X_s} \\
\frac{\partial m_{11}}{\partial Y_s} & \frac{\partial m_{12}}{\partial Y_s} & \frac{\partial m_{13}}{\partial Y_s} & \frac{\partial m_{14}}{\partial Y_s} & \frac{\partial m_{21}}{\partial Y_s} & \frac{\partial m_{22}}{\partial Y_s} & \frac{\partial m_{23}}{\partial Y_s} & \frac{\partial m_{24}}{\partial Y_s} & \frac{\partial m_{31}}{\partial Y_s} & \frac{\partial m_{32}}{\partial Y_s} & \frac{\partial m_{33}}{\partial Y_s} & \frac{\partial m_{34}}{\partial Y_s} \\
\frac{\partial m_{11}}{\partial Z_s} & \frac{\partial m_{12}}{\partial Z_s} & \frac{\partial m_{13}}{\partial Z_s} & \frac{\partial m_{14}}{\partial Z_s} & \frac{\partial m_{21}}{\partial Z_s} & \frac{\partial m_{22}}{\partial Z_s} & \frac{\partial m_{23}}{\partial Z_s} & \frac{\partial m_{24}}{\partial Z_s} & \frac{\partial m_{31}}{\partial Z_s} & \frac{\partial m_{32}}{\partial Z_s} & \frac{\partial m_{33}}{\partial Z_s} & \frac{\partial m_{34}}{\partial Z_s} \\
\frac{\partial m_{11}}{\partial p_1} & \frac{\partial m_{12}}{\partial p_1} & \frac{\partial m_{13}}{\partial p_1} & \frac{\partial m_{14}}{\partial p_1} & \frac{\partial m_{21}}{\partial p_1} & \frac{\partial m_{22}}{\partial p_1} & \frac{\partial m_{23}}{\partial p_1} & \frac{\partial m_{24}}{\partial p_1} & \frac{\partial m_{31}}{\partial p_1} & \frac{\partial m_{32}}{\partial p_1} & \frac{\partial m_{33}}{\partial p_1} & \frac{\partial m_{34}}{\partial p_1} \\
\frac{\partial m_{11}}{\partial p_2} & \frac{\partial m_{12}}{\partial p_2} & \frac{\partial m_{13}}{\partial p_2} & \frac{\partial m_{14}}{\partial p_2} & \frac{\partial m_{21}}{\partial p_2} & \frac{\partial m_{22}}{\partial p_2} & \frac{\partial m_{23}}{\partial p_2} & \frac{\partial m_{24}}{\partial p_2} & \frac{\partial m_{31}}{\partial p_2} & \frac{\partial m_{32}}{\partial p_2} & \frac{\partial m_{33}}{\partial p_2} & \frac{\partial m_{34}}{\partial p_2} \\
\frac{\partial m_{11}}{\partial p_3} & \frac{\partial m_{12}}{\partial p_3} & \frac{\partial m_{13}}{\partial p_3} & \frac{\partial m_{14}}{\partial p_3} & \frac{\partial m_{21}}{\partial p_3} & \frac{\partial m_{22}}{\partial p_3} & \frac{\partial m_{23}}{\partial p_3} & \frac{\partial m_{24}}{\partial p_3} & \frac{\partial m_{31}}{\partial p_3} & \frac{\partial m_{32}}{\partial p_3} & \frac{\partial m_{33}}{\partial p_3} & \frac{\partial m_{34}}{\partial p_3}
\end{bmatrix} = J_M \cdot J_e
\end{aligned} \tag{5-10}$$

事实上，在数值解算中，只要弄清 J_M 和 J_e，就可以得到系数

矩阵 **A** ，这也是使用矩阵方法的另一优势。

由式（5－7）易得

$$
J_M=\begin{bmatrix}
\frac{\partial x}{\partial m_{11}} & \frac{\partial x}{\partial m_{12}} & \frac{\partial x}{\partial m_{13}} & \frac{\partial x}{\partial m_{14}} & \frac{\partial x}{\partial m_{21}} & \frac{\partial x}{\partial m_{22}} & \frac{\partial x}{\partial m_{23}} & \frac{\partial x}{\partial m_{24}} & \frac{\partial x}{\partial m_{31}} & \frac{\partial x}{\partial m_{32}} & \frac{\partial x}{\partial m_{33}} & \frac{\partial x}{\partial m_{34}} \\
\frac{\partial y}{\partial m_{11}} & \frac{\partial y}{\partial m_{12}} & \frac{\partial y}{\partial m_{13}} & \frac{\partial y}{\partial m_{14}} & \frac{\partial y}{\partial m_{21}} & \frac{\partial y}{\partial m_{22}} & \frac{\partial y}{\partial m_{23}} & \frac{\partial y}{\partial m_{24}} & \frac{\partial y}{\partial m_{31}} & \frac{\partial y}{\partial m_{32}} & \frac{\partial y}{\partial m_{33}} & \frac{\partial y}{\partial m_{34}}
\end{bmatrix}
$$

$$
=\begin{bmatrix}
\frac{X}{\lambda} & \frac{Y}{\lambda} & \frac{Z}{\lambda} & \frac{1}{\lambda} & 0 & 0 & 0 & 0 & -\frac{xX}{\lambda} & -\frac{xY}{\lambda} & -\frac{xZ}{\lambda} & -\frac{x}{\lambda} \\
0 & 0 & 0 & 0 & \frac{X}{\lambda} & \frac{Y}{\lambda} & \frac{Z}{\lambda} & \frac{1}{\lambda} & -\frac{yX}{\lambda} & -\frac{yY}{\lambda} & -\frac{yZ}{\lambda} & -\frac{y}{\lambda}
\end{bmatrix}
$$

$$
=\frac{1}{\lambda}\begin{bmatrix}
X & Y & Z & 1 & 0 & 0 & 0 & 0 & -xX & -xY & -xZ & -x \\
0 & 0 & 0 & 0 & X & Y & Z & 1 & -yX & -yY & -yZ & -y
\end{bmatrix}
\tag{5-11}
$$

由式（5－7）同样易得

$$
J_X=\begin{bmatrix}
\frac{\partial x}{\partial X} & \frac{\partial x}{\partial Y} & \frac{\partial x}{\partial Z} \\
\frac{\partial y}{\partial X} & \frac{\partial y}{\partial Y} & \frac{\partial y}{\partial Z}
\end{bmatrix}
=\begin{bmatrix}
\frac{m_{11}-xm_{31}}{\lambda} & \frac{m_{12}-xm_{32}}{\lambda} & \frac{m_{13}-xm_{33}}{\lambda} \\
\frac{m_{21}-ym_{31}}{\lambda} & \frac{m_{22}-ym_{32}}{\lambda} & \frac{m_{23}-ym_{33}}{\lambda}
\end{bmatrix}
$$

$$
=\frac{1}{\lambda}\begin{bmatrix}
m_{11}-xm_{31} & m_{12}-xm_{32} & m_{13}-xm_{33} \\
m_{21}-ym_{31} & m_{22}-ym_{32} & m_{23}-ym_{33}
\end{bmatrix}
$$

$$
=\frac{1}{\lambda}\left\{\begin{bmatrix}
m_{11} & m_{12} & m_{13} \\
m_{21} & m_{22} & m_{23}
\end{bmatrix}-\begin{bmatrix}
xm_{31} & xm_{32} & xm_{33} \\
ym_{31} & ym_{32} & ym_{33}
\end{bmatrix}\right\}
\tag{5-12}
$$

上述公式是共线条件方程线性化的基本模型，下面基于各种形式下的旋转矩阵，推导相应的共线条件方程线性化模型，并证明统一线性化模型的正确性。

5.2.1 欧拉角描述的共线条件方程线性化[124]

由欧拉角描述的影像姿态参数意义明确，因此在传统摄影测量学中应用极其广泛，下面以 Y 为主轴的欧拉角转角系统（$\varphi-\omega-\kappa$ 转角系统）描述的影像外方位元素为例，其外方位元素为 $(X_s, Y_s, Z_s, \varphi, \omega, \kappa)$。姿态元素为三个欧拉角，旋转矩阵为

$$\boldsymbol{R}=\begin{bmatrix} a_1 & a_2 & a_3 \\ b_1 & b_2 & b_3 \\ c_1 & c_2 & c_3 \end{bmatrix}$$

$$=\begin{bmatrix} \cos\varphi\cos\kappa-\sin\varphi\sin\omega\sin\kappa & -\cos\varphi\sin\kappa-\sin\varphi\sin\omega\cos\kappa & -\sin\varphi\cos\omega \\ \cos\omega\sin\kappa & \cos\omega\cos\kappa & -\sin\omega \\ \sin\varphi\cos\kappa+\cos\varphi\sin\omega\sin\kappa & -\sin\varphi\sin\kappa+\cos\varphi\sin\omega\cos\kappa & \cos\varphi\cos\omega \end{bmatrix}$$

为求 J_e，投影矩阵 $\boldsymbol{M}=\boldsymbol{K}\boldsymbol{R}^{\mathrm{T}}[\boldsymbol{I},\ -\boldsymbol{X}_S]$ 两边对外方位元素求导数，可得

$$\frac{\partial \boldsymbol{M}}{\partial X_s}=\boldsymbol{K}\boldsymbol{R}^{\mathrm{T}}\frac{\partial[\boldsymbol{I},-\boldsymbol{X}_s]}{\partial X_s}=\begin{bmatrix} 0 & 0 & 0 & fa_1 \\ 0 & 0 & 0 & fa_2 \\ 0 & 0 & 0 & -a_3 \end{bmatrix} \tag{5-13}$$

其他变量求导以此类推

$$\frac{\partial \boldsymbol{M}}{\partial Z_s}=\begin{bmatrix} 0 & 0 & 0 & fc_1 \\ 0 & 0 & 0 & fc_2 \\ 0 & 0 & 0 & -c_3 \end{bmatrix},\ \frac{\partial \boldsymbol{M}}{\partial Y_s}=\begin{bmatrix} 0 & 0 & 0 & fb_1 \\ 0 & 0 & 0 & fb_2 \\ 0 & 0 & 0 & -b_3 \end{bmatrix}$$。则

$$\frac{\partial \boldsymbol{M}}{\partial \varphi}=\boldsymbol{K}\frac{\partial \boldsymbol{R}^{\mathrm{T}}}{\partial \varphi}[\boldsymbol{I},-\boldsymbol{X}_s]=\begin{bmatrix} fc_1 & 0 & -fa_1 & -fc_1X_s+fa_1Z_s \\ fc_2 & 0 & -fa_2 & -fc_2X_s+fa_2Z_s \\ -c_3 & 0 & a_3 & c_3X_s-a_3Z_s \end{bmatrix} \tag{5-14}$$

其他变量求导以此类推，可得

$$\frac{\partial \boldsymbol{M}}{\partial \omega}=\begin{bmatrix} -fa_3\sin\kappa & -fb_3\sin\kappa & -fc_3\sin\kappa & f\sin\kappa(a_3X_s+b_3Y_s+c_3Z_s) \\ -fa_3\cos\kappa & -fb_3\cos\kappa & -fc_3\cos\kappa & f\cos\kappa(a_3X_s+b_3Y_s+c_3Z_s) \\ \sin\varphi\sin\omega & -\cos\omega & -\cos\varphi\sin\omega & -(\sin\varphi\sin\omega X_s-\cos\omega Y_s-\cos\varphi\sin\omega Z_s) \end{bmatrix}$$

$$\frac{\partial \boldsymbol{M}}{\partial \kappa}=\begin{bmatrix} -fa_2 & -fb_2 & -fc_2 & fa_2X_s+fb_2Y_s+fc_2Z_s \\ fa_1 & fb_1 & fc_1 & -(fa_1X_s+fb_1Y_s+fc_1Z_s) \\ 0 & 0 & 0 & 0 \end{bmatrix}$$

以上可以得到 $\dfrac{\partial(m_{11},\cdots,m_{34})}{\partial(\varphi,\omega,\kappa)}$，从而得到 J_e。

证明：对于外方位角元素，因篇幅所限，本文仅证明 $\dfrac{\partial x}{\partial \varphi}$、$\dfrac{\partial x}{\partial \omega}$、$\dfrac{\partial x}{\partial \kappa}$ 与解析法的一致性，仍以 $\varphi-\omega-\kappa$ 转角系统为例。

(1) $\dfrac{\partial x}{\partial \varphi}=J_M\cdot J_\varphi$

$$=\begin{bmatrix}\frac{\partial x}{\partial m_{11}} & \frac{\partial x}{\partial m_{12}} & \frac{\partial x}{\partial m_{13}} & \frac{\partial x}{\partial m_{14}} & \frac{\partial x}{\partial m_{21}} & \frac{\partial x}{\partial m_{22}} & \frac{\partial x}{\partial m_{23}} & \frac{\partial x}{\partial m_{24}} & \frac{\partial x}{\partial m_{31}} & \frac{\partial x}{\partial m_{32}} & \frac{\partial x}{\partial m_{33}} & \frac{\partial x}{\partial m_{34}}\end{bmatrix}\cdot$$

$$\begin{bmatrix}\frac{\partial m_{11}}{\partial \varphi} & \frac{\partial m_{12}}{\partial \varphi} & \frac{\partial m_{13}}{\partial \varphi} & \frac{\partial m_{14}}{\partial \varphi} & \frac{\partial m_{21}}{\partial \varphi} & \frac{\partial m_{22}}{\partial \varphi} & \frac{\partial m_{23}}{\partial \varphi} & \frac{\partial m_{24}}{\partial \varphi} & \frac{\partial m_{31}}{\partial \varphi} & \frac{\partial m_{32}}{\partial \varphi} & \frac{\partial m_{33}}{\partial \varphi} & \frac{\partial m_{34}}{\partial \varphi}\end{bmatrix}^{\mathrm{T}}$$

$$=\frac{1}{\lambda}[X \quad Y \quad Z \quad 1 \quad 0 \quad 0 \quad 0 \quad 0 \quad -xX \quad -xY \quad -xZ \quad -x]\cdot$$

$$[fc_1 \quad 0 \quad -fa_1 \quad -fc_1X_s+fa_1Z_s \quad fc_2 \quad 0 \quad -fa_2 \quad -fc_2X_s+fa_2Z_s \quad -c_3 \quad 0 \quad a_3 \quad c_3X_s-a_3Z_s]^{\mathrm{T}}$$

$$=\frac{1}{\lambda}[f(X-X_s)c_1+x(X-X_s)\cdot c_3-f(Z-Z_s)\cdot a_1-x(Z-Z_s)a_3]$$

考虑到 $\begin{bmatrix} X-X_s \\ Y-Y_s \\ Z-Z_s \end{bmatrix}=\begin{bmatrix} a_1 & a_2 & a_3 \\ b_1 & b_2 & b_3 \\ c_1 & c_2 & c_3 \end{bmatrix}\begin{bmatrix} \overline{X} \\ \overline{Y} \\ \overline{Z} \end{bmatrix}$ 及 $\lambda=\overline{Z}$，则

$$\frac{\partial x}{\partial \varphi}=\frac{1}{\overline{Z}}[f(a_1\overline{X}+a_2\overline{Y}+a_3\overline{Z})c_1+x(a_1\overline{X}+a_2\overline{Y}+a_3\overline{Z})\cdot c_3-$$

$$f(c_1\overline{X}+c_2\overline{Y}+c_3\overline{Z})\cdot a_1-x(c_1\overline{X}+c_2\overline{Y}+c_3\overline{Z})a_3]$$

$$=\frac{1}{\overline{Z}}[f(a_2\overline{Y}+a_3\overline{Z})c_1-f(c_2\overline{Y}+c_3\overline{Z})\cdot a_1+x(a_1\overline{X}+a_2\overline{Y})\cdot$$

$$c_3-x(c_1\overline{X}+c_2\overline{Y})a_3]$$

$$=\frac{1}{\overline{Z}}[f(a_2c_1-c_2a_1)\overline{Y}+f(a_3c_1-c_3a_1)\overline{Z}+x(a_1c_3-c_1a_3)\overline{X}+$$

$$x(a_2c_3-c_2a_3)\overline{Y}]$$

$$=\frac{1}{\overline{Z}}(fb_3\overline{Y}-fb_2\overline{Z}+xb_2\overline{X}-xb_1\overline{Y})$$

$$=-fb_3y-fb_2-\frac{x^2}{f}b_2+\frac{xy}{f}b_1$$

(2) $\dfrac{\partial x}{\partial \omega}=J_M\cdot J_\omega$

$$=\left[\frac{\partial x}{\partial m_{11}}\ \frac{\partial x}{\partial m_{12}}\ \frac{\partial x}{\partial m_{13}}\ \frac{\partial x}{\partial m_{14}}\ \frac{\partial x}{\partial m_{21}}\ \frac{\partial x}{\partial m_{22}}\ \frac{\partial x}{\partial m_{23}}\ \frac{\partial x}{\partial m_{24}}\ \frac{\partial x}{\partial m_{31}}\ \frac{\partial x}{\partial m_{32}}\ \frac{\partial x}{\partial m_{33}}\ \frac{\partial x}{\partial m_{34}}\right]\cdot$$

$$\left[\frac{\partial m_{11}}{\partial \omega}\ \frac{\partial m_{12}}{\partial \omega}\ \frac{\partial m_{13}}{\partial \omega}\ \frac{\partial m_{14}}{\partial \omega}\ \frac{\partial m_{21}}{\partial \omega}\ \frac{\partial m_{22}}{\partial \omega}\ \frac{\partial m_{23}}{\partial \omega}\ \frac{\partial m_{24}}{\partial \omega}\ \frac{\partial m_{31}}{\partial \omega}\ \frac{\partial m_{32}}{\partial \omega}\ \frac{\partial m_{33}}{\partial \omega}\ \frac{\partial m_{34}}{\partial \omega}\right]^{\mathrm{T}}$$

$$=\frac{1}{\lambda}[X\ \ Y\ \ Z\ \ 1\ \ 0\ \ 0\ \ 0\ \ 0\ \ -xX\ \ -xY\ \ -xZ\ \ -x]\cdot$$

$$[-fa_3\sin\kappa\ \ -fb_3\sin\kappa\ \ -fc_3\sin\kappa\ \ f\sin\kappa(a_3X_s+b_3Y_s+c_3Z_s)$$
$$-fa_3\cos\kappa\ \ -fb_3\cos\kappa\ \ -fc_3\cos\kappa\ \ f\cos\kappa(a_3X_s+b_3Y_s+c_3Z_s)$$
$$\sin\varphi\sin\omega\ \ -\cos\omega\ \ -\cos\varphi\sin\omega\ \ -(\sin\varphi\sin\omega X_s-\cos\omega Y_s-\cos\varphi\sin\omega Z_s)]^{\mathrm{T}}$$

$$=\frac{1}{\lambda}\{f\sin\kappa[-a_3(X-X_s)-b_3(Y-Y_s)-c_3(Z-Z_s)]$$
$$-x[\sin\varphi\sin\omega(X-X_s)-\cos\omega(Y-Y_s)-\cos\varphi\sin\omega(Z-Z_s)]\}$$

$$=\frac{1}{\overline{Z}}\{f\sin\kappa[-a_3(a_1\overline{X}+a_2\overline{Y}+a_3\overline{Z})-b_3(b_1\overline{X}+b_2\overline{Y}+b_3\overline{Z})-c_3(c_1\overline{X}+c_2\overline{Y}+c_3\overline{Z})]$$
$$-x[\sin\varphi\sin\omega(a_1\overline{X}+a_2\overline{Y}+a_3\overline{Z})-\cos\omega(b_1\overline{X}+b_2\overline{Y}+b_3\overline{Z})-\cos\varphi\sin\omega(c_1\overline{X}+c_2\overline{Y}+c_3\overline{Z})]\}$$

$$=\frac{1}{\overline{Z}}[-f\sin\kappa\overline{Z}+x(\overline{X}\sin\kappa+\overline{Y}\cos\kappa)]$$

$$=-f\sin\kappa-\frac{1}{f}(x^2\sin\kappa+xy\cos\kappa)$$

(3) $\dfrac{\partial x}{\partial \kappa}=J_M \cdot J_\kappa$

$$=\left[\frac{\partial x}{\partial m_{11}} \quad \frac{\partial x}{\partial m_{12}} \quad \frac{\partial x}{\partial m_{13}} \quad \frac{\partial x}{\partial m_{14}} \quad \frac{\partial x}{\partial m_{21}} \quad \frac{\partial x}{\partial m_{22}} \quad \frac{\partial x}{\partial m_{23}} \quad \frac{\partial x}{\partial m_{24}} \quad \frac{\partial x}{\partial m_{31}} \quad \frac{\partial x}{\partial m_{32}} \quad \frac{\partial x}{\partial m_{33}} \quad \frac{\partial x}{\partial m_{34}}\right]\cdot$$

$$\left[\frac{\partial m_{11}}{\partial \kappa} \quad \frac{\partial m_{12}}{\partial \kappa} \quad \frac{\partial m_{13}}{\partial \kappa} \quad \frac{\partial m_{14}}{\partial \kappa} \quad \frac{\partial m_{21}}{\partial \kappa} \quad \frac{\partial m_{22}}{\partial \kappa} \quad \frac{\partial m_{23}}{\partial \kappa} \quad \frac{\partial m_{24}}{\partial \kappa} \quad \frac{\partial m_{31}}{\partial \kappa} \quad \frac{\partial m_{32}}{\partial \kappa} \quad \frac{\partial m_{33}}{\partial \kappa} \quad \frac{\partial m_{34}}{\partial \kappa}\right]^{\mathrm{T}}$$

$$=\frac{1}{\lambda}\left[X \quad Y \quad Z \quad 1 \quad 0 \quad 0 \quad 0 \quad 0 \quad -xX \quad -xY \quad -xZ \quad -x\right]\cdot$$

$$\left[-fa_2 \quad -fb_2 \quad -fc_2 \quad fa_2X_s+fb_2Y_s+fc_2Z_s \quad fa_1 \quad fb_1 \right.$$
$$\left. fc_1 \quad -(fa_1X_s+fb_1Y_s+fc_1Z_s) \quad 0 \quad 0 \quad 0 \quad 0\right]^{\mathrm{T}}$$

$$=\frac{1}{\lambda}\left[-fa_2(X-X_s)-fb_2(Y-Y_s)-fc_2(Z-Z_s)\right]$$

$$=\frac{1}{\overline{Z}}\left[-f(a_2a_2+b_2b_2+c_2c_2)\overline{Y}\right]$$

$$=y$$

推导结果与解析方法求导结果完全一致，$\dfrac{\partial y}{\partial \varphi}$、$\dfrac{\partial y}{\partial \omega}$、$\dfrac{\partial y}{\partial \kappa}$ 请读者自行求导验证，证毕。

5.2.2　罗德里格矩阵描述的共线条件方程线性化

罗德里格法是用反对称矩阵构造旋转矩阵，由于在平差过程中没有三角函数的参与，解算效率和稳定性效果俱佳，在航空摄影测量空三解算中为常选方法，如 PATB，但推导的光束法模型一直不为外界所知。用反对称矩阵三个独立元素作为姿态元素，这样其描述的影像外方位元素可表示为 $(X_s, Y_s, Z_s, s_1, s_2, s_3)$。罗德里格构造的旋转矩阵可表示为

$$\boldsymbol{R}=(\boldsymbol{I}+\boldsymbol{S})(\boldsymbol{I}-\boldsymbol{S})^{-1} \tag{5-15}$$

其中

$$\boldsymbol{S}=[\boldsymbol{s}]_{\times}$$

$$\boldsymbol{s}=[s_1 \quad s_2 \quad s_3]^{\mathrm{T}}$$

式中　$\boldsymbol{S}$ ——反对称矩阵；

s_1，s_2，s_3——构建反对称矩阵及旋转矩阵的 3 个独立参数（姿态元素）。

根据反对称矩阵及罗德里格矩阵的性质，有

$$\left.\begin{aligned}\boldsymbol{R}^{\mathrm{T}}&=(\boldsymbol{I}+\boldsymbol{S})^{-1}(\boldsymbol{I}-\boldsymbol{S})\\ \boldsymbol{S}&=2(\boldsymbol{I}+\boldsymbol{R}^{\mathrm{T}})^{-1}-\boldsymbol{I}\end{aligned}\right\}\tag{5-16}$$

下面主要针对投影矩阵对独立参数 s_1、s_2 和 s_3 求导。投影矩阵对外方位线元素 (X_s, Y_s, Z_s) 的求导与欧拉角情况一致，见式(5－13)，差异在于对姿态元素 (s_1, s_2, s_3) 求导，根据 $\frac{\partial \boldsymbol{A}^{-1}}{\partial x}=-\boldsymbol{A}^{-1}\frac{\partial \boldsymbol{A}}{\partial x}\boldsymbol{A}^{-1}$ 可得

$$\frac{\partial \boldsymbol{M}}{\partial s_1}=\boldsymbol{K}\frac{\partial \boldsymbol{R}^{\mathrm{T}}}{\partial s_1}[\boldsymbol{I},-\boldsymbol{X}_s]=-\boldsymbol{K}(\boldsymbol{I}+\boldsymbol{S})^{-1}\frac{\partial \boldsymbol{S}}{\partial s_1}(\boldsymbol{R}^{\mathrm{T}}+\boldsymbol{I})\ [\boldsymbol{I},-\boldsymbol{X}_s]\tag{5-17}$$

其中

$$\frac{\partial \boldsymbol{S}}{\partial s_1}=\begin{bmatrix}0&0&1\\0&0&0\\-1&0&0\end{bmatrix}$$

同理，可得 $\frac{\partial \boldsymbol{M}}{\partial s_2}$ 和 $\frac{\partial \boldsymbol{M}}{\partial s_3}$。物方点系数矩阵同式(5－12)。

由以上可得 $\frac{\partial(m_{11},\ \cdots,\ m_{34})}{\partial(s_1,\ s_2,\ s_3)}$，从而得到 J_e。

5.2.3 四元数描述的共线条件方程线性化

四元数方法广泛应用于航空航天领域，是近十年航空航天测绘领域发展起来的新方向，由于四元数描述的姿态解算鲁棒性和精确性都可以得到保证，因此经过十余年发展逐渐成为成熟的模型。利用四元数参数描述的影像外方位元素为 $(X_s, Y_s, Z_s, \lambda_0, \lambda_1, \lambda_2, \lambda_3)$，旋转矩阵与四元数 $q=(\lambda_0, \lambda_1, \lambda_2, \lambda_3)$ 的关系可表示为（马颂德，1998）

$$\boldsymbol{R}=\begin{bmatrix}\lambda_0^2+\lambda_1^2-\lambda_2^2-\lambda_3^2 & 2(\lambda_1\lambda_2-\lambda_0\lambda_3) & 2(\lambda_1\lambda_3+\lambda_0\lambda_2)\\ 2(\lambda_1\lambda_2+\lambda_0\lambda_3) & \lambda_0^2-\lambda_1^2+\lambda_2^2-\lambda_3^2 & 2(\lambda_2\lambda_3-\lambda_0\lambda_1)\\ 2(\lambda_1\lambda_3-\lambda_0\lambda_2) & 2(\lambda_2\lambda_3+\lambda_0\lambda_1) & \lambda_0^2-\lambda_1^2-\lambda_2^2+\lambda_3^2\end{bmatrix}\tag{5-18}$$

其中，四元数参数不相互独立，满足 $\|q\|=1$，在对姿态参数（即四元数）求导时，为简化平差模型，可选择 3 个独立参数，如 λ_1、λ_2、λ_3，则 λ_0 可利用其余独立参数代替（取正值），即 $\lambda_0=\sqrt{1-\lambda_1^2-\lambda_2^2-\lambda_3^2}$ 。式（5－18）可表示为

$$\boldsymbol{R}=\begin{bmatrix} 1-2\lambda_2^2-2\lambda_3^2 & 2\left(\lambda_1\lambda_2-\sqrt{1-\lambda_1^2-\lambda_2^2-\lambda_3^2}\lambda_3\right) & 2\left(\lambda_1\lambda_3+\sqrt{1-\lambda_1^2-\lambda_2^2-\lambda_3^2}\lambda_2\right) \\ 2\left(\lambda_1\lambda_2+\sqrt{1-\lambda_1^2-\lambda_2^2-\lambda_3^2}\lambda_3\right) & 1-2\lambda_1^2-2\lambda_3^2 & 2\left(\lambda_2\lambda_3-\sqrt{1-\lambda_1^2-\lambda_2^2-\lambda_3^2}\lambda_1\right) \\ 2\left(\lambda_1\lambda_3-\sqrt{1-\lambda_1^2-\lambda_2^2-\lambda_3^2}\lambda_2\right) & 2\left(\lambda_2\lambda_3+\sqrt{1-\lambda_1^2-\lambda_2^2-\lambda_3^2}\lambda_1\right) & 1-2\lambda_1^2-2\lambda_2^2 \end{bmatrix} \tag{5-19}$$

记 $\dfrac{\partial\lambda_0}{\partial\lambda_1}=-\dfrac{\lambda_1}{\lambda_0}$，$\dfrac{\partial\lambda_0}{\partial\lambda_2}=-\dfrac{\lambda_2}{\lambda_0}$，$\dfrac{\partial\lambda_0}{\partial\lambda_3}=-\dfrac{\lambda_3}{\lambda_0}$ ，则

$$\frac{\partial\boldsymbol{M}}{\partial\lambda_i}=\boldsymbol{K}\frac{\partial\boldsymbol{R}^{\mathrm{T}}}{\partial\lambda_i}[\boldsymbol{I},-\boldsymbol{X}_s],(i=1,2,3)$$

其中

$$\left.\begin{aligned} \frac{\partial\boldsymbol{R}^{\mathrm{T}}}{\partial\lambda_1}&=2\begin{bmatrix} 0 & \lambda_2-\lambda_1\lambda_3/\lambda_0 & \lambda_3+\lambda_1\lambda_2/\lambda_0 \\ \lambda_2+\lambda_1\lambda_3/\lambda_0 & -2\lambda_1 & -\lambda_1^2/\lambda_0 \\ \lambda_3-\lambda_1\lambda_2/\lambda_0 & \lambda_1^2/\lambda_0 & -2\lambda_1 \end{bmatrix} \\ \frac{\partial\boldsymbol{R}^{\mathrm{T}}}{\partial\lambda_2}&=2\begin{bmatrix} -2\lambda_2 & \lambda_1-\lambda_2\lambda_3/\lambda_0 & \lambda_2^2/\lambda_0 \\ \lambda_1+\lambda_2\lambda_3/\lambda_0 & 0 & \lambda_3-\lambda_1\lambda_2/\lambda_0 \\ -\lambda_2^2/\lambda_0 & \lambda_3+\lambda_1\lambda_2/\lambda_0 & -2\lambda_2 \end{bmatrix} \\ \frac{\partial\boldsymbol{R}^{\mathrm{T}}}{\partial\lambda_3}&=2\begin{bmatrix} -2\lambda_3 & -\lambda_3^2/\lambda_0 & \lambda_1+\lambda_2\lambda_3/\lambda_0 \\ \lambda_3^2/\lambda_0 & -2\lambda_3 & \lambda_2-\lambda_1\lambda_3/\lambda_0 \\ \lambda_1-\lambda_2\lambda_3/\lambda_0 & \lambda_2+\lambda_1\lambda_3/\lambda_0 & 0 \end{bmatrix} \end{aligned}\right\} \tag{5-20}$$

物方点系数矩阵同式（5－12）。

由以上可以得到 $\dfrac{\partial(m_{11},\ \cdots,\ m_{34})}{\partial(\lambda_1,\ \lambda_2,\ \lambda_3)}$ ，从而得到 J_e 。

5.3 轴角方法描述的姿态表达

摄影测量为三维测量，不同方式表达的影像姿态对于旋转矩阵表示及解算影响是较大的。在框幅式航空摄影测量理论中，广泛采用欧拉角表示影像的姿态，也可以采用其他方式表示，如三个独立的方向余弦、反对称矩阵元素及四元数等。为解决车载序列影像定向参数多、基于欧拉角描述的平差法方程解算效率低的问题，本节引用机器人领域广泛应用的轴角描述姿态方法，介绍由其演化的共线条件方程表示形式。

5.3.1 轴角描述的旋转矩阵

在摄影测量中，像空间辅助坐标与像空间坐标有如下关系

$$[X \quad Y \quad Z]^{\mathrm{T}} = \boldsymbol{R} \cdot [x \quad y \quad -f]^{\mathrm{T}}$$

式中 $[X \quad Y \quad Z]^{\mathrm{T}}$ ——像点像空间辅助坐标向量；

$[x \quad y \quad -f]^{\mathrm{T}}$ ——像点像空间坐标系坐标向量；

$\boldsymbol{R}$ ——像空间坐标系到像空间辅助坐标系的旋转矩阵。

目前，旋转矩阵的描述方式有很多种，如基于欧拉角、四元数这两种方法应用比较多。摄影测量中常用以欧拉角构建的旋转矩阵，其形式（$\varphi-\omega-\kappa$ 转角系统）为

$$\boldsymbol{R} = \begin{bmatrix} \cos\varphi & 0 & -\sin\varphi \\ 0 & 1 & 0 \\ \sin\varphi & 0 & \cos\varphi \end{bmatrix} \begin{bmatrix} 1 & 0 & 0 \\ 0 & \cos\omega & -\sin\omega \\ 0 & \sin\omega & \cos\omega \end{bmatrix} \begin{bmatrix} \cos\kappa & -\sin\kappa & 0 \\ \sin\kappa & \cos\kappa & 0 \\ 0 & 0 & 1 \end{bmatrix}$$

可见，摄影测量欧拉角方法是以连动旋转轴（$Y-X_{\varphi}-Z_{\varphi\omega}$）依次旋转构建旋转矩阵的，如图 5-1 所示。

Chasles 已证明：刚体运动也可以通过绕某轴旋转或沿该轴平移得到，即所谓的轴角描述方法（Axis-Angle），从基于欧拉角构造的旋转矩阵的角度来看，任何旋转情况都归类为下面这种情况，即一个向量 $\boldsymbol{x}$ 转换为另一向量 $\boldsymbol{x}'$，一定可以表达为该向量绕一个旋转

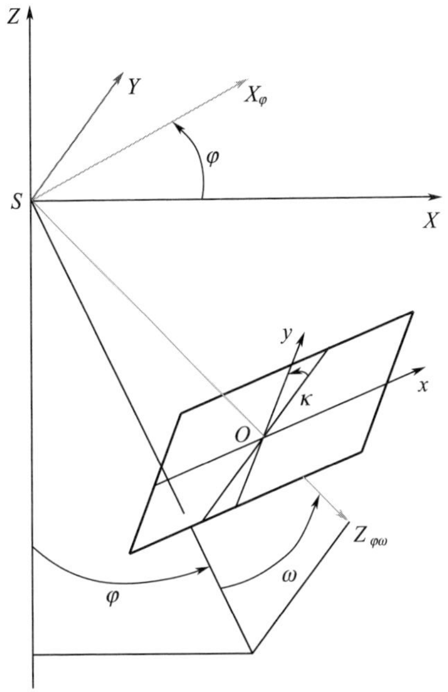

图 5-1　摄影测量中欧拉角定义

轴 $\boldsymbol{n}_0$（单位向量）旋转一定角度 θ，见图 5-2。

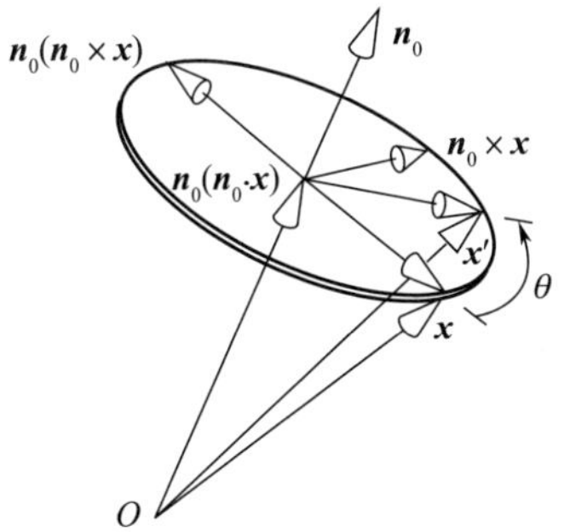

图 5-2　向量旋转的轴角法定义

由此，可以利用轴角方法表达如下向量及其转换关系

$$\left.\begin{aligned}&\boldsymbol{x}=\boldsymbol{x}_{\parallel}+\boldsymbol{x}_{\perp}=\boldsymbol{n}_0(\boldsymbol{n}_0\cdot\boldsymbol{x})-\boldsymbol{n}_0\times(\boldsymbol{n}_0\times\boldsymbol{x})\\&\boldsymbol{x}'=\boldsymbol{x}_{\parallel}+\boldsymbol{x}'_{\perp}=\boldsymbol{n}_0(\boldsymbol{n}_0\cdot\boldsymbol{x})+\sin\theta(\boldsymbol{n}_0\times\boldsymbol{x})-\cos\theta\boldsymbol{n}_0\times(\boldsymbol{n}_0\times\boldsymbol{x})\\&\boldsymbol{x}'=\boldsymbol{x}+\sin\theta(\boldsymbol{n}_0\times\boldsymbol{x})+(1-\cos\theta)\boldsymbol{n}_0\times(\boldsymbol{n}_0\times\boldsymbol{x})\end{aligned}\right\}\tag{5-21a}$$

F. Sebastian Grassia 指出，在描述目标姿态方面，轴角法相比欧拉角及四元数方法，具有较好的稳健性、需要较少的状态向量、简洁的建模能力及良好的插值效果[125]。利用三个独立参数描述空间姿态，是描述姿态的一组最小实现，即用轴角方法描述姿态是无冗余的，另外轴角方法没有转角系统概念，公式推导和应用比较方便，在机器人关节运动学中有着广泛应用[126-128]，因此，本书采用该方法表达旋转及姿态。

(1) Rodrigues 定理

在式（5-21a）中，由于 $\boldsymbol{n}_0(\boldsymbol{n}_0\cdot\boldsymbol{x})=(\boldsymbol{n}_0\boldsymbol{n}_0^{\mathrm{T}})\boldsymbol{x}$，$\boldsymbol{n}_0\times\boldsymbol{x}=[\boldsymbol{n}_0]_\times\boldsymbol{x}$，$\boldsymbol{n}_0\times(\boldsymbol{n}_0\times\boldsymbol{x})=[\boldsymbol{n}_0]_\times^2\boldsymbol{x}$，$[\boldsymbol{n}_0]_\times$ 为 $\boldsymbol{n}_0$ 构造的反对称矩阵，$[\boldsymbol{n}_0]_\times=\begin{bmatrix}0&-n_{03}&n_{02}\\n_{03}&0&-n_{01}\\-n_{02}&n_{01}&0\end{bmatrix}$，则式（5-21a）可进一步表示为

$$\left.\begin{aligned}&\boldsymbol{x}=(\boldsymbol{n}_0\boldsymbol{n}_0^{\mathrm{T}}-[\boldsymbol{n}_0]_\times^2)\boldsymbol{x}\\&\boldsymbol{x}'=(\boldsymbol{n}_0\boldsymbol{n}_0^{\mathrm{T}}+\sin\theta[\boldsymbol{n}_0]_\times-\cos\theta[\boldsymbol{n}_0]_\times^2)\boldsymbol{x}\\&\boldsymbol{x}'=[\boldsymbol{I}_3+\sin\theta[\boldsymbol{n}_0]_\times+(1-\cos\theta)[\boldsymbol{n}_0]_\times^2]\boldsymbol{x}\end{aligned}\right\}\tag{5-21b}$$

由此可得

$$\boldsymbol{R}=\boldsymbol{I}_3+\sin\theta[\boldsymbol{n}_0]_\times+(1-\cos\theta)[\boldsymbol{n}_0]_\times^2\tag{5-22a}$$

这就是 Rodrigues 公式[129]。

对于小旋转角 ω，假如 $\boldsymbol{\omega}=\omega\boldsymbol{n}_0$ 为旋转的最小表示，则式（5-22a）可简化为

$$\boldsymbol{R}(\boldsymbol{n}_0,\omega)\approx\boldsymbol{I}_3+\sin\omega[\boldsymbol{n}_0]_\times\approx\boldsymbol{I}_3+[\omega\boldsymbol{n}_0]_\times=\begin{bmatrix}1&-\omega_3&\omega_2\\\omega_3&1&-\omega_1\\-\omega_2&\omega_1&1\end{bmatrix}\tag{5-22b}$$

实质上，上式是旋转矩阵关于旋转角的一个近似线性关系。

而旋转角 θ 又可以等同于 k 次旋转角 θ/k ，在 $k \to \infty$ 的情况下

$$\boldsymbol{R}(\boldsymbol{n}_0,\theta)=\lim_{k\to\infty}\left(\boldsymbol{I}_3+\frac{\theta}{k}[\boldsymbol{n}_0]_\times\right)^k=\exp^{[\boldsymbol{n}]_\times} \tag{5-22c}$$

其中

$$\boldsymbol{n}=\theta\boldsymbol{n}_0$$

实际上，将上述矩阵指数进行泰勒级数展开，并利用关于向量 $\boldsymbol{a}$ 恒等式 $[\boldsymbol{a}]_\times^{k+2}=-[\boldsymbol{a}]_\times^k$（$k>0$），可得

$$\begin{aligned}\exp^{[\boldsymbol{n}]_\times}&=\boldsymbol{I}_3+\theta[\boldsymbol{n}_0]_\times+\frac{\theta^2}{2}[\boldsymbol{n}_0]_\times^2+\frac{\theta^3}{3}[\boldsymbol{n}_0]_\times^3+\cdots\\&=\boldsymbol{I}_3+\left(\theta-\frac{\theta^3}{3}+\cdots\right)[\boldsymbol{n}_0]_\times+\left(\frac{\theta^2}{2}-\frac{\theta^2}{4!}+\cdots\right)[\boldsymbol{n}_0]_\times^2\\&=\boldsymbol{I}_3+\sin\theta[\boldsymbol{n}_0]_\times+(1-\cos\theta)[\boldsymbol{n}_0]_\times^2\end{aligned}$$

因此，旋转矩阵 $\boldsymbol{R}$ 可由一旋转轴向量 $\boldsymbol{n}=[n_1\quad n_2\quad n_3]^{\mathrm{T}}$（$\boldsymbol{n}=\theta\boldsymbol{n}_0$）对应的反对称矩阵指数（或指数映射）表示

$$\boldsymbol{R}=\exp^{[\boldsymbol{n}]_\times}=e^{n_1\boldsymbol{B}_1+n_2\boldsymbol{B}_2+n_3\boldsymbol{B}_3} \tag{5-22d}$$

其中

$$\boldsymbol{B}_1=\begin{bmatrix}0&0&0\\0&0&-1\\0&1&0\end{bmatrix},\boldsymbol{B}_2=\begin{bmatrix}0&0&1\\0&0&0\\-1&0&0\end{bmatrix},\boldsymbol{B}_3=\begin{bmatrix}0&-1&0\\1&0&0\\0&0&0\end{bmatrix}$$

式中　$\boldsymbol{B}_1$，$\boldsymbol{B}_2$，$\boldsymbol{B}_3$——旋转轴向量坐标对应的反对称矩阵基。

（2）旋转轴、旋转角及旋转矩阵的关系

$$\boldsymbol{n}_0=\frac{1}{2\sin(\theta)}\begin{bmatrix}\boldsymbol{R}(3,2)-\boldsymbol{R}(2,3)\\\boldsymbol{R}(1,3)-\boldsymbol{R}(3,1)\\\boldsymbol{R}(2,1)-\boldsymbol{R}(1,2)\end{bmatrix} \tag{5-23}$$

$$\theta=\arccos\left(\frac{\mathrm{trace}(\boldsymbol{R})-1}{2}\right) \tag{5-24}$$

$$\boldsymbol{n}=\boldsymbol{n}_0\theta,\theta=|\boldsymbol{n}| \tag{5-25}$$

（3）Rodrigues 公式应用

一个向量通过轴角方法可以得到旋转后的向量，同样，如果知

道了旋转前后的两个向量，也容易得到旋转矩阵。

假设旋转前向量为 $\boldsymbol{x}$，旋转后向量为 $\boldsymbol{x}'$，由点积定义

$$\boldsymbol{x} \cdot \boldsymbol{x}' = |\boldsymbol{x}||\boldsymbol{x}'|\cos\theta$$

可知

$$\theta = \arccos\left(\frac{\boldsymbol{x} \cdot \boldsymbol{x}'}{|\boldsymbol{x}||\boldsymbol{x}'|}\right) \tag{5-26}$$

再由叉乘定义旋转轴为

$$\boldsymbol{n} = \boldsymbol{x} \times \boldsymbol{x}' \tag{5-27}$$

其单位旋转轴为

$$\boldsymbol{n}_0 = \frac{\boldsymbol{n}}{|\boldsymbol{n}|} = \frac{\boldsymbol{x} \times \boldsymbol{x}'}{|\boldsymbol{x} \times \boldsymbol{x}'|}$$

则旋转矩阵为

$$\begin{aligned}\boldsymbol{R} &= \boldsymbol{I}_3 + \sin\theta\,[\boldsymbol{n}_0]_\times + (1-\cos\theta)\,[\boldsymbol{n}_0]_\times^2 \\ &= \begin{bmatrix} \cos\theta + n_{01}^2(1-\cos\theta) & -n_{03}\sin\theta + n_{01}n_{02}(1-\cos\theta) & n_{02}\sin\theta + n_{01}n_{03}(1-\cos\theta) \\ n_{03}\sin\theta + n_{01}n_{02}(1-\cos\theta) & \cos\theta + n_{02}^2(1-\cos\theta) & -n_{01}\sin\theta + n_{02}n_{03}(1-\cos\theta) \\ -n_{02}\sin\theta + n_{01}n_{03}(1-\cos\theta) & n_{01}\sin\theta + n_{02}n_{03}(1-\cos\theta) & \cos\theta + n_{03}^2(1-\cos\theta) \end{bmatrix}\end{aligned} \tag{5-28}$$

该方法也可以在影像测姿定向参数求解中得到应用，请读者尝试完成。

5.3.2　轴角描述的共线条件方程线性化[81]

如果将旋转矩阵用轴角形式 ($\boldsymbol{R} = \exp^{[\boldsymbol{n}]_\times}$) 描述，未顾及外方位元素的系统误差，将式（5－8）线性化处理得到轴角描述下的像点坐标误差方程式

$$\left.\begin{aligned} V_x &= a_{11}\Delta X_s + a_{12}\Delta Y_s + a_{13}\Delta Z_s + a_{14}\Delta n_1 + a_{15}\Delta n_2 + \\ &\quad a_{16}\Delta n_3 - a_{11}\Delta X - a_{12}\Delta Y - a_{13}\Delta Z - l_x \\ V_y &= a_{21}\Delta X_s + a_{22}\Delta Y_s + a_{23}\Delta Z_s + a_{24}\Delta n_1 + a_{25}\Delta n_2 + \\ &\quad a_{26}\Delta n_3 - a_{21}\Delta X - a_{22}\Delta Y - a_{23}\Delta Z - l_y \end{aligned}\right\} \tag{5-29}$$

式（5－29）可用矩阵表达为

$$\boldsymbol{V} = \boldsymbol{A}\,\mathrm{d}\boldsymbol{X}_{eop} + \boldsymbol{B}\,\mathrm{d}\boldsymbol{X}_{tie} - \boldsymbol{l} \tag{5-30}$$

其中

$$\boldsymbol{V} = \begin{bmatrix} V_x \\ V_y \end{bmatrix}, \boldsymbol{A} = \begin{bmatrix} a_{11} & a_{12} & a_{13} & a_{14} & a_{15} & a_{16} \\ a_{21} & a_{22} & a_{23} & a_{24} & a_{25} & a_{26} \end{bmatrix},$$

$$\boldsymbol{B} = \begin{bmatrix} -a_{11} & -a_{12} & -a_{13} \\ -a_{21} & -a_{22} & -a_{23} \end{bmatrix}$$

$$\mathrm{d}\boldsymbol{X}_{eop} = [\Delta X_s \quad \Delta Y_s \quad \Delta Z_s \quad \Delta n_1 \quad \Delta n_2 \quad \Delta n_3]^{\mathrm{T}},$$

$$\mathrm{d}\boldsymbol{X}_{tie} = [\Delta X \quad \Delta Y \quad \Delta Z]^{\mathrm{T}}$$

$$\boldsymbol{l} = [l_x \quad l_y]^{\mathrm{T}}$$

式中　$a_{11} \sim a_{26}$ ——像点坐标函数对各参数的偏导数。

这里，采用复合函数求导方法（链式法则）推导像点坐标函数对外方位元素的导数，即

$$\begin{aligned}
\boldsymbol{A} &= \begin{bmatrix} a_{11} & a_{12} & a_{13} & a_{14} & a_{15} & a_{16} \\ a_{21} & a_{22} & a_{23} & a_{24} & a_{25} & a_{26} \end{bmatrix} \\
&= \begin{bmatrix} \frac{\partial x}{\partial X_s} & \frac{\partial x}{\partial Y_s} & \frac{\partial x}{\partial Z_s} & \frac{\partial x}{\partial n_1} & \frac{\partial x}{\partial n_2} & \frac{\partial x}{\partial n_3} \\ \frac{\partial y}{\partial X_s} & \frac{\partial y}{\partial Y_s} & \frac{\partial y}{\partial Z_s} & \frac{\partial y}{\partial n_1} & \frac{\partial y}{\partial n_2} & \frac{\partial y}{\partial n_3} \end{bmatrix} \\
&= \begin{bmatrix} \frac{\partial x}{\partial m_{11}} & \frac{\partial x}{\partial m_{12}} & \frac{\partial x}{\partial m_{13}} & \frac{\partial x}{\partial m_{14}} & \frac{\partial x}{\partial m_{21}} & \frac{\partial x}{\partial m_{22}} & \frac{\partial x}{\partial m_{23}} & \frac{\partial x}{\partial m_{24}} & \frac{\partial x}{\partial m_{31}} & \frac{\partial x}{\partial m_{32}} & \frac{\partial x}{\partial m_{33}} & \frac{\partial x}{\partial m_{34}} \\ \frac{\partial y}{\partial m_{11}} & \frac{\partial y}{\partial m_{12}} & \frac{\partial y}{\partial m_{13}} & \frac{\partial y}{\partial m_{14}} & \frac{\partial y}{\partial m_{21}} & \frac{\partial y}{\partial m_{22}} & \frac{\partial y}{\partial m_{23}} & \frac{\partial y}{\partial m_{24}} & \frac{\partial y}{\partial m_{31}} & \frac{\partial y}{\partial m_{32}} & \frac{\partial y}{\partial m_{33}} & \frac{\partial y}{\partial m_{34}} \end{bmatrix}_{2\times 12} \cdot \\
&\quad \begin{bmatrix} \frac{\partial m_{11}}{\partial X_s} & \frac{\partial m_{12}}{\partial X_s} & \frac{\partial m_{13}}{\partial X_s} & \frac{\partial m_{14}}{\partial X_s} & \frac{\partial m_{21}}{\partial X_s} & \frac{\partial m_{22}}{\partial X_s} & \frac{\partial m_{23}}{\partial X_s} & \frac{\partial m_{24}}{\partial X_s} & \frac{\partial m_{31}}{\partial X_s} & \frac{\partial m_{32}}{\partial X_s} & \frac{\partial m_{33}}{\partial X_s} & \frac{\partial m_{34}}{\partial X_s} \\
\frac{\partial m_{11}}{\partial Y_s} & \frac{\partial m_{12}}{\partial Y_s} & \frac{\partial m_{13}}{\partial Y_s} & \frac{\partial m_{14}}{\partial Y_s} & \frac{\partial m_{21}}{\partial Y_s} & \frac{\partial m_{22}}{\partial Y_s} & \frac{\partial m_{23}}{\partial Y_s} & \frac{\partial m_{24}}{\partial Y_s} & \frac{\partial m_{31}}{\partial Y_s} & \frac{\partial m_{32}}{\partial Y_s} & \frac{\partial m_{33}}{\partial Y_s} & \frac{\partial m_{34}}{\partial Y_s} \\
\frac{\partial m_{11}}{\partial Z_s} & \frac{\partial m_{12}}{\partial Z_s} & \frac{\partial m_{13}}{\partial Z_s} & \frac{\partial m_{14}}{\partial Z_s} & \frac{\partial m_{21}}{\partial Z_s} & \frac{\partial m_{22}}{\partial Z_s} & \frac{\partial m_{23}}{\partial Z_s} & \frac{\partial m_{24}}{\partial Z_s} & \frac{\partial m_{31}}{\partial Z_s} & \frac{\partial m_{32}}{\partial Z_s} & \frac{\partial m_{33}}{\partial Z_s} & \frac{\partial m_{34}}{\partial Z_s} \\
\frac{\partial m_{11}}{\partial n_1} & \frac{\partial m_{12}}{\partial n_1} & \frac{\partial m_{13}}{\partial n_1} & \frac{\partial m_{14}}{\partial n_1} & \frac{\partial m_{21}}{\partial n_1} & \frac{\partial m_{22}}{\partial n_1} & \frac{\partial m_{23}}{\partial n_1} & \frac{\partial m_{24}}{\partial n_1} & \frac{\partial m_{31}}{\partial n_1} & \frac{\partial m_{32}}{\partial n_1} & \frac{\partial m_{33}}{\partial n_1} & \frac{\partial m_{34}}{\partial n_1} \\
\frac{\partial m_{11}}{\partial n_2} & \frac{\partial m_{12}}{\partial n_2} & \frac{\partial m_{13}}{\partial n_2} & \frac{\partial m_{14}}{\partial n_2} & \frac{\partial m_{21}}{\partial n_2} & \frac{\partial m_{22}}{\partial n_2} & \frac{\partial m_{23}}{\partial n_2} & \frac{\partial m_{24}}{\partial n_2} & \frac{\partial m_{31}}{\partial n_2} & \frac{\partial m_{32}}{\partial n_2} & \frac{\partial m_{33}}{\partial n_2} & \frac{\partial m_{34}}{\partial n_2} \\
\frac{\partial m_{11}}{\partial n_3} & \frac{\partial m_{12}}{\partial n_3} & \frac{\partial m_{13}}{\partial n_3} & \frac{\partial m_{14}}{\partial n_3} & \frac{\partial m_{21}}{\partial n_3} & \frac{\partial m_{22}}{\partial n_3} & \frac{\partial m_{23}}{\partial n_3} & \frac{\partial m_{24}}{\partial n_3} & \frac{\partial m_{31}}{\partial n_3} & \frac{\partial m_{32}}{\partial n_3} & \frac{\partial m_{33}}{\partial n_3} & \frac{\partial m_{34}}{\partial n_3} \end{bmatrix}_{6\times 12}^{\mathrm{T}} \\
&= J_M \cdot J_e
\end{aligned} \tag{5-31}$$

由式（5－7c）易得

$$
J_M=\begin{bmatrix}\frac{\partial x}{\partial m_{11}} & \frac{\partial x}{\partial m_{12}} & \frac{\partial x}{\partial m_{13}} & \frac{\partial x}{\partial m_{14}} & \frac{\partial x}{\partial m_{21}} & \frac{\partial x}{\partial m_{22}} & \frac{\partial x}{\partial m_{23}} & \frac{\partial x}{\partial m_{24}} & \frac{\partial x}{\partial m_{31}} & \frac{\partial x}{\partial m_{32}} & \frac{\partial x}{\partial m_{33}} & \frac{\partial x}{\partial m_{34}} \\ \frac{\partial y}{\partial m_{11}} & \frac{\partial y}{\partial m_{12}} & \frac{\partial y}{\partial m_{13}} & \frac{\partial y}{\partial m_{14}} & \frac{\partial y}{\partial m_{21}} & \frac{\partial y}{\partial m_{22}} & \frac{\partial y}{\partial m_{23}} & \frac{\partial y}{\partial m_{24}} & \frac{\partial y}{\partial m_{31}} & \frac{\partial y}{\partial m_{32}} & \frac{\partial y}{\partial m_{33}} & \frac{\partial y}{\partial m_{34}}\end{bmatrix}
$$

$$
=\begin{bmatrix}\frac{X}{\lambda} & \frac{Y}{\lambda} & \frac{Z}{\lambda} & \frac{1}{\lambda} & 0 & 0 & 0 & 0 & -\frac{xX}{\lambda} & -\frac{xY}{\lambda} & -\frac{xZ}{\lambda} & -\frac{x}{\lambda} \\ 0 & 0 & 0 & 0 & \frac{X}{\lambda} & \frac{Y}{\lambda} & \frac{Z}{\lambda} & \frac{1}{\lambda} & -\frac{yX}{\lambda} & -\frac{yY}{\lambda} & -\frac{yZ}{\lambda} & -\frac{y}{\lambda}\end{bmatrix}
$$

$$
=\frac{1}{\lambda}\begin{bmatrix}X & Y & Z & 1 & 0 & 0 & 0 & 0 & -xX & -xY & -xZ & -x \\ 0 & 0 & 0 & 0 & X & Y & Z & 1 & -yX & -yY & -yZ & -y\end{bmatrix} \tag{5-32}
$$

为求 J_e，在投影矩阵 $\boldsymbol{M}=\boldsymbol{K}\boldsymbol{R}^{\mathrm{T}}[\boldsymbol{I},\ -\boldsymbol{X}_s]$ 两边，对外方位元素求导数可得

$$
\frac{\partial \boldsymbol{M}}{\partial(X_s,Y_s,Z_s,n_1,n_2,n_3)}=\boldsymbol{K}\frac{\partial \boldsymbol{R}^{\mathrm{T}}[\boldsymbol{I},-\boldsymbol{X}_S]}{\partial(X_s,Y_s,Z_s,n_1,n_2,n_3)}
$$

对于 $\frac{\partial \boldsymbol{M}}{\partial X_s}$，有

$$
\frac{\partial \boldsymbol{M}}{\partial X_s}=\boldsymbol{K}\boldsymbol{R}^{\mathrm{T}}\frac{\partial[\boldsymbol{I},-\boldsymbol{X}_s]}{\partial X_s}
$$

$$
=\begin{bmatrix}-fa_1 & -fb_1 & -fc_1 \\ -fa_2 & -fb_2 & -fc_2 \\ a_3 & b_3 & c_3\end{bmatrix}\begin{bmatrix}0 & 0 & 0 & -1 \\ 0 & 0 & 0 & 0 \\ 0 & 0 & 0 & 0\end{bmatrix}=\begin{bmatrix}0 & 0 & 0 & fa_1 \\ 0 & 0 & 0 & fa_2 \\ 0 & 0 & 0 & -a_3\end{bmatrix} \tag{5-33}
$$

其他变量求导以此类推，有

$$
\frac{\partial \boldsymbol{M}}{\partial Y_s}=\begin{bmatrix}0 & 0 & 0 & fb_1 \\ 0 & 0 & 0 & fb_2 \\ 0 & 0 & 0 & -b_3\end{bmatrix},\frac{\partial \boldsymbol{M}}{\partial Z_s}=\begin{bmatrix}0 & 0 & 0 & fc_1 \\ 0 & 0 & 0 & fc_2 \\ 0 & 0 & 0 & -c_3\end{bmatrix}
$$

对于 $\frac{\partial \boldsymbol{M}}{\partial n_1}$，有

$$
\begin{aligned}
\frac{\partial \boldsymbol{M}}{\partial n_1} &= \boldsymbol{K}\,\frac{\partial \boldsymbol{R}^{\mathrm{T}}}{\partial n_1}\,[\boldsymbol{I},\ -\boldsymbol{X}_s] = -\boldsymbol{K}\boldsymbol{R}^{\mathrm{T}}\boldsymbol{B}_1\,[\boldsymbol{I},\ -\boldsymbol{X}_s] \\
&= \begin{bmatrix} 0 & fc_1 & -fb_1 \\ 0 & fc_2 & -fb_2 \\ 0 & fc_3 & -fb_3 \end{bmatrix} \cdot \begin{bmatrix} 1 & 0 & 0 & -X_s \\ 0 & 1 & 0 & -Y_s \\ 0 & 0 & 1 & -Z_s \end{bmatrix} \\
&= \begin{bmatrix} 0 & fc_1 & -fb_1 & f(-c_1Y_s+b_1Z_s) \\ 0 & fc_2 & -fb_2 & f(-c_2Y_s+b_2Z_s) \\ 0 & fc_3 & -fb_3 & f(-c_3Y_s+b_3Z_s) \end{bmatrix}
\end{aligned}
\tag{5-34}
$$

其他变量求导以此类推，有

$$
\frac{\partial \boldsymbol{M}}{\partial n_2} = \begin{bmatrix} -fc_1 & 0 & fa_1 & f(c_1X_s-a_1Z_s) \\ -fc_2 & 0 & fa_2 & f(c_2X_s-a_2Z_s) \\ -fc_3 & 0 & fa_3 & f(c_3X_s-a_3Z_s) \end{bmatrix}
$$

$$
\frac{\partial \boldsymbol{M}}{\partial n_3} = \begin{bmatrix} fb_1 & -fa_1 & 0 & f(-b_1X_s+a_1Y_s) \\ fb_2 & -fa_2 & 0 & f(-b_2X_s+a_2Y_s) \\ fb_3 & -fa_3 & 0 & f(-b_3X_s+a_3Y_s) \end{bmatrix}
$$

继而可以得到 $\dfrac{\partial(m_{11},\ \cdots,\ m_{34})}{\partial(n_1,\ n_2,\ n_3)}$，最后可得

$$
J_e = \begin{bmatrix}
0 & 0 & 0 & 0 & -fc_1 & fb_1 \\
0 & 0 & 0 & fc_1 & 0 & -fa_1 \\
0 & 0 & 0 & -fb_1 & fa_1 & 0 \\
fa_1 & fb_1 & fc_1 & f(-c_1Y_s+b_1Z_s) & f(c_1X_s-a_1Z_s) & f(-b_1X_s+a_1Y_s) \\
0 & 0 & 0 & 0 & -fc_2 & fb_2 \\
0 & 0 & 0 & fc_2 & 0 & -fa_2 \\
0 & 0 & 0 & -fb_2 & fa_2 & 0 \\
fa_2 & fb_2 & fc_2 & f(-c_2Y_s+b_2Z_s) & f(c_2X_s-a_2Z_s) & f(-b_2X_s+a_2Y_s) \\
0 & 0 & 0 & 0 & -fc_3 & fb_3 \\
0 & 0 & 0 & fc_3 & 0 & -fa_3 \\
0 & 0 & 0 & -fb_3 & fa_3 & 0 \\
-a_3 & -b_3 & -c_3 & f(-c_3Y_s+b_3Z_s) & f(c_3X_s-a_3Z_s) & f(-b_3X_s+a_3Y_s)
\end{bmatrix}
\tag{5-35}
$$

由式（5－7c）同样易得

$$\boldsymbol{B}=\begin{bmatrix}\frac{\partial x}{\partial X} & \frac{\partial x}{\partial Y} & \frac{\partial x}{\partial Z}\\ \frac{\partial y}{\partial X} & \frac{\partial y}{\partial Y} & \frac{\partial y}{\partial Z}\end{bmatrix}=\begin{bmatrix}\frac{m_{11}-xm_{31}}{\lambda} & \frac{m_{12}-xm_{32}}{\lambda} & \frac{m_{13}-xm_{33}}{\lambda}\\ \frac{m_{21}-ym_{31}}{\lambda} & \frac{m_{22}-ym_{32}}{\lambda} & \frac{m_{23}-ym_{33}}{\lambda}\end{bmatrix}$$
$$=\frac{1}{\lambda}\begin{bmatrix}m_{11}-xm_{31} & m_{12}-xm_{32} & m_{13}-xm_{33}\\ m_{21}-ym_{31} & m_{22}-ym_{32} & m_{23}-ym_{33}\end{bmatrix}$$
$$=\frac{1}{\lambda}\left\{\begin{bmatrix}m_{11} & m_{12} & m_{13}\\ m_{21} & m_{22} & m_{33}\end{bmatrix}-\begin{bmatrix}xm_{31} & xm_{32} & xm_{33}\\ ym_{31} & ym_{32} & ym_{33}\end{bmatrix}\right\} \tag{5-36}$$

由式（5－34）～式（5－36）可知，经线性化后的系数皆为投影矩阵及观测值的线性表达式，并且不再含有三角函数关系，这对于迭代计算提高解算效率是有重要意义的。

在这里需要指出的是，应用轴角描述的方法还有一点比较优势，在迭代解算时，最终的参数估计值可直接由下式给出

$$\boldsymbol{X}^{i+1}=\boldsymbol{X}^{i}+\Delta\boldsymbol{X}^{i} \tag{5-37}$$

即姿态部分也可以近似线性叠加，这是由于 $\boldsymbol{R}=e^{[\boldsymbol{n}]_\times}$ ，那么

$$\boldsymbol{R}^{i+1}=\boldsymbol{R}^{i}\cdot\Delta\boldsymbol{R}=e^{[\boldsymbol{n}]_\times}\cdot e^{[\Delta\boldsymbol{n}]_\times}\doteq e^{[\boldsymbol{n}+\Delta\boldsymbol{n}]_\times} \tag{5-38}$$

更新的姿态参数近似为前一次的姿态参数与其增量之和。而在欧拉角描述的姿态模型中，需要将更新后的旋转矩阵分解后获得较精确的参数改正数。

计算更新旋转矩阵时，如果旋转向量的增量为较小值时，式（5－38）可由下式近似计算

$$\Delta\boldsymbol{R}=e^{[\Delta\boldsymbol{n}]_\times}\approx\begin{bmatrix}1 & -\Delta n_3 & \Delta n_2\\ \Delta n_3 & 1 & -\Delta n_1\\ -\Delta n_2 & \Delta n_1 & 1\end{bmatrix} \tag{5-39}$$

5.4 多功能光束法区域网联合平差函数模型

在进行车载序列影像光束法区域网联合平差时，可根据实际情

况选择相应的平差模型，如测区是否设置了控制点及 POS 能否作为控制信息等，可将平差模型分为有控制点的平差模型、带控制片的平差模型、有控制点和控制片的平差模型及无控制条件下的平差模型［如计算机视觉中的从运动到结构（SfM）问题］等。下面给出每种平差函数模型的适用场合及具体形式。

5.4.1　有控制点的平差函数模型

(1) 无虚拟观测值的平差函数模型

该平差函数模型是最经典的一种控制点加密方法，它将一部分控制点（GCP）作为真值，其余控制点作为检查点的一种常用方法，通过检查点精度体现了数学模型误差、同名像点匹配误差以及 POS 观测数据误差等的残余误差。通过在街区建筑立面布设少量的控制点，实现整个测区的控制点加密。该平差函数模型的误差方程式为

$$\left.\begin{aligned} \boldsymbol{V}_{pg} &= \boldsymbol{A}_g \mathrm{d}\boldsymbol{X}_{eop} + \boldsymbol{B}_g \mathrm{d}\boldsymbol{X}_{gcp} - \boldsymbol{l}_{pg} \\ \boldsymbol{V}_p &= \boldsymbol{A}_t \mathrm{d}\boldsymbol{X}_{eop} + \boldsymbol{B}_t \mathrm{d}\boldsymbol{X}_{tie} - \boldsymbol{l}_p \end{aligned}, \boldsymbol{P}_p \right\} \tag{5-40}$$

式中　$\boldsymbol{V}_{pg}$，$\boldsymbol{V}_p$ ——由像点坐标的模型计算值与观测值之差构成的改正数向量；

$\boldsymbol{A}_g$，$\boldsymbol{A}_t$ ——外方位元素系数矩阵；

$\boldsymbol{B}_g$，$\boldsymbol{B}_t$ ——控制点和加密点系数矩阵；

$\boldsymbol{l}_{pg}$，$\boldsymbol{l}_p$ ——常数向量；

$\boldsymbol{P}_p$ ——像点坐标的权矩阵。

令

$$\boldsymbol{V} = \begin{bmatrix} \boldsymbol{V}_{pg} \\ \boldsymbol{V}_p \end{bmatrix}, \mathrm{d}\boldsymbol{X} = \begin{bmatrix} \mathrm{d}\boldsymbol{X}_{eop} \\ \mathrm{d}\boldsymbol{X}_{gcp} \\ \mathrm{d}\boldsymbol{X}_{tie} \end{bmatrix}, \boldsymbol{l} = \begin{bmatrix} \boldsymbol{l}_{pg} \\ \boldsymbol{l}_p \end{bmatrix}, \boldsymbol{A} = \begin{bmatrix} \boldsymbol{A}_g & \boldsymbol{B}_g & \boldsymbol{0} \\ \boldsymbol{A}_t & \boldsymbol{0} & \boldsymbol{B}_t \end{bmatrix}, \boldsymbol{P} = \boldsymbol{P}_p$$

则有

$$\boldsymbol{V} = \boldsymbol{A}\mathrm{d}\boldsymbol{X} - \boldsymbol{l}, \boldsymbol{P}$$

另外再附加 $\boldsymbol{C}_g \mathrm{d}\boldsymbol{X} = \boldsymbol{0}$($\mathrm{d}\boldsymbol{X}_{gcp} = \boldsymbol{0}$) 强制约束条件，应用附有限制条件的间接平差方法，见式（2-26），可得全部未知参数改正值。

$$\mathrm{d}\hat{\boldsymbol{X}}=(\boldsymbol{N}_{aa}^{-1}-\boldsymbol{N}_{aa}^{-1}\boldsymbol{C}_g^{\mathrm{T}}\boldsymbol{N}_{cc}^{-1}\boldsymbol{C}_g\boldsymbol{N}_{aa}^{-1})\boldsymbol{W} \tag{5-41}$$

其中

$$\boldsymbol{N}_{aa}=\boldsymbol{A}^{\mathrm{T}}\boldsymbol{P}\boldsymbol{A},\boldsymbol{W}=\boldsymbol{A}^{\mathrm{T}}\boldsymbol{P}\boldsymbol{l},\boldsymbol{N}_{cc}=\boldsymbol{C}_g\boldsymbol{N}_{aa}^{-1}\boldsymbol{C}_g^{\mathrm{T}}$$

上述模型是将控制点坐标增量向量也纳入平差系统，实际上，如果将控制点视为真值，将徒劳增加运算量，但是优点在于可以将控制点向量与连接点（加密点）向量统一处理。在近景摄影测量中，文献［87］建立如下平差模型

$$\left.\begin{aligned}\boldsymbol{V}_{pg}&=\boldsymbol{A}_g\mathrm{d}\boldsymbol{X}_{eop}&&-\boldsymbol{l}_{pg}\\\boldsymbol{V}_p&=\boldsymbol{A}_t\mathrm{d}\boldsymbol{X}_{eop}+\boldsymbol{B}_t\mathrm{d}\boldsymbol{X}_{tie}&&-\boldsymbol{l}_p\end{aligned},\boldsymbol{P}_p\right\} \tag{5-42}$$

实质上，式中平差参数不含控制点向量，只解算外方位元素和加密点。

如果令 $\mathrm{d}\boldsymbol{X}=\begin{bmatrix}\mathrm{d}\boldsymbol{X}_{eop}\\\mathrm{d}\boldsymbol{X}_{tie}\end{bmatrix}$，$\boldsymbol{A}=\begin{bmatrix}\boldsymbol{A}_g&\boldsymbol{0}\\\boldsymbol{A}_t&\boldsymbol{B}_t\end{bmatrix}$，$\boldsymbol{P}=\boldsymbol{P}_p$，则有，$\boldsymbol{V}=\boldsymbol{A}\mathrm{d}\boldsymbol{X}-\boldsymbol{l}$，$\boldsymbol{P}$，依最小二乘准则（$\boldsymbol{V}_p^{\mathrm{T}}\boldsymbol{P}_p\boldsymbol{V}_p=\min$）经典间接平差方法

$$\mathrm{d}\hat{\boldsymbol{X}}=\boldsymbol{N}_{aa}^{-1}\boldsymbol{W} \tag{5-43}$$

可得全部未知参数改正值。

（2）带虚拟观测值的平差函数模型

该模型是在本节模型（1）基础上，将 POS 转换得到的外方位元素作为虚拟观测值的一种理论比较严密的平差函数模型。误差方程式为

$$\left.\begin{aligned}&\left.\begin{aligned}\boldsymbol{V}_{pg}&=\boldsymbol{A}_g\mathrm{d}\boldsymbol{X}_{eop}&&-\boldsymbol{l}_{pg}\\\boldsymbol{V}_p&=\boldsymbol{A}_t\mathrm{d}\boldsymbol{X}_{eop}+\boldsymbol{B}_t\mathrm{d}\boldsymbol{X}_{tie}&&-\boldsymbol{l}_p\end{aligned}\right\}\boldsymbol{P}_p\\&\boldsymbol{V}_{eop}=\boldsymbol{I}_e\mathrm{d}\boldsymbol{X}_{eop}\qquad\qquad\qquad\boldsymbol{P}_{eop}\end{aligned}\right\} \tag{5-44}$$

式中 $\boldsymbol{I}_e$ ——单位矩阵；

$\boldsymbol{P}_{eop}$ ——外方位元素的权矩阵，其他变量含义同上。

令

$$\boldsymbol{V}=\begin{bmatrix}\boldsymbol{V}_{pg}\\\boldsymbol{V}_p\\\boldsymbol{V}_{eop}\end{bmatrix},\mathrm{d}\boldsymbol{X}=\begin{bmatrix}\mathrm{d}\boldsymbol{X}_{eop}\\\mathrm{d}\boldsymbol{X}_{tie}\end{bmatrix},\boldsymbol{l}=\begin{bmatrix}\boldsymbol{l}_{pg}\\\boldsymbol{l}_p\\\boldsymbol{0}\end{bmatrix},\boldsymbol{A}=\begin{bmatrix}\boldsymbol{A}_g&\boldsymbol{0}\\\boldsymbol{A}_t&\boldsymbol{B}_t\\\boldsymbol{I}_e&\boldsymbol{0}\end{bmatrix},\boldsymbol{P}=\begin{bmatrix}\boldsymbol{P}_p&\boldsymbol{0}\\\boldsymbol{0}&\boldsymbol{P}_{eop}\end{bmatrix}$$

则有

$$\boldsymbol{V}=\boldsymbol{A}\,\mathrm{d}\boldsymbol{X}-\boldsymbol{l},\boldsymbol{P}$$

应用广义最小二乘法（$\boldsymbol{V}^{\mathrm{T}}\boldsymbol{P}\boldsymbol{V}=\min$）可得全部未知参数改正值。

需要指出的是，由于虚拟观测值改正数绝对值尺度（m）相对于像点测量值改正数绝对值（μm）要大，因此，在带虚拟观测值的情况下，平差后残差平方和要大于无虚拟观测值残差平方和，即 $\boldsymbol{V}^{\mathrm{T}}\boldsymbol{P}\boldsymbol{V}>\boldsymbol{V}_p^{\mathrm{T}}\boldsymbol{P}_p\boldsymbol{V}_p$，由其计算得到的单位权中误差没有确切含义（由两部分残差观测值组成），但通过该指标值变化趋势可判断解算是否收敛。由于考虑到参数误差的统计特性，理论上，获得的参数方差较无虚拟观测值情况要小，后面小节中的无虚拟观测值的平差函数模型情况亦是如此。

5.4.2　带控制片的平差函数模型

车载测量系统能够获得精度较高的姿轨数据，对于城市街区难以布设甚至没有建筑立面控制点的情况，可将由 POS 获取并转换得到的某一框架下的外方位元素作为控制信息，消除观测值的系统误差，因此在平差中起到基准及约束作用[59]。对照控制点，本书命名为控制片（Control Image，CI），在航空航天线阵摄影测量中翻译成定向片（Orientation Image Model，OIM），控制片平差的思想最早由德国科学家 Hofmann 教授于 1984 年提出[130]，Ebner[131]、Fraser[132]等随后将其用于 MOMS 影像的光束法平差。它是在飞行轨道上以一定的时间间隔抽取若干离散的曝光时刻（定向片），其外方位元素作为平差系统的未知数，其他采样周期的外方位元素采用 Lagrange 多项式内插得到[133]。

目前的商业 GPS/IMU 产品，例如 Applanix 公司的 POS/LV 610 其最高定位精度已达到 2 cm 左右，姿态测量精度俯仰、翻滚可达 18 角秒，航偏可达 54 角秒[134]。刘军[133]通过机载线阵影像定位试验指出，虽然通过差分或利用精密星历、钟差补偿了机载 GPS 数据的绝大部分系统性误差，但由于受到多种因素的影响，GPS/IMU

数据还存在一定的系统误差，定位精度仍未达到像素级，其误差源包括 GPS/IMU 数据与地面检核点之间的坐标基准差异，焦距变化造成的影响，GPS、IMU 的系统漂移，传感器采样与 GPS/IMU 采样的时间同步误差等，其中前两项是主要误差源。

综上所述，考虑 POS 数据误差的系统性，可将开始获取的车载序列影像作为控制片，即外方位元素作为真值（改正数为零），形成带有控制片的平差函数模型。如果提取的像点精度足够高、分布均匀及平差模型严格，那么通过分析其余非控制片外方位元素残差变化，有望得到 POS 误差变化规律，这就是顾及控制片的区域网联合平差的目的。比较 5.4.1 节，可将带控制片的平差模型分为无虚拟观测值的平差函数模型和带虚拟观测值的平差函数模型。

（1）无虚拟观测值的平差函数模型

实际上，式（5－34）中 $\mathrm{d}\boldsymbol{X}_{eop}$ 由两部分构成 $\mathrm{d}\boldsymbol{X}_{eop}=[\boldsymbol{0}^{\mathrm{T}},\ \mathrm{d}\boldsymbol{X}_{eu}^{\mathrm{T}}]^{\mathrm{T}}$，$\mathrm{d}\boldsymbol{X}_{eu}$ 为非控制片的外方位元素向量，零向量为控制片的外方位元素（$\mathrm{d}\boldsymbol{X}_{ec}=\boldsymbol{0}$），在无虚拟观测值的平差函数模型中，只将像点作为观测值，控制片（外方位元素）作为真值。其误差方程为

$$\left.\begin{aligned}\boldsymbol{V}_{pc}&=\boldsymbol{B}_c\mathrm{d}\boldsymbol{X}_{tie}-\boldsymbol{l}_{pc}\\\boldsymbol{V}_p&=\boldsymbol{A}_u\mathrm{d}\boldsymbol{X}_{eu}+\boldsymbol{B}_u\mathrm{d}\boldsymbol{X}_{tie}-\boldsymbol{l}_p\end{aligned}\ ,\boldsymbol{P}_p\right\}\tag{5-45}$$

式中 $\boldsymbol{A}_u$ ——外方位元素系数矩阵；

$\boldsymbol{B}_c$，$\boldsymbol{B}_u$ ——由控制片和非控制片计算的加密点系数矩阵；

$\boldsymbol{l}_{pc}$ ——常数向量。

令

$$\boldsymbol{V}=\begin{bmatrix}\boldsymbol{V}_{pc}\\\boldsymbol{V}_p\end{bmatrix},\mathrm{d}\boldsymbol{X}=\begin{bmatrix}\mathrm{d}\boldsymbol{X}_{eu}\\\mathrm{d}\boldsymbol{X}_{tie}\end{bmatrix},\boldsymbol{l}=\begin{bmatrix}\boldsymbol{l}_{pc}\\\boldsymbol{l}_p\end{bmatrix},\boldsymbol{A}=\begin{bmatrix}\boldsymbol{0}&\boldsymbol{B}_c\\\boldsymbol{A}_u&\boldsymbol{B}_u\end{bmatrix},\boldsymbol{P}=\boldsymbol{P}_p$$

则有

$$\boldsymbol{V}=\boldsymbol{A}\mathrm{d}\boldsymbol{X}-\boldsymbol{l},\boldsymbol{P}$$

可按照间接平差方法获得参数改正值，此处不再赘述。

（2）带虚拟观测值的平差函数模型

同样仿照 5.4.1 节模型（2）的思路，将其中一张影像作为控制片，其余影像的外方位元素作为虚拟观测值与像点观测值一同处理，构成了所谓的无控制点带部分控制片及虚拟观测值的平差函数模型。

如果平差参数向量只含有非控制片和加密点，则总的误差模型为

$$\left.\begin{array}{l}\left.\begin{array}{l}\boldsymbol{V}_{pc}=\boldsymbol{B}_{c}\mathrm{d}\boldsymbol{X}_{tie}-\boldsymbol{l}_{pc}\\ \boldsymbol{V}_{p}=\boldsymbol{A}_{u}\mathrm{d}\boldsymbol{X}_{eu}+\boldsymbol{B}_{u}\mathrm{d}\boldsymbol{X}_{tie}-\boldsymbol{l}_{p}\end{array}\right\}\boldsymbol{P}_{p}\\ \boldsymbol{V}_{eu}=\boldsymbol{I}_{u}\mathrm{d}\boldsymbol{X}_{eu}\qquad\qquad\qquad \boldsymbol{P}_{eu}\end{array}\right\} \tag{5-46}$$

式中　$\boldsymbol{I}_u$ ——单位矩阵；

$\boldsymbol{P}_{eu}$ ——非控制片外方位元素的权矩阵。

其余变量符号含义同 5.4.1 节。

令

$$\boldsymbol{V}=\begin{bmatrix}\boldsymbol{V}_{pc}\\ \boldsymbol{V}_{p}\\ \boldsymbol{V}_{eu}\end{bmatrix},\mathrm{d}\boldsymbol{X}=\begin{bmatrix}\mathrm{d}\boldsymbol{X}_{eu}\\ \mathrm{d}\boldsymbol{X}_{tie}\end{bmatrix},\boldsymbol{l}=\begin{bmatrix}\boldsymbol{l}_{pc}\\ \boldsymbol{l}_{p}\\ \boldsymbol{0}\end{bmatrix},\boldsymbol{A}=\begin{bmatrix}\boldsymbol{0} & \boldsymbol{B}_{c}\\ \boldsymbol{A}_{u} & \boldsymbol{B}_{u}\\ \boldsymbol{I}_{u} & \boldsymbol{0}\end{bmatrix},\boldsymbol{P}=\begin{bmatrix}\boldsymbol{P}_{p} & \boldsymbol{0}\\ \boldsymbol{0} & \boldsymbol{P}_{eu}\end{bmatrix}$$

则有

$$\boldsymbol{V}=\boldsymbol{A}\mathrm{d}\boldsymbol{X}-\boldsymbol{l},\boldsymbol{P}$$

可按照间接平差方法获得参数改正值，此处不再赘述。

5.4.3　有控制点及控制片的平差函数模型

5.4.1 节、5.4.2 节中介绍的两类平差模型能够方便控制点加密及研究影像外方位元素的误差规律。在有足够密度控制点的情况下，如果既考虑控制点控制信息，又顾及控制片对平差系统的贡献，综合 5.4.1 节与 5.4.2 节的平差模型，能够构建更为严密的平差函数模型——有控制点及控制片的平差函数模型。无/带（外方位元素）虚拟观测值误差方程分别为

$$\left.\begin{aligned}\boldsymbol{V}_{pg} &= \boldsymbol{A}_g \mathrm{d}\boldsymbol{X}_{eu} & & - \boldsymbol{l}_{pg}\\ \boldsymbol{V}_{pc} &= & \boldsymbol{B}_c \mathrm{d}\boldsymbol{X}_{tie} & - \boldsymbol{l}_{pc}, \boldsymbol{P}_p\\ \boldsymbol{V}_p &= \boldsymbol{A}_u \mathrm{d}\boldsymbol{X}_{eu} & + \boldsymbol{B}_u \mathrm{d}\boldsymbol{X}_{tie} & - \boldsymbol{l}_p\end{aligned}\right\} \tag{5-47a}$$

$$\left.\begin{aligned}&\left.\begin{aligned}\boldsymbol{V}_{pg} &= \boldsymbol{A}_g \mathrm{d}\boldsymbol{X}_{eu} & & - \boldsymbol{l}_{pg}\\ \boldsymbol{V}_{pc} &= & \boldsymbol{B}_c \mathrm{d}\boldsymbol{X}_{tie} & - \boldsymbol{l}_{pc}\\ \boldsymbol{V}_p &= \boldsymbol{A}_u \mathrm{d}\boldsymbol{X}_{eu} & + \boldsymbol{B}_u \mathrm{d}\boldsymbol{X}_{tie} & - \boldsymbol{l}_p\end{aligned}\right\}\boldsymbol{P}_p\\ &\boldsymbol{V}_{eu} = \boldsymbol{I}_u \mathrm{d}\boldsymbol{X}_{eu} \qquad\qquad\qquad \boldsymbol{P}_{eu}\end{aligned}\right\} \tag{5-47b}$$

其解法不再赘述。

需要指出的是，由于该平差函数模型约束信息较多，应用该方法时，需要事先将控制点坐标框架与影像外方位元素框架严格统一起来，尽量消除框架不一致引起的系统误差。

5.4.4 无控制点的平差函数模型

当前，摄影测量的一个重要研究方向就是尽量减少控制点，以减轻外业工作强度，GPS 及 POS 的出现为实现这一目标带来了希望，主要原因是 GPS 及 POS 本身就包含绝对的坐标基准信息（位置、方位及尺度），如果靠摄影测量观测网本身的网形加以约束，有望实现无控制条件下高精度空中三角测量。袁修孝在控制点布设困难地区（在山区、高山区、人员难以到达地区）的航空摄影空中三角测量中尝试通过构架航线，增强区域网强度，利用无控制点 GPS 辅助空中三角测量方法实现了 1∶25 000～1∶100 000 比例尺测图目的[53]。

车载街景影像曝光时间短，影像重叠度高，影像间高度重叠信息可作为城区无控制条件下空中三角测量的重要解决途径。如果平差模型中没有虚拟观测值，则平差误差方程为

$$\boldsymbol{V}_p = \boldsymbol{A}\mathrm{d}\boldsymbol{X}_{eop} + \boldsymbol{B}\mathrm{d}\boldsymbol{X}_{tie} - \boldsymbol{l}_p, \boldsymbol{P}_p \tag{5-48a}$$

式中 $\boldsymbol{A}$ ——外方位元素系数矩阵；

$\boldsymbol{B}$ ——加密点系数矩阵；

$\boldsymbol{l}_p$ ——常数向量。

该模型在计算机视觉从运动到结构（SfM）问题中得到了广泛研究及应用，不难看出，SfM 优化方程是摄影测量空三误差方程的一个最简单的情况，因此，在衡量最终结果精度的时候，常常以理论精度（像素中误差）评价。

类似地，如果将外方位元素（计算机视觉中称外参数）作为虚拟观测值，则平差误差方程为

$$\left.\begin{array}{ll} \boldsymbol{V}_p = \boldsymbol{A}\,\mathrm{d}\boldsymbol{X}_{eop} + \boldsymbol{B}\,\mathrm{d}\boldsymbol{X}_{tie} - \boldsymbol{l}_p & \boldsymbol{P}_p \\ \boldsymbol{V}_{eop} = \boldsymbol{I}_e\,\mathrm{d}\boldsymbol{X}_{eop} & ,\ \boldsymbol{P}_{eop} \end{array}\right\} \tag{5-48b}$$

式中 $\boldsymbol{I}_e$ ——外方位元素虚拟观测方程系数单位矩阵；

$\boldsymbol{P}_{eop}$ ——外方位元素先验权矩阵。

5.5 平差系统的随机模型

5.5.1 立面倾斜摄影像点坐标的误差特性

第 3 章中已提及，由于车载移动测量立面倾斜摄影方式及物方点尺度分布的较大差异，目标点的影像分辨率是不同的，或者说摄影比例（比例尺的分母）不同，摄影比例越大（摄影比例尺越小），影像分辨率越低。如图 5-3 中 1 点至 n 点的影像分辨率相差是很明显的。

为定量分析倾斜影像中的摄影比例变化特征，假设建筑立面呈直线分布，可设定建筑立面的走向为投影面（图中粗线所示），α 为相机的倾斜角，β 为镜头的视场角，目标点 m 的倾斜角为 α_m，相机至投影面的垂直距离为 H，那么目标点 m 的摄影比例为

$$M_m = \frac{H\cos(\alpha_m - \alpha)}{f\cos\alpha_m} \tag{5-49}$$

最大、最小及平均摄影比例分别为

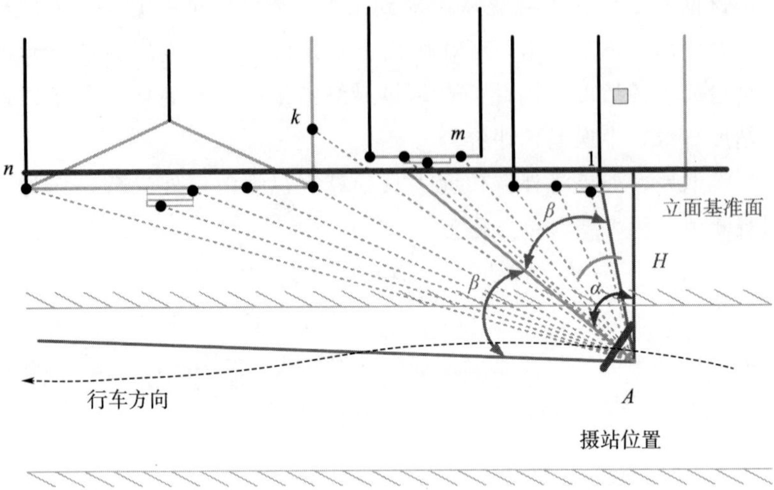

图 5-3　建筑立面倾斜摄影示意图（见彩插）

$$\left.\begin{aligned} M_{\max} &= \frac{H\cos\beta}{f\cos(\alpha+\beta)} \\ M_{\min} &= \frac{H\cos\beta}{f\cos(\alpha-\beta)} \\ M_{\text{avg}} &= \frac{H}{f\cos\alpha} \end{aligned}\right\} \tag{5-50}$$

如图所示，1 点的摄影比例较小（比例尺较大），影像分辨率则较大，而 n 点最小，绿实线处的影像分辨率适中。同样，目标点 m 至相机距离为

$$D_m = H\tan\alpha_m \tag{5-51}$$

当 $x<0$ 时，$\alpha_m=\alpha+\arctan\dfrac{-x_m}{f}$；$x>0$ 时，$\alpha_m=\alpha-\arctan\dfrac{x_m}{f}$，各变量几何关系可由图 5-4 获得。

实质上，目标点的倾斜角可统一表达为

$$\alpha_m=\alpha-\arctan\frac{x_m}{f} \tag{5-52}$$

影像前、后景到相机的最大、最小及平均距离为

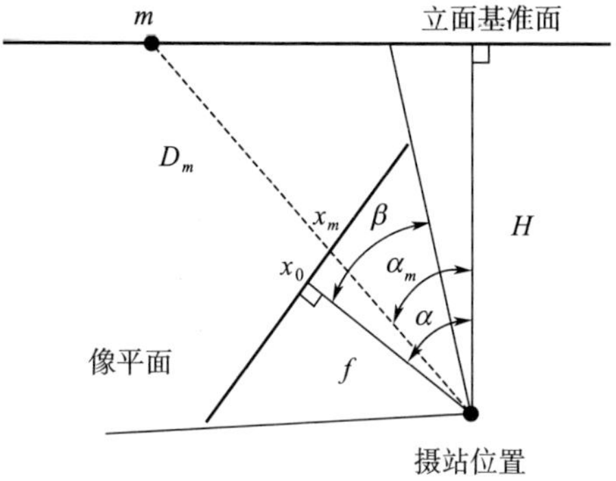

图 5-4　各变量几何关系

$$\left.\begin{array}{l} D_{\max} = H\tan(\alpha + \beta) \\ D_{\min} = H\tan(\alpha - \beta) \\ D_{\mathrm{avg}} = D_{\max} - D_{\min} \end{array}\right\} \tag{5-53}$$

影像左侧边缘至右侧边缘影像分辨率呈线性变化，摄取的影像具有透视收缩效果，如图 5-5 所示，外框为影像幅面尺寸，虚线与两侧形成梯形边框为建筑立面倾斜影像，而竖线间隔代表着影像的分辨率变换。

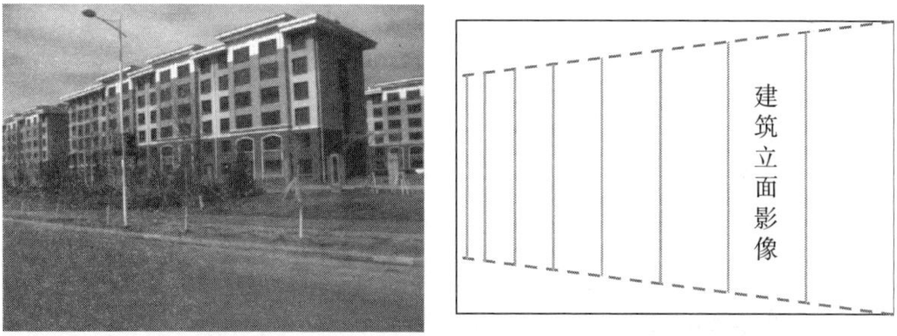

图 5-5　建筑立面倾斜影像分辨率变化（影像与示意图）

此外，目标尺度的变化（存在前景和后景）及建筑立面分布的多样性也会在影像分辨率上有所体现，如图 5-3 中 k 点偏离由其他立面点构成的平面较大（示意图中不明显），与其他像点处的影像分辨率也不同。因此，影像中像点坐标精度不尽相同，这为平差解算中权重的确定带来了一定麻烦，但也为像点观测值权矩阵的确定提供了思路，为方便，平差处理时可按照影像的分辨率定权，即摄影比例尺越大，权重越大，即

$$p_m \propto \frac{1}{M_m} \Rightarrow p_m = \frac{\cos\alpha_m}{\cos(\alpha_m - \alpha)} = \frac{\cos\left(\alpha - \arctan\dfrac{x_m}{f}\right)}{\cos\left(\arctan\dfrac{x_m}{f}\right)} \tag{5-54}$$

5.5.2 先验权的确定

在5.4节中，讨论了有（无）外方位元素虚拟观测值情况下的平差函数模型，根据误差理论，在没有虚拟观测值的情况下，摄影测量观测值为像点坐标，权矩阵可根据一定的方法给出，如5.4.1节的方法。但是，如果在平差模型中增加了虚拟观测值，那么在平差过程中需要考虑不同类别观测值对平差结果的影响，也就是要确定多类观测值的权。

在误差理论中，根据权的定义

$$p_i = \frac{\sigma_0^2}{\sigma_i^2} \tag{5-55}$$

式中 σ_0——任意常数；

σ_i——观测值中误差。

由此，可以将像点量测中误差设定为已知常数，即 $\sigma_0 = \sigma_p$ 或 $p_p = 1$，外方位元素权重则可根据其标称精度确定。袁修孝在航空摄影测量POS辅助空三中根据使用的设备情况（Kodak 2444，Ashtech与Trimble 5700、POS AV 510）分别对像点、摄站坐标及IMU姿态角的量测精度给以1.0、10^{-2}和10^5量级的初始权重，从赋予的初始权重可以看出IMU姿态角精度是比较高的[56]。

5.5.3 基于 MINQUE 的观测值方差

在经典平差理论中，平差前随机模型 $\boldsymbol{D}(\Delta)$ 已知，称为验前方差（先验权），继而确定权矩阵，然而这种方法不能精确给定 $\boldsymbol{D}(\Delta)$，也就是验前方差不能精确反映观测值的精度水平，势必影响最终的平差结果。另外，如果有控制点及控制片等虚拟观测值信息参与平差，平差系统涉及多类观测值，为此，需要先对各类观测值定初权，进行预平差，对预平差后的改正数信息，依据一定的原则对各类观测值的验前方差做出估计，实现精确定权的目的，经典的验后方差估计方法主要有 Helmert 估计法、最小范数二次无偏估计法（MINQUE）及最优不变二次无偏估计（BIQUE）等，本书采用 MINQUE 方法确定各类观测值的权，详细原理参见参考文献[135]，本书只给出基本流程。

（1）观测值分类

按照间接平差的数学模型

$$\underset{n\times 1}{\boldsymbol{L}}=\underset{n\times t}{\boldsymbol{B}}\,\underset{t\times 1}{\boldsymbol{X}}+\underset{n\times 1}{\boldsymbol{\Delta}} \tag{5-56}$$

在应用 MINQUE 处理有多类观测值的平差问题时，首先按观测值类别将误差方程分成不同的类别

$$\underset{n\times 1}{\boldsymbol{\Delta}}=\underset{n\times n_1}{\boldsymbol{H}_1}\,\underset{n_1\times 1}{\boldsymbol{\xi}_1}+\underset{n\times n_2}{\boldsymbol{H}_2}\,\underset{n_2\times 1}{\boldsymbol{\xi}_2}+\cdots+\underset{n\times n_m}{\boldsymbol{H}_m}\,\underset{n_m\times 1}{\boldsymbol{\xi}_m} \tag{5-57}$$

那么，观测值的方差

$$\boldsymbol{D}(\boldsymbol{L})=\boldsymbol{D}(\boldsymbol{\Delta})=\sum_{i=1}^{m}\boldsymbol{H}_i\boldsymbol{D}(\boldsymbol{\xi}_i)\boldsymbol{H}_i^{\mathrm{T}}=\sum_{i=1}^{m}\sigma_{0_i}\boldsymbol{H}_i\boldsymbol{H}_i^{\mathrm{T}}=\sum_{i=1}^{m}\sigma_{0_i}\boldsymbol{T}_i \tag{5-58}$$

其中

$$\underset{m\times 1}{\boldsymbol{\theta}}=\left[\sigma_{0_1}^2\quad \sigma_{0_2}^2\quad \cdots\quad \sigma_{0_m}^2\right]^{\mathrm{T}}=\left[\theta_1\cdots\theta_m\right]^{\mathrm{T}}$$

（2）求满足最优性质下的方差分量估值 $\hat{\boldsymbol{\theta}}$

略去分析过程，最终方差分量最优值是要求满足二次型不变性、无偏性及最小范数条件下的估计值，及满足式（5-59）的估值 $\hat{\boldsymbol{\theta}}$

$$\boldsymbol{S}\hat{\boldsymbol{\theta}} = \boldsymbol{W}_{\theta} \tag{5-59}$$

其中

$$\underset{m,\ m}{\boldsymbol{S}} = tr(\boldsymbol{CT}_i\boldsymbol{CT}_j),\ \boldsymbol{C} = \boldsymbol{T}^{-1} - \boldsymbol{T}^{-1}\boldsymbol{B}(\boldsymbol{BT}^{-1}\boldsymbol{B})^{-1}\boldsymbol{BT}^{-1},\ \boldsymbol{T} = \sum_{i=1}^{m}\boldsymbol{T}_i$$

5.6 平差结果精度评价

在对空三平差结果进行评价时，有理论精度和实际精度两种指标。理论精度是把待定点坐标改正数视为随机变量，在最小二乘平差计算中，求出坐标改正数的方差-协方差矩阵，也可以在平差后利用像点坐标残差来衡量，即

$$m_i = m_0 \cdot \sqrt{Q_{ii}} \tag{5-60}$$

式中 Q_{ii} ——法方程系数矩阵的逆阵 Q_{xx} 中的第 i 个对角线元素；

m_0——单位权观测值中误差，按式（5-61）计算

$$m_0 = \sqrt{\frac{\boldsymbol{V}^{\mathrm{T}}\boldsymbol{PV}}{r}} \tag{5-61}$$

式中 $\boldsymbol{V}$ ——残差向量；

r ——多余观测数。

理论精度通常能够反映出平差后的误差分布规律，通过分析误差规律为控制点合理分布设计作基础，是衡量平差系统偶然误差的一种方法，有时候，在没有控制点或检查点信息时，也只能通过理论精度进行评定，如 5.3.4 节情况。另外一种就是实际精度，它是利用大量的野外实测控制点作为平差多余检查点，比较平差坐标与实测坐标，将其差值视为真误差，由真误差计算得到点位坐标精度 μ ，可用式（5-62）计算

$$
\left.\begin{aligned}
\mu_X &= \sqrt{\frac{\sum (X_{gcp} - X_{at})^2}{n_x}} \\
\mu_Y &= \sqrt{\frac{\sum (Y_{gcp} - Y_{at})^2}{n_y}} \\
\mu_z &= \sqrt{\frac{\sum (Z_{gcp} - Z_{at})^2}{n_Z}}
\end{aligned}\right\} \tag{5-62}
$$

式中　$(X_{gcp}, Y_{gcp}, Z_{gcp})$ ——检查（控制）点坐标；

(X_{at}, Y_{at}, Z_{at}) ——空三加密后的点位坐标。

该指标能够发现除偶然误差外其他误差（如系统误差）的影响，它是一种比较客观的方法，因此在有多余控制点的情况下，通常选用一部分控制点作为检查点衡量平差结果的真实质量，在摄影测量空三加密任务中，一般选用实际精度来评价空三平差质量。

5.7　本章小结

本章系统研究了轴角描述的区域网平差新方法。详细推导了轴角描述的共线条件方程线性化形式，分析了平差模型的特点。在此基础上，根据车载街景序列影像空中三角测量数据特点，着重建立了多种条件下的平差函数模型，建立了按影像分辨率定权的新方法。

本章全面研究了基于轴角描述的光束法平差理论模型，实际上，轴角表达的姿态模型不仅仅在平差模型处理中有广泛应用，诸如在影像后方交会、坐标转换等方面有重要的应用，事实上，从数学模型描述上，影像后方交会仅为平差模型的一部分，将平差模型稍加变化就可以获得，请读者自行完成。

第 6 章　光束法平差方程快速解算

在对自然科学与社会科学中的许多实际问题进行数值模拟时，稀疏线性方程组求解是一项关键技术。例如，从结构设计、油气资源勘探开发、数值天气预报、数值风洞、恒星大气分析与核爆模拟等传统科学和工程计算领域，到如今汽车碰撞、航空航天、虚拟与现实设计、药物筛选、基因研究等新兴领域，稀疏线性方程组扮演着十分重要的角色[136]。而在摄影测量与遥感领域，空中三角测量最终要针对构建的平差模型法方程解算同样涉及高度稀疏状的线性方程组解算问题。

6.1　数据组织

在进行区域网平差之前，需要准备好相应的数据，主要包括控制点坐标及像控点坐标、加密点初值及像点坐标和影像的外方位元素。为了清楚地表达像点与物点之间的对应关系及在程序实现时进行更好的检索，在进行设计数据结构时，将物点（控制点与加密点）与像点（像控点与匹配同名点）放在一个数据文件中，按行表达物像对应的同名点，文件首先存放控制点与像控点，然后再存放加密点及匹配同名点。即物方点 ID 就是数据的行号，每个点的重叠度一目了然。

X_{c1} Y_{c1} Z_{c1}	nframes _ 1	frame _ 1	x_{c1}	y_{c1}	frame _ 2	x_{c2}	y_{c2} …
X_{c2} Y_{c2} Z_{c2}	nframes _ 2	frame _ 2	x_{c2}	y_{c2}	frame _ 3	x_{c3}	y_{c3} …
…							
X_{cn} Y_{cn} Z_{cn}	nframes _ n	frame _ n1	x_{cn1}	y_{cn1}	frame _ n2	x_{cn2}	y_{cn2} …

$X_1\ Y_1\ Z_1$	nframes_1	frame1 x_1	y_1	frame2	x_2		$y_2\cdots$
$X_2\ Y_2\ Z_2$	nframes_2	frame1 x_2	y_2	frame3	x_3		$y_3\cdots$
…							
$X_n\ Y_n\ Z_n$	nframes_n	frame_n1	x_{n1}	y_{n1}	frame_n2	$x_{n2}\ y_{n2}\cdots$	

对于外方位元素的比较规则，可直接存放一文本文件中。

6.2　大型对称稀疏方程组解算方法

6.2.1　法方程系数矩阵结构

众所周知，光束法平差法方程系数矩阵元素是稀疏分布的，经分析，这主要与区域网中影像间的重叠度、测区加密点数量有较大关系。图 6-1 所示分别为由 3 张影像 9 个 3 度重叠点和 54 张影像 5 207 个不规则重叠度像点构成的区域网法方程系数矩阵元素分布，从图像上看，法方程系数矩阵元素分布看似不够相似，但实质上图 6-1（a）只是图 6-1（b）左上角很小的一部分，可以看出，随着物方点数的增加，该系数矩阵是高度稀疏状的，矩阵左边、上边非零元素是由影像外方位元素与加密点坐标法化所得，而对角线非零元素分别是由外方位元素及加密点坐标法自身法化所得。

6.2.2　稀疏矩阵存储方法

一般来说，稀疏方程解算效率与矩阵元素存储结构及排序方式有较大关系。目前大型数值计算软件（如 MATLAB）的稀疏矩阵是通过坐标存储的，具体实现过程不详；而元素排序方式主要有近似最小度（AMD）、列近似最小度（COLAMD）等方法，具体内容可参见相关数值方法著作。

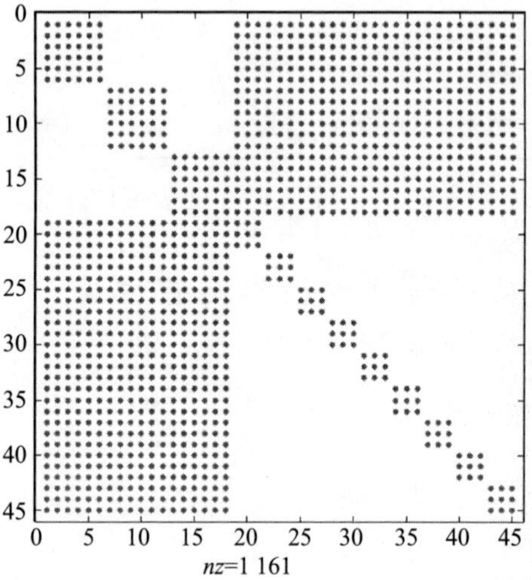

(a) 3张影像规则重叠度情况

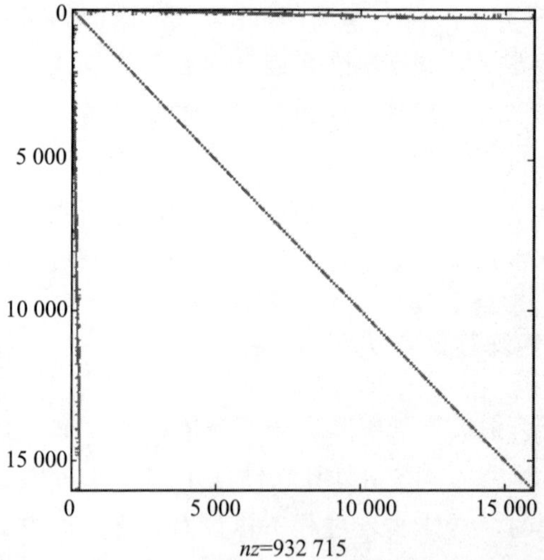

(b) 54张影像不规则重叠度情况

图 6-1 法方程系数矩阵元素分布

6.2.3　对称稀疏方程组解算

线性方程组的求解方法可分为直接法和迭代法，直接法是将线性方程组的系数矩阵转化为三角线性方程组的一种求解方法，如 Gauss 消去法、LU 分解法或对称矩阵的 Cholesky 分解法等，Gauss 消去法及 LU 分解法简单易行，但数值稳定性差且需要满足一定的条件，如 Gauss 消去法需满足顺序主子式不为零，而 Cholesky 对于对称矩阵分解效率为 Gauss 消去法的一半，成为小型稠密对称方程组最佳解法之一[137]。

而构建大型区域网空中三角测量的法方程系数矩阵非常大（大于 10^4 级），再利用矩阵分解解算时，由于引入了填入元，不能保持稀疏矩阵的稀疏性，存储量和计算量会显著增大，故利用直接法求解是不合适的，因此，寻求能够保持稀疏性的有效解法就成为数值代数中的一个重要课题。这时候往往采用分块或者迭代方法来提高解算效率，如广义测量平差中的静态逐次静态滤波及基于投影方法的共轭梯度解法等，下面分别介绍几种迭代解算方法。

6.3　大型区域网平差的静态逐次滤波模型

当观测值个数 n 很大时，为了解决高阶矩阵求逆的困难和计算机容量不足的问题，可以将观测向量分成若干部分，逐次进行计算，该方法称为“逐次静态滤波”，该方法也应用广义最小二乘原理讨论。

6.3.1　白噪声下静态逐次滤波

设将观测值向量 $\boldsymbol{L}$ 分成 v 部分，观测方程为

$$\left.\begin{aligned}\boldsymbol{L}_1 &= \boldsymbol{B}_1\boldsymbol{X} + \boldsymbol{\Delta}_1 \\ \boldsymbol{L}_2 &= \boldsymbol{B}_2\boldsymbol{X} + \boldsymbol{\Delta}_2 \\ &\cdots \\ \boldsymbol{L}_v &= \boldsymbol{B}_v\boldsymbol{X} + \boldsymbol{\Delta}_v\end{aligned}\right\} \tag{6-1}$$

其随机模型如下：

信号 $\boldsymbol{X}$ 的先验期望和先验方差阵

$$\boldsymbol{E}(\boldsymbol{X}) = \hat{\boldsymbol{X}}_0 - \boldsymbol{L}, \boldsymbol{D}(\boldsymbol{X}) = \boldsymbol{D}_0$$

$\boldsymbol{\Delta}_i$ 的数学期望和方差阵

$$\boldsymbol{E}(\boldsymbol{\Delta}_i) = 0, \boldsymbol{D}(\boldsymbol{\Delta}_i) = \boldsymbol{D}_{\boldsymbol{\Delta}_i} (i = 1, 2, \cdots, v)$$

假定，信号 $\boldsymbol{X}$ 为白噪声信号，信号 $\boldsymbol{X}$ 关于 $\boldsymbol{\Delta}_i$ 的协方差为 $\boldsymbol{0}$，即

$$\mathrm{Cov}(\boldsymbol{X}, \boldsymbol{\Delta}_i) = \boldsymbol{0}, \mathrm{Cov}(\boldsymbol{\Delta}_i, \boldsymbol{\Delta}_j) = \boldsymbol{D}_{\boldsymbol{\Delta}_i}\delta_{ij}$$

式中，δ_{ij} 为克罗内克符号。当 $i = j$ 时，$\delta_{ij} = 1$；当 $i \neq j$ 时，$\delta_{ij} = 0$。

根据广义最小二乘原理，对上述模型进行滤波，可以将信号 $\boldsymbol{X}$ 的先验期望 $\hat{\boldsymbol{X}}$ 看作虚拟观测值，其方差为 $\boldsymbol{D}_{\boldsymbol{X}_0}$，而将 $\boldsymbol{X}$ 看成非随机量，按照间接平差法进行，因此滤波的误差方程为

$$\left.\begin{aligned}\boldsymbol{V}_{\boldsymbol{X}_0} &= \hat{\boldsymbol{X}} - \hat{\boldsymbol{X}}_0 \\ \boldsymbol{V}_1 &= \boldsymbol{B}_1\hat{\boldsymbol{X}} - \boldsymbol{L}_1 \\ \boldsymbol{V}_2 &= \boldsymbol{B}_2\hat{\boldsymbol{X}} - \boldsymbol{L}_2 \\ &\cdots \\ \boldsymbol{V}_v &= \boldsymbol{B}_v\hat{\boldsymbol{X}} - \boldsymbol{L}_v\end{aligned}\right\} \tag{6-2}$$

不难看出，对式（6－1）进行静态逐次滤波，相当于对式（6－2）进行逐次间接平差，即首先由式（6－2）的第一、二式进行第一次平差，求得 $\hat{\boldsymbol{X}}_1$ 及误差方差 $\boldsymbol{D}_1$；然后再逐次进行第 2 次、第 3 次……第 v 次平差，求得各次估值和它们的误差方差。

6.3.2　白噪声下的逐次滤波

对式（6－2）进行静态逐次滤波时，第一次得到的 $\hat{\boldsymbol{X}}_1$ 及误差方

差 $\boldsymbol{D}_1$ 为

$$\left.\begin{aligned}\hat{\boldsymbol{X}}_1 &= (\boldsymbol{B}_1^{\mathrm{T}}\boldsymbol{D}_{\boldsymbol{\Delta}_1}^{-1}\boldsymbol{B}_1 + \boldsymbol{D}_0^{-1})^{-1}(\boldsymbol{B}_1^{\mathrm{T}}\boldsymbol{D}_{\boldsymbol{\Delta}_1}^{-1}\boldsymbol{L}_1 + \boldsymbol{D}_0^{-1}\hat{\boldsymbol{X}}_0)\\ \boldsymbol{D}_1 &= (\boldsymbol{B}_1^{\mathrm{T}}\boldsymbol{D}_{\boldsymbol{\Delta}_1}^{-1}\boldsymbol{B}_1 + \boldsymbol{D}_0^{-1})^{-1}\end{aligned}\right\} \tag{6-3a}$$

应用矩阵反演公式，式（6 - 3a）还可以表示为

$$\left.\begin{aligned}\hat{\boldsymbol{X}}_1 &= \hat{\boldsymbol{X}}_0 + \boldsymbol{D}_0\boldsymbol{B}_1^{\mathrm{T}}(\boldsymbol{B}_1\boldsymbol{D}_0\boldsymbol{B}_1^{\mathrm{T}} + \boldsymbol{D}_{\boldsymbol{\Delta}_1})^{-1}(\boldsymbol{L}_1 - \boldsymbol{B}_1\hat{\boldsymbol{X}}_0)\\ \boldsymbol{D}_1 &= \boldsymbol{D}_0 - \boldsymbol{D}_0\boldsymbol{B}_1^{\mathrm{T}}(\boldsymbol{B}_1\boldsymbol{D}_0\boldsymbol{B}_1^{\mathrm{T}} + \boldsymbol{D}_{\boldsymbol{\Delta}_1})^{-1}\end{aligned}\right\} \tag{6-3b}$$

在第 $k-1$ 次平差求得 $\hat{\boldsymbol{X}}_{k-1}$ 及误差方差 $\boldsymbol{D}_{k-1}$ 之后，第 k 次平差可得

$$\left.\begin{aligned}\hat{\boldsymbol{X}}_k &= (\boldsymbol{B}_k^{\mathrm{T}}\boldsymbol{D}_{\boldsymbol{\Delta}_k}^{-1}\boldsymbol{B}_k + \boldsymbol{D}_{k-1}^{-1})^{-1}(\boldsymbol{B}_k^{\mathrm{T}}\boldsymbol{D}_{\boldsymbol{\Delta}_k}^{-1}\boldsymbol{L}_k + \boldsymbol{D}_{k-1}^{-1}\hat{\boldsymbol{X}}_{k-1})\\ \boldsymbol{D}_k &= (\boldsymbol{B}_k^{\mathrm{T}}\boldsymbol{D}_{\boldsymbol{\Delta}_k}^{-1}\boldsymbol{B}_k + \boldsymbol{D}_{k-1}^{-1})^{-1}\end{aligned}\right\} \tag{6-4a}$$

同样可以得到

$$\left.\begin{aligned}\hat{\boldsymbol{X}}_k &= \hat{\boldsymbol{X}}_{k-1} + \boldsymbol{D}_{k-1}\boldsymbol{B}_k^{\mathrm{T}}(\boldsymbol{B}_k\boldsymbol{D}_{k-1}\boldsymbol{B}_k^{\mathrm{T}} + \boldsymbol{D}_{\boldsymbol{\Delta}_k})^{-1}(\boldsymbol{L}_k - \boldsymbol{B}_k\hat{\boldsymbol{X}}_{k-1})\\ \boldsymbol{D}_k &= \boldsymbol{D}_{k-1} - \boldsymbol{D}_{k-1}\boldsymbol{B}_k^{\mathrm{T}}(\boldsymbol{B}_k\boldsymbol{D}_{k-1}\boldsymbol{B}_k^{\mathrm{T}} + \boldsymbol{D}_{\boldsymbol{\Delta}_k})^{-1}\boldsymbol{B}_k\boldsymbol{D}_{k-1}\end{aligned}\right\} \tag{6-4b}$$

静态逐次滤波是将参数视为观测值，并且在已知参数先验方差的驱动下实现参数估计的，因此，该解算方法首先需确定参数的先验方差信息。然而，对于车载移动测量的物方点，往往通过 POS 数据前方交会得到，也就是说，对于空三系统中的参数，其方差由像点方差（提取精度）和 POS 方差（GPS 及惯导设备精度）决定，并且与上述数据是统计相关的。进一步讲，就是 POS 数据可以作为观测值，而物方点是估计量非观测值，进而在应用该方法解算时首先要确定物方点方差，因此该模型对于有先验精度信息的物方点来说是适用的。

6.4 基于PCGLS算法的街景影像区域网平差稀疏解算方法

目前，对光束法平差技术的研究主要集中在两个方面：1）如何提高大规模平差速度。例如，Lourakis等在稀疏光束法平差（Sparse Bundle Adjustment，SBA[94]）中使用稀疏存储与矩阵分解技术来求解法方程，降低了计算机对矩阵的存储与求解负担；Cornou等提出了减少优化的未知数个数[138]；Bartoli提出将非线性转化为准线性求解以简化求解模型[139]，这些方法基于计算机视觉，准确地说不属于严格解算模型，解算精度不高；冯其强等则提出了对三维点逐点解算、对摄像机逐个解算的点松弛法快速计算方法[140]，避免了组建整体误差方程和大型矩阵运算，明显提高了计算速度，但这种分块求解对物方点噪声、摄像机外方位元素噪声和像方点噪声的鲁棒性不强。2）如何提高解算质量。如在针对系数矩阵近病态问题的处理方面，对测量领域岭估计（计算机视觉领域一般采用L-M）方法进行改进，但这种方法的解算结果是有偏估计，破坏了解的统计特性。Olsson和Kahl等通过边界约束非凸二次规划方法[141,142]，使光束法平差能够全局收敛；但这些方法没有一般性，在求解过程中依然存在解算效率低的问题。在实际处理中，广泛应用的仍是经典的光束法平差，即逐次分块约化法求解[143]。由于在近景摄影测量，摄影方式灵活多变，导致构成的法方程系数矩阵不具有规则带状结构，另外，车载近景影像重叠度较高导致法方程带宽较大，因此难以沿用经典平差方法求解。方程组超线性迭代解算技术仍然作为一种有效方法被广泛研究应用。

针对上述情况，本书采用预处理共轭梯度（Preconditioned Conjugate Gradient，PCG）稀疏解法解决大规模区域网平差的快速、高质量解算问题。首先根据法方程系数矩阵的特点进行预处理，再利用共轭梯度法整体稀疏解算。试验结果证明，该算法不仅可以改善因法方程系数矩阵病态导致的解算不稳定问题，而且可以保证解算的精度及效率。

6.4.1　共轭梯度法及收敛性

（1）共轭梯度法

共轭梯度法（Conjugate Gradient，CG）是 Hesteness 和 Stiefel 于 1952 年为求解线性方程组而提出的，后来由 Fletcher－Reeves（简称 F－R 法）进一步研究完善，后来，人们用这种方法求解无约束最优化问题，使之成为一种重要的最优化方法。它是在每一迭代步利用当前处的最速下降方向来生成凸二次函数 f 的 Hessian 矩阵 $\boldsymbol{G}$（相当于函数 f 的二阶导数）的共轭方向，并建立求 f 在 $\boldsymbol{R}^n$ 上的极小点的方法，具有超线性收敛。由于该方法既能在一定程度上克服最速下降法迭代路径呈锯齿状的现象，又避免了用牛顿法求解 Hessian 矩阵的困难，从而减小了计算量和存储量，明显提高了运算效率及稳定性。

（2）共轭梯度法收敛性

设 $x^{(m)}$ 是 CG 法第 m 步产生的线性方程组的近似解，x 是精确解。如果 $\boldsymbol{A} \in \boldsymbol{R}^n$ 是对称正定矩阵，定义 $\eta = \dfrac{\lambda_{\min}}{\lambda_{\max} - \lambda_{\min}}$，其中 $\lambda_{\min}$ 与 $\lambda_{\max}$ 分别为 $\boldsymbol{A}$ 的最小和最大特征值，则有 $\|\boldsymbol{x} - \boldsymbol{x}^{(m)}\|_{\boldsymbol{A}} \leqslant \|\boldsymbol{x} - \boldsymbol{x}^{(0)}\|_{\boldsymbol{A}} / C_m(1 + 2\eta)$，其中 C_m 表示次数为 m 的 Chebyshev 多项式。

由该定义可知，CG 法的收敛速度与系数矩阵特征值尺度差异有关，对于 n 阶矩阵 $\boldsymbol{A}$，在条件最坏的情况下，理论上 CG 法也可以在 n 步之内得到精确解。如果矩阵 $\boldsymbol{A}$ 的特征值分辨率差异不大，那么 CG 法可以快速稳定收敛，并且可以一定程度上提高解的质量，因此，预处理技术（预条件技术）对于 CG 法加速及改善解的质量都很重要。

6.4.2 预处理矩阵选择

近景影像区域网光束法平差法方程系数矩阵 $\boldsymbol{N}$ 为大型稀疏矩阵，并且条件数 $\kappa(\boldsymbol{N})$ 非常大，即矩阵特征值尺度差异较大，直接利用 CG 法致使解算效率低下，因此需要构造预处理矩阵 $\boldsymbol{P}$ 以减小原矩阵 $\boldsymbol{N}$ 的条件数，改善特征值差异性，使其具有很好的数值特性，从而达到提高解算稳定性的目的，这一方法是由 Meijerink 和 Van der Vorst 在 20 世纪 70 年代末提出的。对于光束法平差的法方程

$$\boldsymbol{N}\boldsymbol{x} = \boldsymbol{W} \tag{6-5}$$

选择对称正定矩阵 $\boldsymbol{P}$ 得到等价方程

$$\boldsymbol{P}^{-1}\boldsymbol{N}\boldsymbol{x} = \boldsymbol{P}^{-1}\boldsymbol{W} \tag{6-6}$$

若令

$\boldsymbol{N}_0 = \boldsymbol{P}^{1/2}\boldsymbol{N}\boldsymbol{P}^{-1/2}$，$\boldsymbol{W}_0 = \boldsymbol{P}^{1/2}\boldsymbol{W}$，$\boldsymbol{y} = \boldsymbol{P}^{1/2}\boldsymbol{x}$，则方程

$$\boldsymbol{N}_0\boldsymbol{y} = \boldsymbol{W}_0 \tag{6-7}$$

与方程（6-5）等价。

构造的预处理矩阵 $\boldsymbol{P}$ 应满足 4 项要求：1）对称正定；2）与 $\boldsymbol{N}$ 的稀疏性相近；3）易于求解；4）$\boldsymbol{P}^{-1}\boldsymbol{N}$ 的特征值分布比较集中，使 $\kappa(\boldsymbol{P}^{-1}\boldsymbol{N})$ 较小。在计算数学中，广泛采用矩阵的不完全 Cholesky 分解、不完全 LU 分解等作为预处理矩阵[136]，但如果矩阵规模较大，这些方法反而会增大运算负担。因为光束法平差法方程的系数矩阵 $\boldsymbol{N}$ 是主对角线元素占优的，基本满足以上 3 点要求，因此，本书选择由 $\boldsymbol{N}$ 对角元素平方根构成的矩阵作为预处理矩阵，即

$$\boldsymbol{P} = [\mathrm{diag}(\boldsymbol{N})]^{1/2} \tag{6-8}$$

形成了针对光束法平差法方程解算的预处理共轭梯度（PCG）解法，将 PCG 方法用于最小二乘（Least Squares，LS）便得到基于预处理共轭梯度解法的最小二乘解法，即 PCGLS 算法。

6.4.3 预处理共轭梯度算法实现

预处理共轭梯度算法首先计算了初始残差向量 $\boldsymbol{r}_0 = \boldsymbol{N}\boldsymbol{x}_0 - \boldsymbol{W}$，

再由 $\boldsymbol{P}\boldsymbol{y}_0=\boldsymbol{r}_0$ 计算初始下降方向 $\boldsymbol{p}_0=-\boldsymbol{y}_0$，当残差向量 $\boldsymbol{r}_0\neq\boldsymbol{0}$ 时进入迭代环节，否则结束解算。

在迭代过程中，根据残差向量 $\boldsymbol{r}_k$ 构造解的下降方向 $\boldsymbol{p}_k$，按照算法原理，在 PCG 算法迭代中构造的残差向量 $\boldsymbol{r}_0$，$\boldsymbol{r}_1$，…，$\boldsymbol{r}_m$ 是相互正交的，搜寻方向向量 $\boldsymbol{p}_0$，$\boldsymbol{p}_1$，…，$\boldsymbol{p}_m$ 是互相共轭的，即 $\boldsymbol{p}_i^{\mathrm{T}}\boldsymbol{N}\boldsymbol{p}_j=0$，它们分别是 Krylov 子空间 * $\kappa(\boldsymbol{N},\ \boldsymbol{r}_0,\ m+1)$ 的一组正交基和一组共轭正交基，因此最多迭代 $m=n-1$ 步，就必有 $\boldsymbol{r}_m=\boldsymbol{0}$。图 6－2 给出了整个算法的实现过程伪代码。

初始解及预处理矩阵：$\boldsymbol{x}_0$，$\boldsymbol{P}\leftarrow[\mathrm{diag}(\boldsymbol{N})]^{1/2}$；

初始残差：$\boldsymbol{r}_0\leftarrow(\boldsymbol{N}\boldsymbol{x}_0-\boldsymbol{W})$；

解算：$\boldsymbol{P}\boldsymbol{y}_0=\boldsymbol{r}_0$，得到 $\boldsymbol{y}_0$；

初始下降方向：$\boldsymbol{p}_0=-\boldsymbol{y}_0$，迭代次数 $k\leftarrow 0$；

开始循环 $\boldsymbol{r}_k\neq 0$

$$\alpha_k\leftarrow\frac{\boldsymbol{r}_k^{\mathrm{T}}\boldsymbol{y}_k}{\boldsymbol{p}_k^{\mathrm{T}}\boldsymbol{N}\boldsymbol{p}_k},\ \boldsymbol{x}_{k+1}\leftarrow(\boldsymbol{x}_k+\alpha_k\boldsymbol{p}_k),\ \boldsymbol{r}_{k+1}\leftarrow(\boldsymbol{r}_k+\alpha_k\boldsymbol{N}\boldsymbol{p}_k);$$

解算 $\boldsymbol{N}\boldsymbol{y}_{k+1}\leftarrow\boldsymbol{r}_{k+1}$，$\beta_{k+1}\leftarrow\dfrac{\boldsymbol{r}_{k+1}^{\mathrm{T}}\boldsymbol{y}_{k+1}}{\boldsymbol{r}_k^{\mathrm{T}}\boldsymbol{y}_k}$，$\beta_{k+1}\leftarrow(-\boldsymbol{y}_{k+1}+\beta_{k+1}\boldsymbol{p}_k)$；

$k\leftarrow k+1$

结束循环

图 6－2　预处理共轭梯度最小二乘迭代算法（PCGLS）

6.5　区域网平差解算试验

6.5.1　DCBA3 程序

为验证文中提出的方法，编制了一套基于 MATLAB 平台的数字近景摄影测量轴角描述光束法平差（DCBA3——Digital Close range photogrammetry Bundle Adjustment with Angle/Axis）程序[144]，可以使用经典欧拉角法和轴角法两种姿态描述形式，实现多

* 通常记 $\kappa(\boldsymbol{N},\ \boldsymbol{r}_0,\ j)=\mathrm{span}\{\boldsymbol{r}_0,\ N\boldsymbol{r}_0,\ \cdots,\ N^{j-1}\boldsymbol{r}_0\}$ 为 Krylov 子空间。

种平差模型和法方程数值求解。为了验证程序的正确性，选择由 2 个条带、6 幅框幅式影像构成的区域网做相关测试，如图 6 - 3 所示，影像比例尺为 1∶10 000，像元扫描分辨率为 20 μm，控制点分布较均匀（图 6 - 4）。

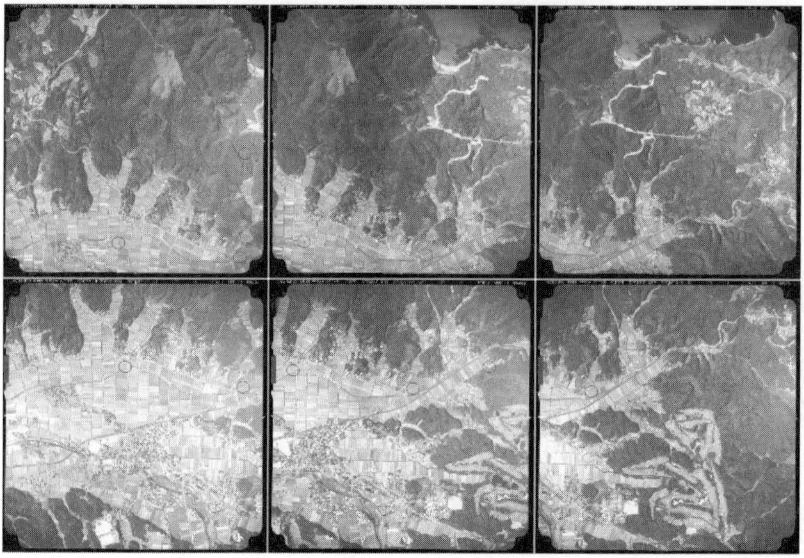

图 6 - 3　框幅式航空摄影测量区域网

试验中，首先采用商用软件 IMAGINE LPS 完成处理，包括相机参数录入、内定向（框标点采集）、内外方位元素初值给定、选择检查点及像控点（共 15 个）、自动匹配加密像点（167 个），求解及查看平差结果报告。通过选择测区四角位置的 4 个控制点，其余点（11 个点）作为检查点，平差后检查点 XY 坐标分量误差在 1.3 m（RMSE）左右，Z 坐标分量在 2.8 m 左右，像点中误差在 10 μm 左右（半个像元精度）。而利用 DCBA3 程序采用 4.3 节中的平差模型（权阵为单位阵）同样处理该数据，得到的结果检查点精度指标比 LPS 处理结果略好，检查点中误差为 1.2 m，说明 DCBA3 是正确的。

6.5.2　稀疏解算效率对比

在本节中，选用法方程大小分别为 45 阶、1 437 阶及 15 945 阶 3 种规模，在系数矩阵为满矩阵及稀疏矩阵情况下，采用 CG 解法进行测试。测试环境为：Windows 7 操作系统，4 核 Intel（R）Core（TM）i3 CPU 处理器，内存为 2G。利用 DCBA3 的解算效率对比情况见表 6－1。

表 6－1　满/稀疏矩阵解算效率比较

影像数/张	方程阶数	计算时间/s	
		满矩阵	稀疏矩阵
3	45	0.06	0.03
7	1 437	1.19	0.43
54	15 945	溢出内存无法计算	7.48

对于 54 张近景影像数据，最低 3 度重叠，最高 23 度重叠，一共5 207 个物方点，待估参数为 54×6＋5 207×3＝15 945（个），因此，法方程阶数高且为稀疏状［图 6－1（b）］。

在 15 945 个待估参数的法方程系数矩阵中（15 945×15 945），绝大多数为 0 元素，非 0 元素为 932 715 个，占整个矩阵空间的 0.37%。测试结果表明，采用稀疏矩阵解算确实比满矩阵效果明显，在矩阵规模较小的情况下，解算效率可提高一倍多。对于大规模法方程来说，采用满矩阵方法会受限于计算机配置而无法解算，而对于稀疏解算来说，是可以完成的。因此，在处理区域网平差问题时，稀疏矩阵可明显提高解算效率。

6.5.3　欧拉角与轴角法区域网平差对比

本节从解算精度及效率两方面验证欧拉角与轴角描述姿态方法的解算性能。首先用 SBA 样例中的 7 张、9 张近景影像和 10 张车载序列影像数据做测试。表 6－2 为三组测试数据。

表 6－2　测试数据

试验数据	影像数/张	物方点数	像点数	最低重叠度	最高重叠度	初始残差平方和/mm^2
数据一	7	465	1 916	3	7	1.527 55
数据二	9	559	2 422	3	9	1.127 11
数据三	10	1 875	7 857	3	10	0.476 03

从表 6－3 一次迭代解算试验结果来看，轴角法描述的区域网平差在解算效率上明显高于欧拉角描述法的，原因在于轴角法没有进行反复三角函数运算，并且自始至终都是采用矩阵运算方式，而欧拉角采用包含三角函数在内的代数解析方法。一次解算后轴角法平差后残差略大于欧拉角法的，说明其收敛速度略慢。

表 6－3　一次迭代解算欧拉角与轴角描述姿态平差试验结果

试验数据	欧拉角(Eula)		轴角(Angle/Axis)	
	计算时间/s	残差平方和/mm^2	计算时间/s	残差平方和/mm^2
数据一	0.637 141	0.329 592	0.355 499	0.371 475
数据二	0.623 066	0.333 334	0.332 608	0.353 176
数据三	4.425 745	0.219 215	1.737 607	0.365 051

表 6－4　最终迭代解算欧拉角与轴角描述姿态平差试验结果

试验数据	欧拉角(Eula)			轴角(Angle/Axis)		
	计算时间/s	迭代次数	残差平方和/mm^2	计算时间/s	迭代次数	残差平方和/mm^2
数据一	9.13	19	0.309 76	5.63	23	0.309 613
数据二	11.72	50	0.332 596	6.10	54	0.331 811
数据三	124.33	10	0.196 795	91.84	19	0.194 392

从表 6－4 中不难看出，虽然轴角法迭代次数偏多，但计算时间较短，约为欧拉角的一半，并且解算质量偏好，总体上优势不明显(像点残差中误差相当)。

6.5.4　基于轴角法 PCGLS 平差解算试验

仍采用 DCBA3 程序，分别对 6.5.2 节数据应用 CG（不采用预处理矩阵）与 PCG 方法进行测试，测试结果见表 6-5。

表 6-5　（预处理）共轭梯度稀疏解算对比

方程阶数	初始残差平方和/mm^2	平差后残差平方和/ mm^2		计算时间/s	
		CG	PCG	CG	PCG
45	33.03	3.93	3.74	0.03	0.04
1 437	1.52	1.03	0.53	0.34	0.43
15 945	15.92	2.055	1.57	7.32	7.48

初始投影残差分别为 33.03 mm^2、1.52 mm^2、15.92 mm^2。两种方法平差后残差都有所减小，说明 CG 法和 PCG 法平差结果是有效的；另外，PCG 法解算精度明显优于 CG 法，说明构造的预处理矩阵达到了改善法方程系数矩阵特征值分布的目的，提高了解算的稳定性与精确性。从处理的时间上来看，CG 法略慢于 PCG 法，但差别不明显。

6.5.5　不同控制点轴角法区域网平差对比

6.5.1 节在测试程序 DCBA3 时，已经验证过用轴角法平差方法处理航空框幅式影像数据是可行的，由于本书采用的车载序列街景数据没有控制点，因此继续采用上述航空影像数据，利用 DCBA3 程序讨论不同位置控制点对于平差结果的影响。

下面主要考察几种控制点分布（图 6-4 中圆圈所示）的组合情况对区域网平差结果的影响，解算结果列于表 6-6。

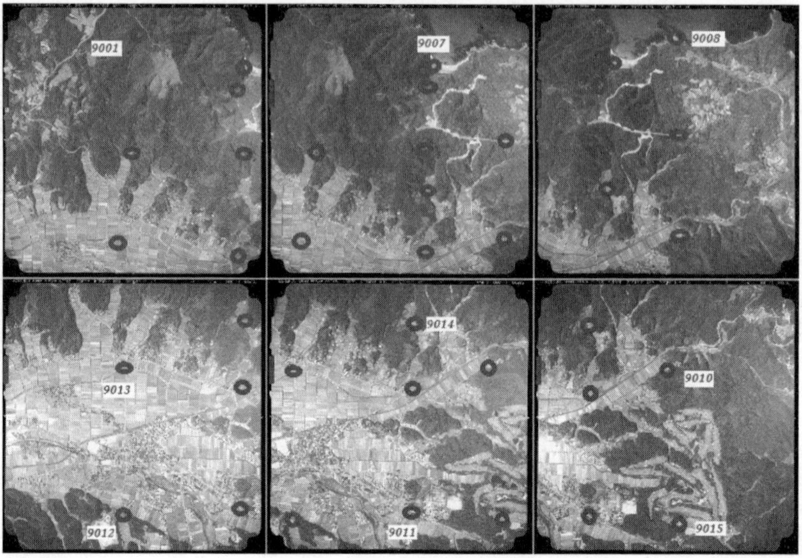

图 6-4　控制点分布

表 6-6　不同控制点位置平差试验结果（残差平方和）

控制点分布（点号 90 * *）	四角（1-8-12-15）	四角+中心点（1-8-12-15-14）	十字（7-10-11-13）	十字+中心点（7-10-11-13-14）
检查点平面 X/Y 中误差/m	1.23/1.25	1.29/1.02	0.99/1.21	1.05/1.26
检查点高程 H 中误差/m	2.87	2.5	2.74	2.86

从平差结果可以看出，由十字分布的控制点组合得到的点位平面位置最高，从概略图上可以了解到，这些控制点大致分布在较平坦的区域，平面位置精度较高，在此基础上再添加控制点，检查点精度反而变低；而对于四角+中心点这种情况也可以看出，增加了控制点，平面精度反而没有提高，但对于高程而言精度提高了，这时我们发现，四角布设的控制点大都分布在较高的山坡上，另外增加的控制点也是在山坡上，这时候增加的控制点反而会使高程精度

有所提升。由此，可以看出，控制点数并不是唯一衡量空三结果好坏的绝对指标，主要还与控制点布设的位置有关。如果关注平面位置精度，则尽量在平坦位置布设更多的控制点；相应地，如果关注高程精度，则尽量在高度明显的地方布设更多的控制点。

6.5.6　不同控制片轴角法区域网平差对比

城市区域布设控制点是比较困难的，因此本节讨论在没有控制点情况下，设置不同控制片对于平差结果的影响。试验数据均采用车载序列街景影像，影像数量分别为 10 张、50 张、100 张和 155 张，像幅为 2 028×2 448，像元大小为 3.45 μm，相机检校参数见表 6－7。为方便确定观测值向量权阵，采用无虚拟观测值情况下的平差函数模型。测试数据列于表 6－8。

表 6－7　相机检校参数

x_0/mm	y_0/mm	f/mm	k_1	k_2	k_3	p_1	p_2	p_3
−0.003 867 53	−0.018 664 27	8.518 727 3	0.001 158 87	0	0	−0.000 168 05	0	0

表 6－8　测试数据

试验数据	影像数/张	物方点数	像点数	最低重叠度	最高重叠度	初始残差平方和/ mm^2
数据一	10	1 875	7 857	3	10	0.476 03
数据二	50	7 418	28 214	3	12	1.228 27
数据三	100	17 201	69 399	3	17	1.878 38
数据四	155	25 008	97 626	3	18	2.389 09

图 6－5 为 10 张序列街景影像在无控制点、无控制片情况下，平差前后的像点残差向量统计，初始像点反投影残差中误差为 2 个像素大小，平差后像点残差中误差为子像素，可以看出平差前后的残差符合正态分布，通过平差后，小误差显著增多，达到了平差目的。

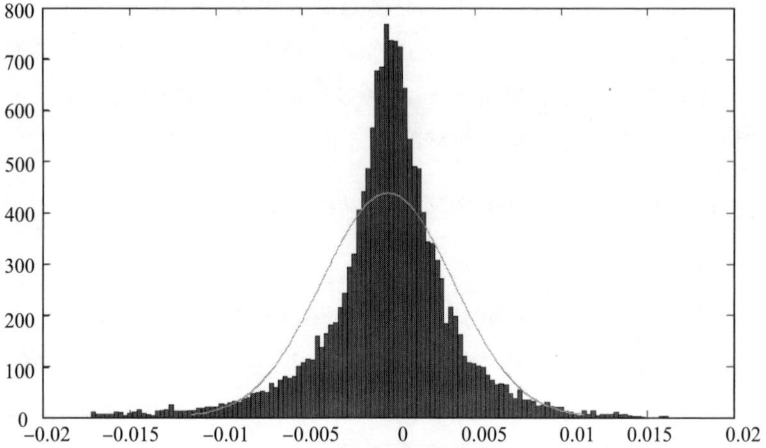

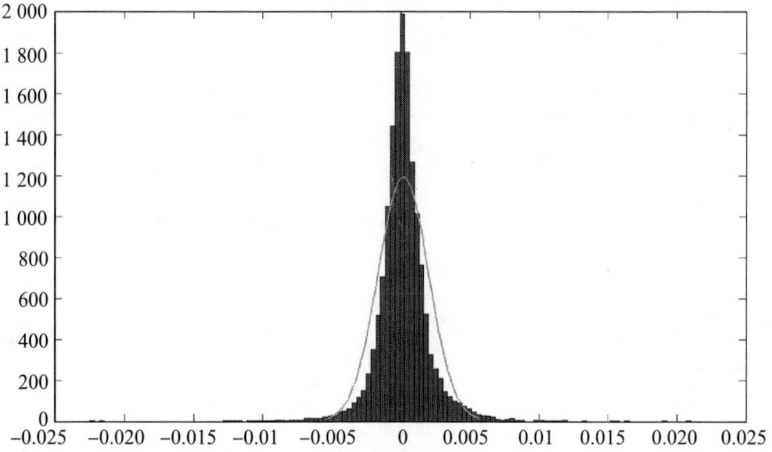

图 6－5　平差前后像点残差统计

表 6－9 为控制片在不同位置下的平差结果，由于是在无控制点条件下得到的结果，因此，只能从理论精度上评价平差结果，理论精度只反映区域网的网形结构和平差模型的误差，是采用摄影测量区域网平差所能达到的极限精度的测度，如果像点量测误差呈正态分布，其理论精度能够反映出 POS 数据的质量。本书采用残差平方和进行讨论。从表中可以看出，不同控制片对结果基本上是没有影

响的。图 6－6、图 6－7 分别为三组数据在首片和末片控制下外方位线元素和角元素残差的变化情况。

表 6－9　不同控制片位置平差试验结果（残差平方和）

单位：mm^2

试验数据	无控制片	首片控制	末片控制
数据一	0.21	0.23	0.23
数据二	0.75	0.74	0.73
数据三	1.12	1.11	1.13
数据四	1.31	1.34	1.33

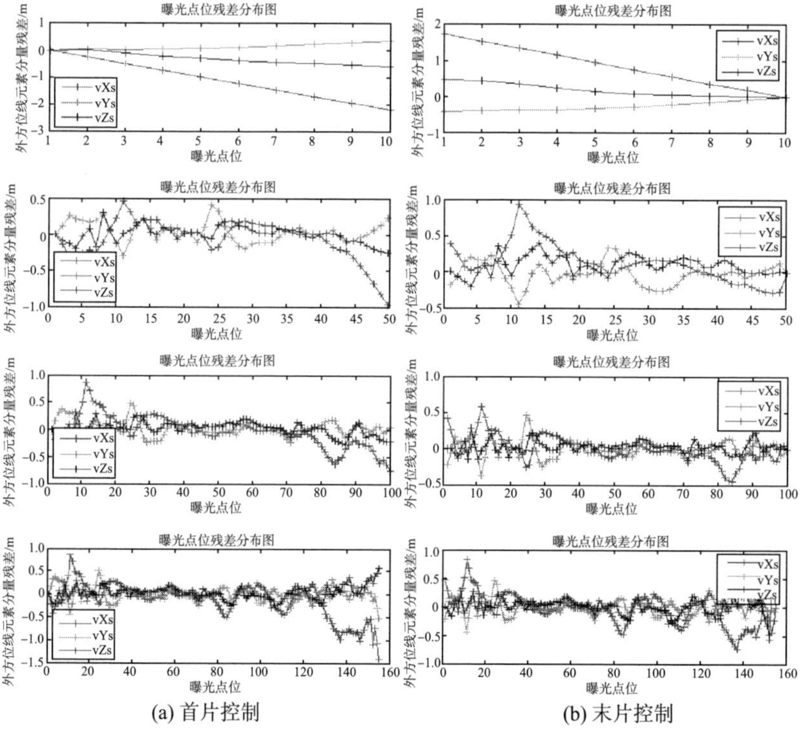

图 6－6　三组数据平差后外方位线元素残差变化（见彩插）

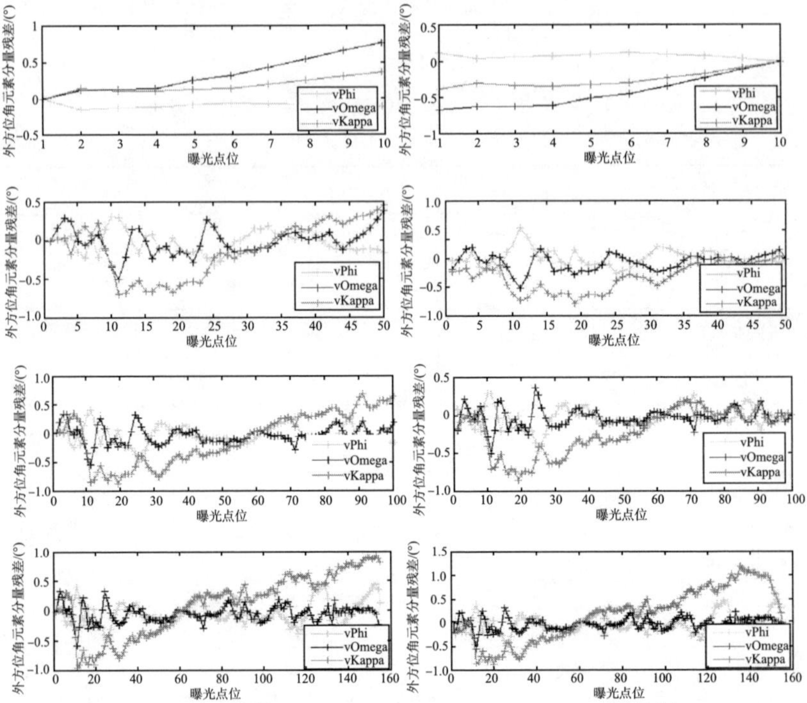

(a) 首片控制 (b) 末片控制

图 6-7 三组数据平差后外方位角元素残差变化（见彩插）

从图 6-6 和图 6-7 显示残差变化曲线不难看出，控制片选择的位置对于外方位元素残差变化没有影响，表明外方位元素存在一定的系统性误差。此外，从图 6-6 线元素分量残差变化来看，*XY* 要高于 *Z*，*Z* 分量残差变化在±0.25 m 以内，符合动态 GPS 精度；图 6-7 表明，10 张影像参与平差时，Omega 残差要大于其他两个欧拉角残差，当然由于影像数量较少，难以做出定论；当参与平差计算的影像数增多时，Kappa 角残差明显大于 Phi 及 Omega 的，并且带有一定的系统性，这与 Kappa 角残差影响 *XY* 分量是吻合的，也与航向角标准差随着航带的延长而增大的结论相符[77]。

6.5.7　按影像分辨率对观测值定权平差试验

车载倾斜街景影像数据分辨率存在着很大差异，以6.5.6节中前三组序列倾斜街景影像数据为例，经计算分析，该数据摄影比例尺差异显著，最大、平均及最小摄影比例尺分别为2.78H/f、1.41H/f、0.94H/f，相差近3倍。本节验证不加权（等权）与按照影像分辨率不同加权平差时结果的差异，为方便起见，采用无控制信息无虚拟观测值平差模型（式4-32a），平差结果见表6-10。

表6-10　等权/加权平差解算比较

影像数/张	初始残差平方和/mm²	平差后残差平方和/mm²	
		等权	加权
10	0.476 03	0.21	0.18
50	1.228 27	0.75	0.53
100	1.878 38	1.12	0.98

从表6-10及图6-8中可以看出，加权结果相比没有加权情况，残差平方和有所降低，但降低不显著，如果按照像点单位权中误差来看，变化更是微乎其微。虽然平差结果变化较小，但立面影像分辨率差异仍是影响平差结果的一个重要因素。

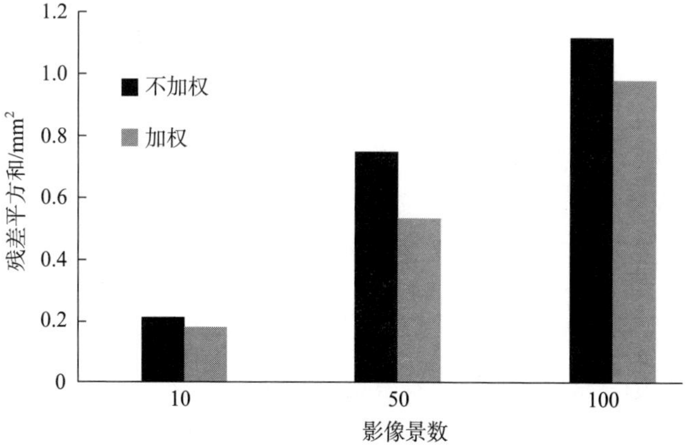

图6-8　加权解算精度

6.6 本章小结

将稀疏共轭梯度解法引入大型区域网光束法平差法方程解算，在此基础上提出以法方程系数矩阵对应的对角矩阵作为预处理，以改善法方程系数矩阵的条件数，增强解算稳定性。可以得出以下结论：

1）对于大型近景摄影测量空三平差解算，须采用稀疏解算技术。

2）轴角描述的姿态方法较欧拉角法在提升平差解算效率方面优势明显，其时间缩短一倍，解算精度稍逊于欧拉角。

3）较传统迭代方法，由于省略了二次导数的计算，从而减小了计算量和存储量，光束法法方程的共轭梯度解算优势明显。

4）通过选择法方程系数矩阵对应的对角矩阵平方根来构造预处理矩阵能够发挥减少矩阵的条件数，起到改善特征值分布，提高处理速度和精度的效果；并且，该处理方法不改变多类、多尺度参数收敛域，保证方程快速、稳定收敛。

5）将轴角描述的 PCG 稀疏解算方法用于近景摄影测量空三平差处理是可行的，总体来说，轴角法收敛速度较快，结果精度与欧拉角方法相当。

6）通过航空影像验证了轴角描述的有控制点及虚拟观测值平差模型，不同分布的控制点对于平差结果有一定的影响，控制点的数量并不是决定平差结果的唯一因素，控制点布设的位置影响最终加密点的（平面或高程）分量精度。

7）利用车载序列影像数据分析了带有部分控制片的平差模型，但从测试的数据来看，控制片位置对平差结果影响不明显，但是外方位元素 Kappa 残差变化具有一定的系统性，线元素 XY 分量残差变化高于 Z 分量的。

8）本章分析了根据立面影像分辨率定权方法对于车载街景倾斜影像的影响，试验表明，影像分辨率对于平差结果存在着一定影响，但总的来说，影响不够显著。

第 7 章　序列影像三维重建算法

当前，利用遥感影像进行（半）自动三维重建的方法主要有 3D Max 手工建模（或称交互式建模）、自主开发建模软件结合立体量测方式建模、联合摄影测量和 3D Max 插件开发技术建模、利用提取影像上的目标特征点（线）建模、基于影像匹配得到的密集点云 DSM 构 TIN 贴纹理方式建模（如街景工厂）、利用大倾角倾斜影像结合 DEM 方式建模及利用倾斜影像结合 LiDAR 自动建模方式等。自动建模方法还在探索中，主要面临如何保证建模正确率的问题，而由（准）密集三维点云（DSM）经过构建三角网（TIN）再结合影像纹理信息可以准确重建建筑立面特征信息，作为一种（半）自动三维重建方法在摄影测量领域得到广泛研究应用，因此，对于基于影像的三维重建而言，（准）密集匹配则显得至关重要。

密集匹配是通过逐点比较匹配（逐像素匹配），将第一幅影像中的每个像素点都与第二幅影像中的像素点比较，找出对应点，比如对于一幅 1 024×768 的影像，要寻找 786 432 万对匹配，而搜索计算是这个数字的几百倍以上；似密集匹配是稀疏匹配和稠密匹配的一个折中，一方面匹配获得的点数足够多，满足三维重建需要，并且匹配复杂度可以接受，因此似密集匹配方法在三维重建中得到广泛关注。

7.1　典型似密集匹配方法

似密集匹配一般是从初始的稀疏种子匹配点出发，从它们周围扩散出更多的匹配点，最终获得分布均匀、数量足够多的匹配。因此，相关研究工作主要集中在种子点的选取和加密点的匹配传播模型上。

种子点的匹配属于稀疏立体匹配范畴，目前可以达到较高的可靠性，而匹配传播主要是基于连续性约束，用种子点（先验知识）来引导其邻域点的匹配，典型的方法有置信度传播法、多视角立体算法和基于三角形约束的匹配传播等。

Lhuillier 和 Quan 首先提出了一种似密集匹配算法，它是应用 Harris 角点进行匹配，得到初始种子匹配点，然后用零均值归一化互相关（Zero - Mean Normalized Cross Correlation，ZNCC）分数作为匹配度量原则，采用最优先的扩散策略，从已匹配的种子点扩散出更多的匹配，从而完成似密集匹配[145]。图 7 - 1 为应用该算法得到的近景影像三维重建效果。

图 7 - 1　近景影像三维重建效果（见彩插）

采用 ZNCC 测度一个限制就是要求影像有丰富的纹理，对于纹理单一且重复的室外建筑物场景影像，在扩散时都存在匹配多义性问题[146]。针对这方面的欠缺，Megyesi 和 Chetverikov 的算法对表面纹理丰富且分段光滑的场景，使用 KLT 特征点跟踪算法得到种子匹配点，扩散时应用仿射传递的思路来搜索新匹配点，即计算出种子点所在邻域的仿射矩阵，通过搜索仿射矩阵的参数，将种子点最好的仿射矩阵参数传递给新扩散出来的匹配点，边扩散边传递，最终获得数量较多的似密集匹配[147-148]。图 7－2 为该算法得到的三维重建效果。

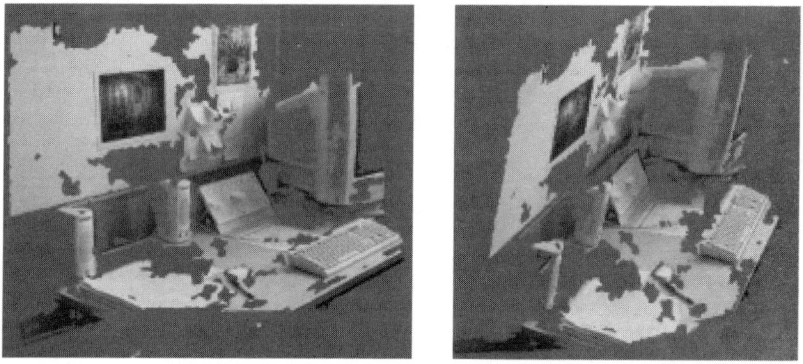

图 7－2　KLT 角点仿射扩散三维重建效果

近几年，多视角立体算法得到了广泛研究，其中，基于贴片的多视角立体算法（Patch－Based Multi－View Stereo，PMVS[119]）以其完美的匹配效果在匹配算法中占有重要的地位，该算法的思路是从影像特征的稳定匹配点出发，不断进行匹配点的生长、膨胀、滤波、优化的迭代过程，从而得到密集的视差图，这样既保留了原始的几何解算关系，同时得到的输出结果是“干净”的点云，这样的方法利于获取良好的表面重构[149]，图 7－3 为利用该算法重建及渲染后的效果。

另外，还有一类重要的似密集匹配算法就是三角形约束密集匹配方法。三角形约束策略能有效缩小候选匹配点范围，并且能够限定最终需要匹配的区域，具有很强的针对性，因此，在近几年成为一种主要的似密集匹配方法，针对三角形约束的匹配传播方法，众多学者提出很多模型，朱庆提出了基于视差梯度的匹配传播模型，利用灰度相关性作为匹配测度，最后通过双向一致性检验获得可靠加密匹配点[114-115]；吴飞等提出通过视差梯度和核线约束获得匹配点

图 7-3　基于贴片的多视角三维重建效果[119]（见彩插）

后，再利用一定的函数来控制错误三角形的传播，从而保留优良的三角形约束匹配传播[150]；Guo et al. 提出利用双向匹配获得种子点，在匹配传播环节通过多种条件剔除并修复错误三角形从而实现三角形约束下的似密集匹配[151]。这些方法的共同点就是首先匹配出稳定可靠的种子点，或者在匹配加密环节通过一定的约束条件将稀疏匹配阶段可靠性差的点剔除掉从而保留可靠性高的同名点，再进行加密匹配。本章首先在可靠稀疏匹配的基础上，研究面状区域的似密集匹配算法。

7.2　立面影像似密集匹配算法

在第 4 章空三连接点匹配中，采用了影像关键点的 128 维描述向量间的最小欧氏距离与次小欧氏距离比率作为衡量两个点匹配测度；并且采用了双向衡量策略，以达到稀疏点匹配的目的。但是该相似测度存在一个“难以弥补”的缺点：当阈值很小时，匹配点较可靠但数量稀少，将会漏掉大量正确匹配点[152]；而阈值很大时，匹配点数较多，误匹配点也随之增加。有学者提出采用随机采样一致性方法 RANSAC 剔除误匹配点，但该方法同样以牺牲正确匹配点为代价拟合准确模型，得到的结果只限于稀疏匹配点；但将其作为候选种子点是可以的。

近景特别是含有面状特征的实景影像，在测绘、机器视觉等领域有广泛用途，如基于（立面）影像的建筑物模型重建及机器人路径（道路）规划等，这些领域需要提取大量的面状信息。为了实现面状区域内似密集匹配，可将上述候选种子点利用多次单应性条件逐次分离出影像中的面状目标区域，然后分别在相应区域内进行视差梯度约束剔除置信度较低的特征点，将得到的可靠特征点作为似密集匹配的种子点；最后通过几何相似传播模型实现三角形约束下的密集匹配，其算法流程见图 7-4。

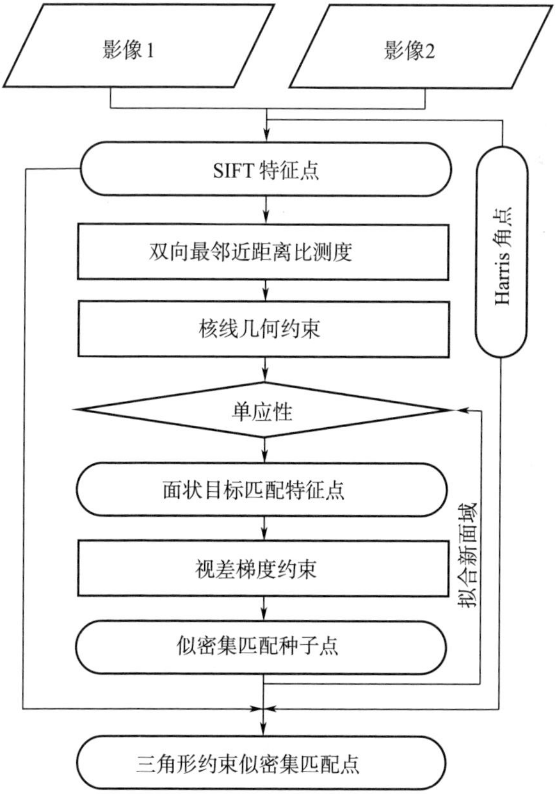

图 7-4　多种特征多面状目标似密集匹配算法[153]

7.3 面状目标种子点可靠匹配策略

上文提到，通过影像提取信息，特别是面状信息，具有很重要的应用价值，传统航空摄影测量中特殊的对地摄影方式，能够较容易得到地球表面或者建筑顶部的地理信息，而对于车载测量系统摄取的近景影像，则包含了各种面状信息，如建筑立面、道路等，其中还有许多干扰源，如路边行人、车辆、树木及天空等无用的影像信息。因此，如何从地面街景中提取出需要的面状目标信息，是一项具有挑战性的课题。下面主要研究两种匹配约束策略，有效分离出面状区域。

7.3.1 面状目标匹配点单应性约束

近景影像面状（指平面）目标复杂多样，其中平面的朝向不统一，那么通过单应性约束条件可以实现多个面状目标的分离。单应性约束方法同前面提到的核线约束、视差约束一样，是摄影测量与计算机视觉领域的一个重要特性，它是3D平面点集在两幅影像平面上的投影映射关系，如图7-5所示。

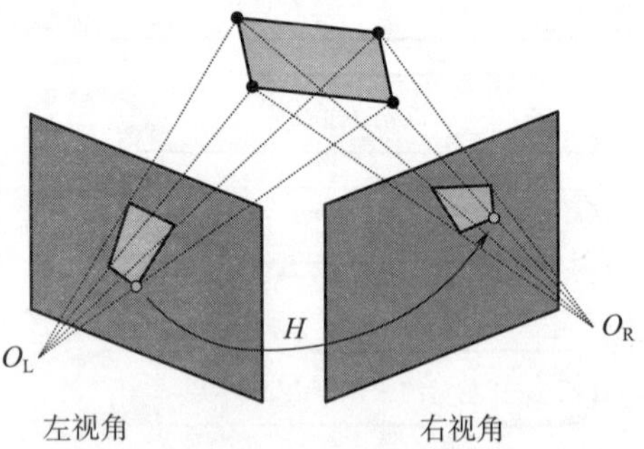

图7-5 单应性关系原理

如果目标点在平面内，那么针孔模型的投影变换可表示为

$$\left.\begin{aligned}\lambda_1\begin{bmatrix}x_1\\y_1\\1\end{bmatrix}=\begin{bmatrix}h_{11}^{(1)}&h_{12}^{(1)}&h_{13}^{(1)}\\h_{21}^{(1)}&h_{22}^{(1)}&h_{23}^{(1)}\\h_{31}^{(1)}&h_{32}^{(1)}&h_{33}^{(1)}\end{bmatrix}\begin{bmatrix}X\\Y\\1\end{bmatrix}=\boldsymbol{H}_1\begin{bmatrix}X\\Y\\1\end{bmatrix}\\\lambda_2\begin{bmatrix}x_2\\y_2\\1\end{bmatrix}=\begin{bmatrix}h_{11}^{(2)}&h_{12}^{(2)}&h_{13}^{(2)}\\h_{21}^{(2)}&h_{22}^{(2)}&h_{23}^{(2)}\\h_{31}^{(2)}&h_{32}^{(2)}&h_{33}^{(2)}\end{bmatrix}\begin{bmatrix}X\\Y\\1\end{bmatrix}=\boldsymbol{H}_2\begin{bmatrix}X\\Y\\1\end{bmatrix}\end{aligned}\right\}\tag{7-1}$$

经变换

$$\lambda\begin{bmatrix}x_1\\y_1\\1\end{bmatrix}=\begin{bmatrix}h_{11}&h_{12}&h_{13}\\h_{21}&h_{22}&h_{23}\\h_{31}&h_{32}&h_{33}\end{bmatrix}\begin{bmatrix}x_2\\y_2\\1\end{bmatrix}=\boldsymbol{H}\begin{bmatrix}x_2\\y_2\\1\end{bmatrix}\tag{7-2}$$

消去比例因子 λ ，则

$$\left.\begin{aligned}x_1=\frac{h_{11}x_2+h_{12}y_2+h_{13}}{h_{31}x_2+h_{32}y_2+h_{33}}\\y_1=\frac{h_{21}x_2+h_{22}y_2+h_{23}}{h_{31}x_2+h_{32}y_2+h_{33}}\end{aligned}\right\}\tag{7-3}$$

本章利用该特性拟合属于同一面状区域的匹配特征点。

7.3.2　面状区域内匹配点视差梯度约束

在影像中面状目标完整性较好的情况下，通过单应性匹配约束条件可以顺利得到影像中的主要面状区域特征点，但是，近景影像除了面状目标多样，还有一个特点就是目标尺度差异较大，有时还存在遮挡等，那么可以通过视差梯度约束条件进行有效的剔除。匹配点视差梯度约束是消除近景影像由于目标表面突变和视角变化造成的匹配奇异性，一般情况下认为，在没有视差断裂的情况下，若两点是同名点，那么同名点对之间的视差梯度要满足一定阈值（τ 设为 0.8）条件。根据视差梯度的定义

$$PG=\frac{\|(p'_{i+1}-p'_i)-(p_{i+1}-p_i)\|}{\|(p'_{i+1}-p'_i)+(p_{i+1}-p_i)\|}\tag{7-4}$$

式中　p_{i+1}，p_i，p'_{i+1}，p'_i——分别为相邻同名点坐标。

在拟合后平面区域内实施视差梯度约束条件，能将不符合要求的匹配点进一步剔除，这样，得到的匹配点可靠性进一步提高，它是进行似密集匹配的重要保障。

7.4 Delaunay 三角形约束下似密集匹配原理

三角形约束下似密集匹配实质上是利用稳定的种子点进行扩展（或传播）得到的，由于搜索范围和计算量显著减小，匹配可靠性增强。这里选择易于构建并且稳健的 Delaunay 三角形作为约束加密点匹配范围。文献［14］、［15］采用在三角形内提取纹理特征较为明显的点作为待加密匹配点，再进行构建匹配传播模型进行加密匹配[114,115]。而本章继续采用最初特征检测的 SIFT 特征，由于前文提到，利用单一阈值和 RANSAC 方法是排除误匹配点以牺牲正确匹配点为代价的，因此，通过三角形约束下的 SIFT 特征仍然能找回大量匹配点。

图 7-6 为利用种子点构建的 Delaunay 三角形。同设 a，b，c 和 a'、b'、c' 为 7.2 节中得到的按 Delaunay 三角形顺序排列的同名点，见图 7-7。那么 $\triangle abc$ 和 $\triangle a'b'c'$ 即是同名三角形，记三角形内的特征点分别标记为 p_A 和 p_B。

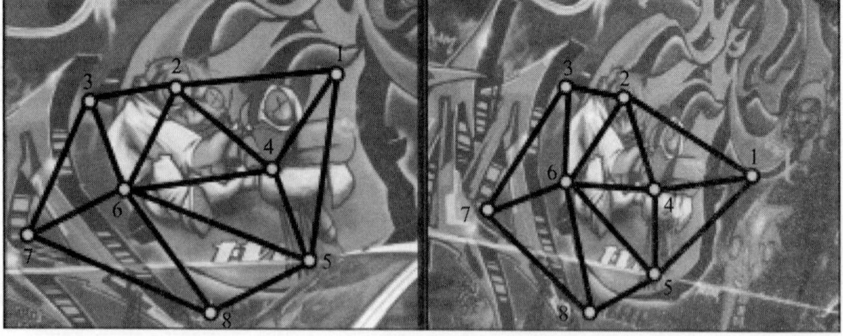

图 7-6 种子点构建的 Delaunay 三角形[151]

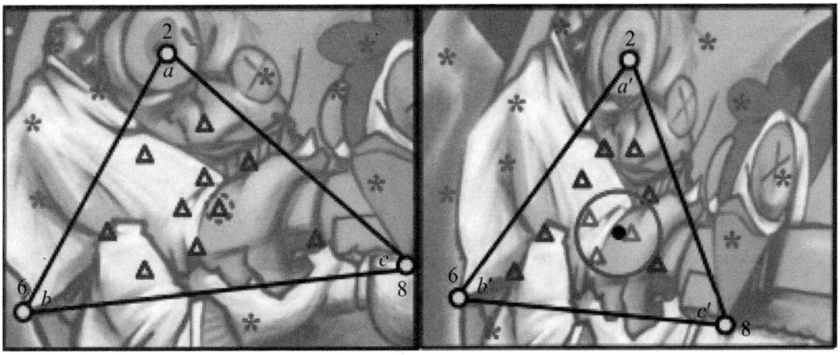

图 7-7　同名三角形（约束三角形）

对于每个特征点 $p_i \in p_A$，p_i 与 $\triangle abc$ 三个顶点的关系可以表示为

$$p_i = \alpha + \beta(b-a) + \gamma(c-a) \tag{7-5}$$

式中　β，γ ——向量 $(b-a)$ 和向量 $(c-a)$ 的尺度系数。

如果 p_i 已知，则可以由下式求出系数

$$\boldsymbol{K} = \begin{bmatrix} \alpha \\ \beta \\ \gamma \end{bmatrix} = \begin{bmatrix} x_a & x_b & x_c \\ y_a & y_b & y_c \\ 1 & 1 & 1 \end{bmatrix}^{-1} \begin{bmatrix} x_i \\ y_i \\ 1 \end{bmatrix} \tag{7-6}$$

其中，$\alpha = 1 - \beta - \gamma$ 。

利用上述参数可以预测 p_i 的匹配点 p'_i 的位置 p_e

$$\begin{bmatrix} x_e \\ y_e \\ 1 \end{bmatrix} = \begin{bmatrix} x'_a & x'_b & x'_c \\ y'_a & y'_b & y'_c \\ 1 & 1 & 1 \end{bmatrix} \begin{bmatrix} \alpha \\ \beta \\ \gamma \end{bmatrix} \tag{7-7}$$

需要说明的是，一般情况下 p'_i 与 p_e 是不重合的，同名三角形内部特征点坐标与所在三角形顶点坐标关系系数 **K** 也不相同。但是，当 p_A 和 p_B 对应的物方点处于严格数学平面上时，有

$$\boldsymbol{K}_H=\begin{bmatrix}\alpha\\ \beta\\ \gamma\end{bmatrix}=\begin{bmatrix}x_a & x_b & x_c\\ y_a & y_b & y_c\\ 1 & 1 & 1\end{bmatrix}^{-1}\begin{bmatrix}x_i\\ y_i\\ 1\end{bmatrix}$$
$$=\left(\boldsymbol{H}\begin{bmatrix}x'_a & x'_b & x'_c\\ y'_a & y'_b & y'_c\\ 1 & 1 & 1\end{bmatrix}\right)^{-1}\left(\boldsymbol{H}\begin{bmatrix}x'_i\\ y'_i\\ 1\end{bmatrix}\right) \tag{7-8}$$
$$=\begin{bmatrix}x'_a & x'_b & x'_c\\ y'_a & y'_b & y'_c\\ 1 & 1 & 1\end{bmatrix}^{-1}\begin{bmatrix}x'_i\\ y'_i\\ 1\end{bmatrix}$$

式中　$\boldsymbol{H}$——同名像点间的单应性矩阵。

该式说明，同名三角形及内部特征点坐标与所在三角形顶点坐标关系系数 $\boldsymbol{K}$ 相同。这个结论恰好印证对于两幅匹配影像上建筑物立面范围内的匹配特征点，同名三角形内部特征点坐标与三角形顶点坐标关系系数相同的论断，利用这一结论可缩小同名点搜索范围，进而提高影像匹配可靠性。事实上，如果匹配的特征点不分布在平面上，对于 Delaunay 三角形特性及视角变化不大的序列影像，可以假定在三角形范围内的特征点近似分布在同一平面上。另外，为了降低噪声和影像扭曲因素对影像匹配带来的不确定性，有必要适当划定一定的备选区域，即以 p_e 为圆心、R 像素为半径的区域定义为备选区域，并且将此备选区域中的特征定义为备选特征。令 q 为备选特征集合，p_i 与备选特征 q_j 间相似度满足核线约束（3-2）和式（7-9）

$$s_i=1.5^{-\left(\frac{\mathrm{dis}}{R}\right)^2}\cdot\boldsymbol{D}_{p_i}^{\mathrm{T}}\boldsymbol{D}_{q_j} \tag{7-9}$$

式中　dis——p_i 与备选特征 q_j 间位置上的欧氏距离；

$\boldsymbol{D}_{p_i}$，$\boldsymbol{D}_{q_j}$——p_i 与备选特征 q_j 的特征描述子向量。

也就是说，p_i 三角形内的备选特征点相似性测度与预测点至备选特征点的距离及特征向量距离有关，如果满足阈值条件，则说明两个点通过同名点检验，匹配成功。

7.5 面状目标似密集匹配试验与分析

7.5.1 三角形约束似密集匹配试验

本章用到的程序在第 4 章空三连接点匹配程序（BRPgMatch）基础上，添加了基于单应性约束及视差梯度约束的三角形约束似密集匹配程序（TCMatch）。通过手持相机拍摄的影像及车载移动测量系统采集的影像数据验证方法的有效性。

（1）ISPRS Zurich 5 幅影像数据*

该数据含有规则的面状特征，像幅大小为 1 000×1 280。

（2）北京某超市的连续 5 幅车载序列影像

该影像特征是面状区域多样（包括建筑立面和地面），像幅大小为 1 200×1 600。下面仅以两组试验数据样本说明，见图 7－8。

（a）14-15像对

（b）70-71像对

图 7－8 节选的两组数据原始影像对（经直方图均衡化）

* http：//www.isprs.org/data/zurich/default.aspx

由于篇幅所限，对于数据一仅列出匹配效果图，系统统计分析了数据二的匹配结果，见表 7－1。从结果可以看出，立体像对经过双向初次匹配后错误点仍然较多，集中在天空和建筑立面上。在经过核线约束后，误匹配点明显减少，保持在 3‰以内；但仍存在部分无效特征点，如图 7－9（a）空中和图 7－9（b）汽车及树枝上。通过多次单应性约束后可以将明显的非平面目标特征点除去，经目测检查后没有明显误匹配点，通过 4 对立体影像测试，经过该方法，匹配特征点基本分布在每个平面内，并以此作为种子点。

（a）14-15像对

（b）70-71像对

图 7－9　核线约束后结果

图 7－10 是利用种子点依次在拟合的面域范围内构建的 Delaunay 三角形，其分布比较均匀，面状区域明显，涵盖了需要的

面状区域，没有包括的部分是因为没有匹配种子点。

（a）14-15像对

（b）70-71像对

图 7－10　单应性条件下多面状目标的 Delaunay 三角网构建过程

图 7－11 为通过种子点构建三角形约束下的似密集匹配后结果，可以看出，同名点数有了大幅增加，为种子点的 3 倍左右且较均匀。通过多次在拟合面状区域内进行约束匹配，能够有效剔除由于多次拟合的面状目标重叠部分覆盖非面状区域引起的无效匹配，这在实际拍摄的影像中是比较重要的，从图 7－11（b）中可以看出，多次对影像面状区域匹配后，汽车（圆框所示）上的特征点没有纳入进来，也就是说每一次拟合后的面状目标是相互独立的，这在整体约束下是达不到的，图 7－9（b）中汽车上存在较多无效点，这些点在实际测绘中是没有太多意义的。

（a）14-15像对

（b）70-71像对

图 7－11　似密集匹配结果

表 7－1 和图 7－12 为本书算法匹配试验后匹配点数的统计结果。

表 7－1　试验结果

像对	70－71		71－72		72－73		73－74	
统计指标	匹配数	无效匹配	匹配数	无效匹配	匹配数	无效匹配	匹配数	无效匹配
双向匹配	906	＞10	747	＞10	867	＞15	1124	＞14
核线约束	827	＞1	680	0	793	＞1	987	＞3
单应约束	434	0	305	0	317	0	486	0
视差梯度	434	0	305	0	317	0	486	0
三角约束	1 826	0	1 017	0	914	0	1 285	0

注：在目视统计无效匹配数目时，只统计了明显误匹配点，而 0 代表没有明显错误匹配点。

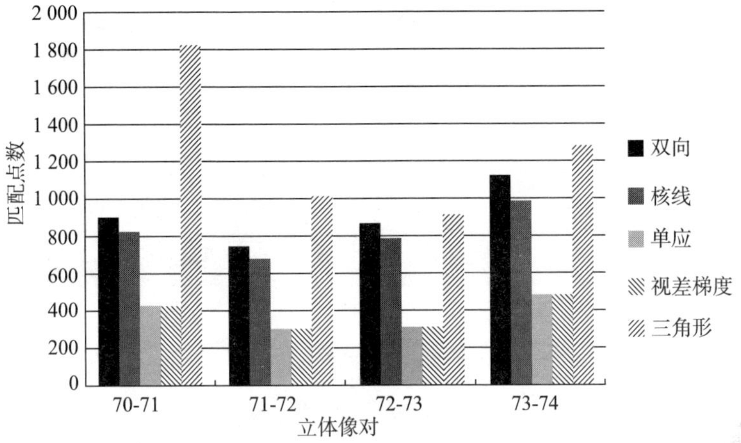

图 7－12　各匹配约束后结果

这里需要指出，从试验结果来看，视差约束条件在本试验中基本没有起到“应有”的作用，经分析，主要是与所选视差梯度阈值及影像数据源有关。从选取的影像数据来看，认为平面区域视差断裂现象可能性较小，一般会在大尺度多层次目标中出现，这些论断需要一般性的数据加以试验。

最后，通过似密集匹配点视差图及经过内插后得到的格网点视差图检验获得的似密集匹配点可靠性[50]，如图 7－13 插值视差图显示，视差光滑、连续，反映了客观地物的地理空间关系。需要指出的是，由于面片交界做了视差数学拟合，因此通过面片散点拟合得到的视差在面片交界处产生视差图不协调。

7.5.2　SATCM 方法对比讨论

SATCM（Self－Adaptive Triangulation Constrained Matching，2011）[150]是利用 Harris 特征通过自适应内插三角网进行特征点加密的一种方法，在影像特征点三角约束匹配方法中有着很强的代表性，因此本节将本章方法与 SATCM 进行对比试验研究（SATCM 试验结果见图 7－14）。

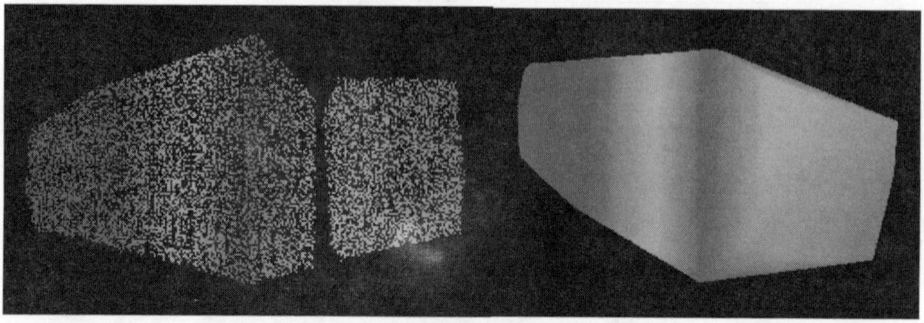

（a）14-15像对

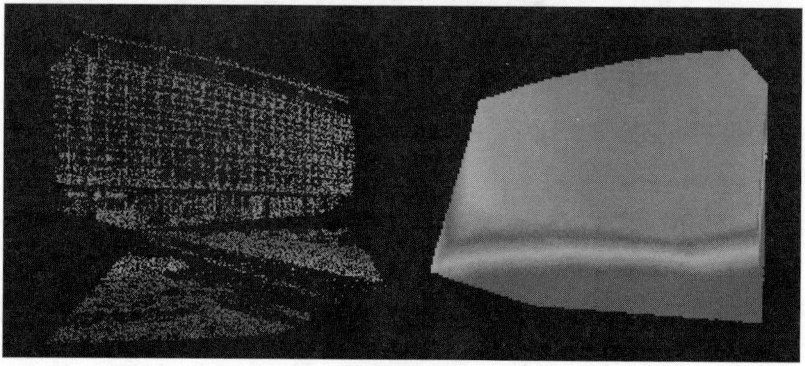

（b）70-71像对

图 7－13　似密集匹配视差图（散点及拟合后）（见彩插）

经统计，SATCM 获得的匹配特征点数量较本章方法明显增多，原因在于 SATCM 能充分细化三角网粒度，获得精细的匹配特征点。但是，SATCM 同样顾及了平面区域之间的特征，如 70－71 像对立面和地面之间的墙角分布有树木和车辆，将该特征点一并统计进来，事实上，由于这些目标特征点的复杂性也给后续处理带来了诸多麻烦，但 SATCM 无须考虑对航空对地观测影像的匹配。此外容易看出，SATCM 虽然在匹配数量上明显优于本章方法，但匹配得到的特征点不是很均匀，影像面状区域内甚至出现了较大的匹配空洞（如图 7－14 方框所示），这在本章选用的近景影像中有明显的体现，当然也与 SATCM 算法选用的 Harris 算子有很大关系，当立面灰度

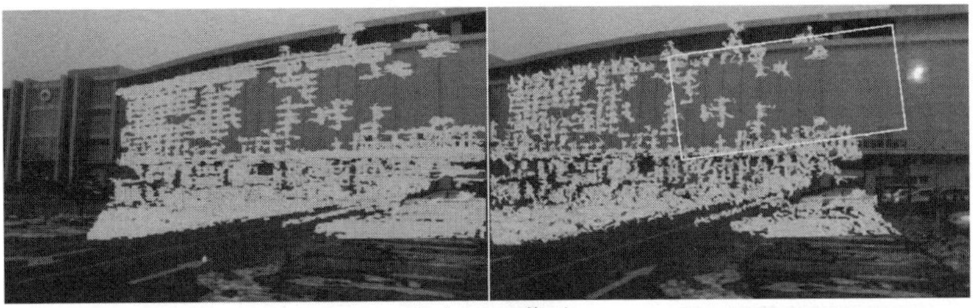

（a）14-15像对

（b）70-71像对

图 7－14　SATCM 似密集匹配结果

特征不明显时，如城市建筑区域，很容易产生这种现象，这也是本章顾及多种特征进行加密匹配的重要原因。

7.5.3　数字建筑立面模型实现

通过在 7.5.1 节中获得的似密集匹配结果，结合空三后的外方位元素结果，可以获得较为密集的建筑立面点云，一次可以构建相应的数字表面模型，在对地观测中，密集匹配得到的是地表模型，因此称为数字表面模型（DSM），由于车载相机获得的是立面影像，因此，本书称为数字建筑模型（Digital Building Model，DBM），三维数字化信息作为数字孪生技术的基础，目前有着广阔的应用前景，例如 DBM 通过进一步集成建筑工程相关信息形成了建筑信息模型（Building Information Modeling，BIM），它在土木、建筑等工程的设计、施工及管理中有着关广泛应用。图 7－15 为基于 Delaunay 三角形加密后的建筑立面及地面密集点云结果。图7-16是地面建筑重建后的三维点云及相机曝光轨迹。

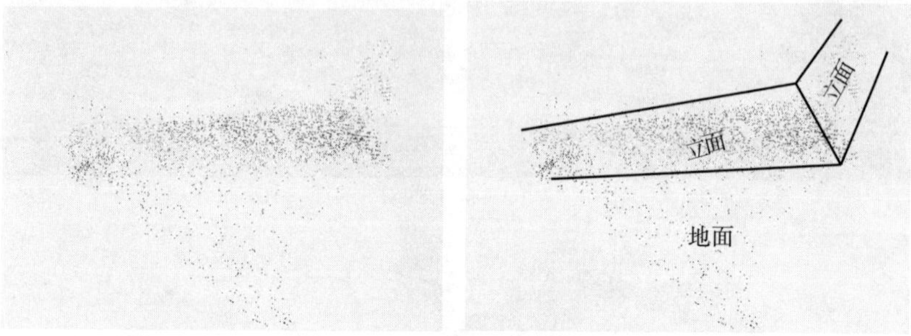

图 7-15　建筑立面及地面密集点云

图 7-16　地面建筑重建后的三维点云及相机曝光轨迹

7.6　本章小结

在核线约束匹配得到同名点的基础上，应用起初提取的 SIFT 特征，通过不断拟合影像中的面状区域（建筑立面和地面），实现了区域内的三角形约束加密匹配。从试验结果来看，似密集匹配后获得的同名点数显著增加，利用空三后的外方位元素进行前方交会，建筑立面的密集点云清晰可见，证明该方法对于建筑物模型的三维重建等应用是可行的，同时也拓宽了基于特征的三角形约束匹配方法的使用范围。

附录 A 线性代数

A.1 向量与向量空间

线性代数主要包含向量、向量空间（或称线性空间）以及向量的线性变换和有限维的线性方程组。

A.1.1 向量

标量（Scalar）是一个实数，只有大小，没有方向。而向量（Vector）是由一组实数组成的有序数组，同时具有大小和方向。一个 n 维向量 $\boldsymbol{a}$ 是由 n 个有序实数组成，表示为

$$\boldsymbol{a}=[a_1,a_2,\cdots,a_n] \text{ 或 } \boldsymbol{a}=[a_1,a_2,\cdots,a_n]^{\mathrm{T}} \tag{A-1}$$

式中 a_n——向量 $\boldsymbol{a}$ 的第 n 个分量，或第 n 维。

向量符号一般用黑体小写字母 $\boldsymbol{a}$、$\boldsymbol{b}$、$\boldsymbol{c}$，或小写希腊字母 $\boldsymbol{\alpha}$、$\boldsymbol{\beta}$、$\boldsymbol{\gamma}$ 等来表示。

为简化书写、方便排版起见，本书约定：中括号内用逗号或空格隔离表示向量各分量，如 $\boldsymbol{x}=[x_1,x_2,\cdots,x_n]$ 或 $\boldsymbol{x}=[x_1\quad x_2\quad \cdots x_n]$ 为行向量，列向量通常用分号隔开的表示 $\boldsymbol{x}=[x_1;x_2;\cdots;x_n]$，或行向量的转置 $\boldsymbol{x}=[x_1,x_2,\cdots,x_n]^{\mathrm{T}}$ 或 $\boldsymbol{x}=[x_1\quad x_2\quad \cdots x_n]^{\mathrm{T}}$。如果没有特别说明，本书默认向量为列向量。

A.1.2 向量空间

向量空间（Vector Space），也称线性空间（Linear Space），是指由向量组成的集合，并满足以下两个条件：

1）向量加法：向量空间 $\boldsymbol{V}$ 中的两个向量 $\boldsymbol{a}$ 和 $\boldsymbol{b}$，它们的和 $\boldsymbol{a}+\boldsymbol{b}$

也属于空间 $\mathbf{V}$；

2）标量乘法：向量空间 $\mathbf{V}$ 中的任一向量 $\boldsymbol{a}$ 和任一标量 c，它们的乘积 $c \cdot \boldsymbol{a}$ 也属于空间 $\mathbf{V}$。

线性无关 线性空间 $\mathbf{V}$ 中的一组向量 $[\boldsymbol{v}_1, \boldsymbol{v}_2, \cdots, \boldsymbol{v}_n]$，如果对任意的一组标量 $\lambda_1, \lambda_2, \cdots, \lambda_n$，满足 $\lambda_1\boldsymbol{v}_1 + \lambda_2\boldsymbol{v}_2 + \cdots + \lambda_n\boldsymbol{v}_n = 0$，则必然 $\lambda_1 = \lambda_2 = \cdots = \lambda_n = 0$，那么 $[\boldsymbol{v}_1, \boldsymbol{v}_2, \cdots, \boldsymbol{v}_n]$ 是线性无关的，也称为线性独立的。

基向量 向量空间 $\mathbf{V}$ 的基（Base）$\boldsymbol{B} = [\boldsymbol{e}_1, \boldsymbol{e}_2, \cdots, \boldsymbol{e}_n]$ 是 $\mathbf{V}$ 的有限子集，其元素之间线性无关。向量空间 $\mathbf{V}$ 中所有的向量都可以按唯一的方式表达为 $\boldsymbol{B}$ 中向量的线性组合。对任意 $\boldsymbol{v} \in \mathbf{V}$，存在一组标量 $(\lambda_1, \lambda_2, \cdots, \lambda_n)$ 使得

$$\boldsymbol{v} = \lambda_1\boldsymbol{e}_1 + \lambda_2\boldsymbol{e}_2 + \cdots + \lambda_n\boldsymbol{e}_n \tag{A-2}$$

式中，基 $\boldsymbol{B}$ 中的向量称为基向量（Base Vector）。如果基向量是有序的，则标量（$\lambda_1, \lambda_2, \cdots, \lambda_n$）称为向量 $\boldsymbol{v}$ 关于基 $\boldsymbol{B}$ 的坐标(Coordinates)。

n 维空间 $\mathbf{V}$ 的一组标准基（Standard Basis）为

$$\boldsymbol{e}_1 = [1,0,0,\cdots,0]^{\mathrm{T}} \tag{A-3}$$

$$\boldsymbol{e}_2 = [0,1,0,\cdots,0]^{\mathrm{T}} \tag{A-4}$$

$$\cdots \tag{A-5}$$

$$\boldsymbol{e}_n = [0,0,0,\cdots,1]^{\mathrm{T}} \tag{A-6}$$

$\mathbf{V}$ 中的任一向量 $\boldsymbol{v} = [v_1, v_2, \cdots, v_n]^{\mathrm{T}}$ 可以唯一地表示为

$$[v_1, v_2, \cdots, v_n]^{\mathrm{T}} = v_1\boldsymbol{e}_1 + v_2\boldsymbol{e}_2 + \cdots + v_n\boldsymbol{e}_n \tag{A-7}$$

$v_1, v_2, \cdots, v_n$ 也称为向量 $\boldsymbol{v}$ 的笛卡儿坐标（Cartesian Coordinate)。向量空间中的每个向量可以看作是一个线性空间中的笛卡儿坐标。

A.1.3 常用的向量

全 0 向量 指所有元素都为 0 的向量，用 $\mathbf{0}$ 表示。全 0 向量为笛卡儿坐标系中的原点。

全 1 向量　指所有值为 1 的向量，用 $\mathbf{1}$ 表示。

A.2　矩阵

A.2.1　线性映射

线性映射（Linear Mapping）是指从线性空间 $\boldsymbol{V}$ 到线性空间 $\boldsymbol{W}$ 的一个映射函数 f：$\boldsymbol{V} \rightarrow \boldsymbol{W}$，并满足：对于 $\boldsymbol{V}$ 中任何两个向量 $\boldsymbol{u}$ 和 $\boldsymbol{v}$ 以及任何标量 c，有

$$f(\boldsymbol{u}+\boldsymbol{v})=f(\boldsymbol{u})+f(\boldsymbol{v}) \tag{A-8}$$

$$f(c\boldsymbol{v})=cf(\boldsymbol{v}) \tag{A-9}$$

两个有限维欧氏空间的映射函数 f：$R^n \rightarrow R^m$ 可以表示为

$$\boldsymbol{y}=\boldsymbol{A}\boldsymbol{x} \triangleq \begin{bmatrix} a_{11}x_1+a_{12}x_2+\cdots+a_{1n}x_n \\ a_{21}x_1+a_{22}x_2+\cdots+a_{2n}x_n \\ \vdots \\ a_{m1}x_1+a_{m2}x_2+\cdots+a_{mn}x_n \end{bmatrix} \tag{A-10}$$

式中　$\boldsymbol{A}$ ——$m \times n$ 的矩阵（Matrix），是一个由 m 行 n 列元素排列成的矩形阵列。

一个矩阵 $\boldsymbol{A}$ 从左上角数起的第 i 行第 j 列上的元素称为第 i，j 项，通常记为 $[\boldsymbol{A}]_{ij}$ 或 a_{ij}。矩阵 $\boldsymbol{A}$ 定义了一个从 R^n 到 R^m 的线性映射；向量 $\boldsymbol{x} \in R^n$ 和 $\boldsymbol{y} \in R^m$ 分别为两个空间中的列向量，即大小为 $n \times 1$ 的矩阵。

$$\boldsymbol{x}=\begin{bmatrix} x_1 \\ x_2 \\ \vdots \\ x_n \end{bmatrix}, \boldsymbol{y}=\begin{bmatrix} y_1 \\ y_2 \\ \vdots \\ y_m \end{bmatrix}$$

转置　$m \times n$ 矩阵 $\boldsymbol{A}$ 的转置（Transposition）是一个 $m \times n$ 的矩阵，记为 $\boldsymbol{A}^{\mathrm{T}}$，$\boldsymbol{A}^{\mathrm{T}}$ 的第 i 行第 j 列的元素是原矩阵 $\boldsymbol{A}$ 的第 j 行第 i 列的元素，即

$$[\boldsymbol{A}^{\mathrm{T}}]_{ij}=[\boldsymbol{A}]_{ji} \tag{A-11}$$

向量化 矩阵的向量化是将矩阵表示为一个列向量。这里，vec是向量化算子。

设 $\boldsymbol{A}=[a_{ij}]_{m\times n}$ ，则

$$\mathrm{vec}(\boldsymbol{A})=[a_{11},a_{21},\cdots,a_{m1},a_{12},a_{22},\cdots,a_{m2},\cdots,a_{1n},a_{2n},\cdots,a_{mn}]^{\mathrm{T}} \tag{A-12}$$

迹 方块矩阵 $\boldsymbol{A}$ 的对角线元素之和称为它的迹（Trace)，记为 $\mathrm{tr}(\boldsymbol{A})$ 。

行列式 方块矩阵 $\boldsymbol{A}$ 的行列式是一个将其映射到标量的函数，记作 $\det(\boldsymbol{A})$ 或 $|\boldsymbol{A}|$。

行列式可以看作是有向面积或体积的概念在欧氏空间中的推广。在 n 维欧氏空间中，行列式描述的是一个线性变换对“体积”所造成的影响。

秩 一个矩阵 $\boldsymbol{A}$ 的列秩是 $\boldsymbol{A}$ 的线性无关的列向量数量，行秩是 $\boldsymbol{A}$ 的线性无关的行向量数量。

一个矩阵的列秩和行秩总是相等的，简称为秩（rank)。

一个 $m\times n$ 的矩阵 $\boldsymbol{A}$ 的秩最大为 $\min(m, n)$。若 $\mathrm{rank}(\boldsymbol{A})=\min(m, n)$，则称矩阵为满秩。如果一个矩阵不满秩，说明其包含线性相关的列向量或行向量，其行列式为0。

两个矩阵的乘积 $\boldsymbol{AB}$ 的秩为

$$\mathrm{rank}(\boldsymbol{AB})\leqslant\min(\mathrm{rank}(\boldsymbol{A}),\mathrm{rank}(\boldsymbol{B})) \tag{A-13}$$

A.2.2 矩阵类型

对称矩阵 对称矩阵（Symmetric Matrix）指其转置等于自己的矩阵，即满足 $\boldsymbol{A}=\boldsymbol{A}^{\mathrm{T}}$ 。

反对称矩阵 反对称矩阵（Skew - Symmetric Matrix）指其转置等于自己的矩阵，即满足 $\boldsymbol{A}=-\boldsymbol{A}^{\mathrm{T}}$ 。

单位矩阵 单位矩阵（Identity Matrix）是一种特殊的对角矩阵，其主对角线元素为1，其余元素为0。n 阶单位矩阵 $\boldsymbol{I}_n$ 是一个 $n\times n$ 的方块矩阵，可以记为 $\boldsymbol{I}_n=\mathrm{diag}(1, 1, \cdots, 1)$。

逆矩阵　对于一个 $n \times n$ 的方块矩阵 $\boldsymbol{A}$，如果存在另一个方块矩阵 $\boldsymbol{B}$ 使得

$$\boldsymbol{AB} = \boldsymbol{BA} = \boldsymbol{I}_n \tag{A-14}$$

为单位阵，则称 $\boldsymbol{A}$ 是可逆的。矩阵 $\boldsymbol{B}$ 称为矩阵 $\boldsymbol{A}$ 的逆矩阵（Inverse Matrix），记为 $\boldsymbol{A}^{-1}$ 。

正定矩阵　对于一个 $n \times n$ 的对称矩阵 $\boldsymbol{A}$，如果对于所有的非零向量 $\boldsymbol{x} \in R_n$ 都满足

$$\boldsymbol{x}^{\mathrm{T}}\boldsymbol{Ax} > 0 \tag{A-15}$$

则 $\boldsymbol{A}$ 为正定矩阵（Positive - Definite Matrix）。如果 $\boldsymbol{x}^{\mathrm{T}}\boldsymbol{Ax} \geqslant 0$，则 $\boldsymbol{A}$ 是半正定矩阵（Positive - Semidefinite Matrix）。

正交矩阵　正交矩阵（Orthogonal Matrix）$\boldsymbol{A}$ 为一个方块矩阵，其逆矩阵等于其转置矩阵

$$\boldsymbol{A}^{\mathrm{T}} = \boldsymbol{A}^{-1} \tag{A-16}$$

等价于 $\boldsymbol{A}^{\mathrm{T}}\boldsymbol{A} = \boldsymbol{AA}^{\mathrm{T}} = \boldsymbol{I}_n$ 。

A.2.3　特征值与特征向量

如果一个标量 λ 和一个非零向量 $\boldsymbol{v}$ 满足

$$\boldsymbol{Av} = \lambda \boldsymbol{v} \tag{A-17}$$

则 λ 和 $\boldsymbol{v}$ 分别称为矩阵 $\boldsymbol{A}$ 的特征值（Eigenvalue）和特征向量（Eigenvector）。

A.2.4　矩阵分解

一个矩阵通常可以用一些比较“简单”的矩阵来表示，称为矩阵分解（Matrix Decomposition，Matrix Factorization）。

奇异值分解　一个 $m \times n$ 的矩阵 $\boldsymbol{A}$ 的奇异值分解（Singular Value Decomposition，SVD）定义为

$$\boldsymbol{A} = \boldsymbol{U\Sigma V}^{\mathrm{T}} \tag{A-18}$$

式中　$\boldsymbol{U}$，$\boldsymbol{V}$ ——分别为 $m \times m$ 和 $n \times n$ 的正交矩阵；

$\boldsymbol{\Sigma}$ —— $m \times n$ 的对角矩阵，其对角线上的元素称为奇异值

(Singular Value)。

A.2.5 矩阵状态

一个矩阵 $\boldsymbol{A}$ 的状态是通过

$$\mathrm{Cond}(\boldsymbol{A}) = \|\boldsymbol{A}\| \cdot \|\boldsymbol{A}^{-1}\| \tag{A-19}$$

来定义的，该值恒大于 1。

在欧氏范数（二范数）下，有

$$\mathrm{Cond}_2(\boldsymbol{A}) = \|\boldsymbol{A}\|_2 \cdot \|\boldsymbol{A}^{-1}\|_2 = \frac{\sqrt{\lambda_{\max}}}{\sqrt{\lambda_{\min}}} \tag{A-20}$$

式中 $\lambda_{\max}$，$\lambda_{\min}$ ——分别为矩阵 $\boldsymbol{A}^{\mathrm{T}}\boldsymbol{A}$ 的最大和最小特征值。

若 $\boldsymbol{A}$ 为实对称矩阵，则

$$\mathrm{Cond}_2(\boldsymbol{A}) = \frac{|\lambda_{\max}|}{|\lambda_{\min}|} \tag{A-21}$$

式中 $\lambda_{\max}$，$\lambda_{\min}$ ——分别为矩阵 $\boldsymbol{A}$ 的最大和最小特征值。

矩阵状态用来研究线性方程组的解算精度、收敛速度和估计误差等。

A.2.6 分块矩阵的逆

$\boldsymbol{M}$ 为分块矩阵，形如 $\boldsymbol{M} = \begin{bmatrix} \boldsymbol{A} & \boldsymbol{B} \\ \boldsymbol{C} & \boldsymbol{D} \end{bmatrix}$，其中，$\boldsymbol{A}$ 和 $\boldsymbol{D}$ 是方阵，则有

$$\boldsymbol{M}\boldsymbol{M}^{-1} = \begin{bmatrix} \boldsymbol{A} & \boldsymbol{B} \\ \boldsymbol{C} & \boldsymbol{D} \end{bmatrix} \begin{bmatrix} \boldsymbol{E} & \boldsymbol{F} \\ \boldsymbol{G} & \boldsymbol{H} \end{bmatrix} = \begin{bmatrix} \boldsymbol{E}_a & \boldsymbol{0} \\ \boldsymbol{0} & \boldsymbol{E}_b \end{bmatrix}$$

那么

$$\begin{aligned} \begin{bmatrix} \boldsymbol{A} & \boldsymbol{B} \\ \boldsymbol{C} & \boldsymbol{D} \end{bmatrix}^{-1} &= \begin{bmatrix} \boldsymbol{E} & \boldsymbol{F} \\ \boldsymbol{G} & \boldsymbol{H} \end{bmatrix} \\ &= \begin{bmatrix} \boldsymbol{A}^{-1} + \boldsymbol{A}^{-1}\boldsymbol{B}(\boldsymbol{D} - \boldsymbol{C}\boldsymbol{A}^{-1}\boldsymbol{B})^{-1}\boldsymbol{C}\boldsymbol{A}^{-1} & -\boldsymbol{A}^{-1}\boldsymbol{B}(\boldsymbol{D} - \boldsymbol{C}\boldsymbol{A}^{-1}\boldsymbol{B})^{-1} \\ -(\boldsymbol{D} - \boldsymbol{C}\boldsymbol{A}^{-1}\boldsymbol{B})^{-1}\boldsymbol{C}\boldsymbol{A}^{-1} & -(\boldsymbol{D} - \boldsymbol{C}\boldsymbol{A}^{-1}\boldsymbol{B})^{-1} \end{bmatrix} \end{aligned} \tag{A-22}$$

附录 B　向量及矩阵导数

B.1　导数

导数（Derivative）　是微积分学中重要的基础概念。对于定义域和值域都是实数域的函数 $f: R \to R$，若 $f(x)$ 在点 x_0 的某个邻域 Δx 内，极限

$$f'(x_0) = \lim_{\Delta x \to 0} \frac{f(x_0 + \Delta x) - f(x_0)}{\Delta x} \tag{B-1}$$

存在，则称函数 $f(x)$ 在点 x_0 处可导，$f'(x_0)$ 称为其导数，或导函数，也可以记为 $\frac{\mathrm{d}f(x_0)}{\mathrm{d}x}$。

偏导数　对于一个多变量函数 $f: R^d \to R$，它的偏导数（Partial Derivative）是关于其中一个变量 x_i 的导数，而保持其他变量固定，可以记为 $f'_{x_i}(x)$、$\nabla_{x_i} f(x)$、$\frac{\partial f(x)}{\partial x_i}$。

B.2　常用导数类型

函数和自变量类型分别包括标量、向量和矩阵三种形式。为区别表达，将标量、向量和矩阵分别用小写字母非加粗、小写字母加粗和大写字母加粗表示，常用的导数类型主要有六种，如表 B-1 所示。

表 B-1 函数类型和自变量类型

自变量类型 \ 函数类型	标量	向量	矩阵
标量	$\frac{\mathrm{d}f}{\mathrm{d}x}$	$\frac{\mathrm{d}\boldsymbol{f}}{\mathrm{d}x}$	$\frac{\mathrm{d}\boldsymbol{A}}{\mathrm{d}x}$
向量	$\frac{\partial f}{\partial \boldsymbol{x}}$	$\frac{\partial \boldsymbol{f}}{\partial \boldsymbol{x}}$	—
矩阵	$\frac{\partial f}{\partial \boldsymbol{X}}$	—	—

B.2.1 函数对向量的导数

若函数 f 是以 n 维向量 $\boldsymbol{x}=[x_1, x_2, \cdots, x_n]^{\mathrm{T}}$ 的 n 个元素 x_i 为自变量的函数 $f(\boldsymbol{x})=f(x_1, x_2, \cdots, x_n)$，且函数 $f(\boldsymbol{x})$ 对其所有自变量 x_i 是可微的，则 $f(\boldsymbol{x})$ 对于向量 $\boldsymbol{x}$ 的导数定义为

$$\frac{\partial f}{\partial \boldsymbol{x}}=\left[\frac{\partial f}{\partial x_1}, \frac{\partial f}{\partial x_2}, \cdots, \frac{\partial f}{\partial x_n}\right] \tag{B-2}$$

B.2.2 函数对矩阵的导数

若函数 f 是以 $m\times n$ 阶矩阵 $\boldsymbol{X}$ 的 $m\times n$ 个元素 x_{ij} 为自变量的函数 $f(\boldsymbol{X})=f(x_{11}\quad x_{12}\quad \cdots\quad x_{mn})$，且函数 $f(\boldsymbol{X})$ 对其所有自变量 x_{ij} 是可微的，则 $f(\boldsymbol{X})$ 对于矩阵 $\boldsymbol{X}$ 的导数定义为

$$\frac{\partial f}{\partial \boldsymbol{X}}=\begin{bmatrix} \frac{\partial f}{\partial x_{11}} & \frac{\partial f}{\partial x_{12}} & \cdots & \frac{\partial f}{\partial x_{1n}} \\ \frac{\partial f}{\partial x_{21}} & \frac{\partial f}{\partial x_{22}} & \cdots & \frac{\partial f}{\partial x_{2n}} \\ \vdots & \vdots & & \vdots \\ \frac{\partial f}{\partial x_{m1}} & \frac{\partial f}{\partial x_{m2}} & \cdots & \frac{\partial f}{\partial x_{mn}} \end{bmatrix} \tag{B-3}$$

B. 2. 3　函数向量对变量的导数

函数向量 $\boldsymbol{f}=[f_1(x), f_2(x), \cdots, f_m(x)]^{\mathrm{T}}$ 时均是变量 x 的函数，若它们在某点处或某区间是可导的，则函数向量 $\boldsymbol{f}$ 在该点或该区间也是可导的，且定义矩阵对变量的导数为

$$\frac{\mathrm{d}\boldsymbol{f}}{\mathrm{d}x}=\left[\frac{\mathrm{d}f_1(x)}{\mathrm{d}x}, \frac{\mathrm{d}f_2(x)}{\mathrm{d}x}, \cdots, \frac{\mathrm{d}f_m(x)}{\mathrm{d}x}\right]^{\mathrm{T}} \tag{B-4}$$

B. 2. 4　函数向量对向量的导数

函数向量 $\boldsymbol{f}=[f_1(\boldsymbol{x})\quad f_2(\boldsymbol{x})\quad \cdots\quad f_m(\boldsymbol{x})]^{\mathrm{T}}$ 时，则 $\boldsymbol{f}$ 对 $\boldsymbol{x}$ 的导数为一 $m\times n$ 阶矩阵

$$\frac{\partial \boldsymbol{f}}{\partial \boldsymbol{x}}=\begin{bmatrix} \frac{\partial f_1}{\partial x_1} & \frac{\partial f_1}{\partial x_2} & \cdots & \frac{\partial f_1}{\partial x_n} \\ \frac{\partial f_2}{\partial x_1} & \frac{\partial f_2}{\partial x_2} & \cdots & \frac{\partial f_2}{\partial x_n} \\ \vdots & \vdots & & \vdots \\ \frac{\partial f_m}{\partial x_1} & \frac{\partial f_m}{\partial x_2} & \cdots & \frac{\partial f_m}{\partial x_n} \end{bmatrix} \tag{B-5}$$

m 元函数向量对于 n 维向量 $\boldsymbol{x}$ 的导数有如下性质：

1）
$$\frac{\partial \boldsymbol{c}}{\partial \boldsymbol{x}}=\boldsymbol{0}(\boldsymbol{c}\text{ 为常数向量}) \tag{B-6}$$

2）
$$\frac{\partial}{\partial \boldsymbol{x}}(\boldsymbol{f}+\boldsymbol{g})=\frac{\partial \boldsymbol{f}}{\partial \boldsymbol{x}}+\frac{\partial \boldsymbol{g}}{\partial \boldsymbol{x}} \tag{B-7}$$

3）
$$\frac{\partial}{\partial \boldsymbol{x}}(\boldsymbol{f}^{\mathrm{T}}\boldsymbol{g})=\frac{\partial}{\partial \boldsymbol{x}}(\boldsymbol{g}^{\mathrm{T}}\boldsymbol{f})=\boldsymbol{f}^{\mathrm{T}}\frac{\partial \boldsymbol{g}}{\partial \boldsymbol{x}}+\boldsymbol{g}^{\mathrm{T}}\frac{\partial \boldsymbol{f}}{\partial \boldsymbol{x}} \tag{B-8}$$

4）当 $\boldsymbol{A}$ 为常数矩阵时

$$\frac{\partial}{\partial \boldsymbol{x}}(\boldsymbol{A}\boldsymbol{f})=\boldsymbol{A}\frac{\partial \boldsymbol{f}}{\partial \boldsymbol{x}} \tag{B-9}$$

利用以上性质，对于常见线性函数，容易得到

$$\frac{\partial \boldsymbol{x}}{\partial \boldsymbol{x}}=\boldsymbol{I} \tag{B-10}$$

$$\frac{\partial}{\partial \boldsymbol{x}}(\boldsymbol{A}\boldsymbol{x})=\boldsymbol{A}^{\mathrm{T}} \tag{B-11}$$

$$\frac{\partial}{\partial \boldsymbol{x}}(\boldsymbol{x}^{\mathrm{T}}\boldsymbol{A})=\boldsymbol{A} \tag{B-12}$$

B.2.5 函数矩阵对变量的导数

设 $m\times n$ 阶矩阵 $\boldsymbol{A}$ 的每一个元素 a_{ij} 均是变量 x 的函数，若它们在某点处或某区间是可导的，则矩阵 $\boldsymbol{A}$ 在该点或该区间也是可导的，且定义矩阵对变量的导数为

$$\frac{\mathrm{d}\boldsymbol{A}}{\mathrm{d}x}=\begin{bmatrix}\frac{\mathrm{d}a_{11}}{\mathrm{d}x} & \frac{\mathrm{d}a_{12}}{\mathrm{d}x} & \cdots & \frac{\mathrm{d}a_{1n}}{\mathrm{d}x}\\ \vdots & \vdots & & \vdots\\ \frac{\mathrm{d}a_{m1}}{\mathrm{d}x} & \frac{\mathrm{d}a_{m2}}{\mathrm{d}x} & \cdots & \frac{\mathrm{d}a_{mn}}{\mathrm{d}x}\end{bmatrix} \tag{B-13}$$

同函数导数一样，矩阵的导数具有以下性质：

1）
$$\frac{\mathrm{d}(\boldsymbol{A}+\boldsymbol{B})}{\mathrm{d}x}=\frac{\mathrm{d}\boldsymbol{A}}{\mathrm{d}x}+\frac{\mathrm{d}\boldsymbol{B}}{\mathrm{d}x} \tag{B-14}$$

2）
$$\frac{\mathrm{d}(k\boldsymbol{A})}{\mathrm{d}x}=k\frac{\mathrm{d}\boldsymbol{A}}{\mathrm{d}x} \tag{B-15}$$

3）
$$\frac{\mathrm{d}(\boldsymbol{A}\boldsymbol{B})}{\mathrm{d}x}=\boldsymbol{A}\frac{\mathrm{d}\boldsymbol{B}}{\mathrm{d}x}+\frac{\mathrm{d}\boldsymbol{A}}{\mathrm{d}x}\boldsymbol{B} \tag{B-16}$$

4）
$$\frac{\mathrm{d}(\boldsymbol{R}\boldsymbol{A})}{\mathrm{d}x}=\boldsymbol{R}\frac{\mathrm{d}\boldsymbol{A}}{\mathrm{d}x}（\boldsymbol{R}\text{ 为常数矩阵}） \tag{B-17}$$

5）
$$\frac{\mathrm{d}(\boldsymbol{A}\boldsymbol{R})}{\mathrm{d}x}=\frac{\mathrm{d}\boldsymbol{A}}{\mathrm{d}x}\boldsymbol{R}（\boldsymbol{R}\text{ 为常数矩阵}） \tag{B-18}$$

6）设 $u=f_1(x)$，$\boldsymbol{A}=f_2(u)$，则

$$\frac{\mathrm{d}\boldsymbol{A}}{\mathrm{d}x}=\frac{\mathrm{d}\boldsymbol{A}}{\mathrm{d}u}\cdot\frac{\mathrm{d}u}{\mathrm{d}x} \tag{B-19}$$

B.3 复合函数导数

链式法则（Chain Rule）是求复合函数导数的一个法则，是计算

导数的一种常用方法。

1）若 $\boldsymbol{x} \in R^p$（向量，下同），$\boldsymbol{y} = g(\boldsymbol{x}) \in R^s$，$\boldsymbol{z} = f(\boldsymbol{y}) \in R^t$，则

$$\frac{\mathrm{d}\boldsymbol{z}}{\mathrm{d}\boldsymbol{x}} = \frac{\mathrm{d}\boldsymbol{y}}{\mathrm{d}\boldsymbol{x}} \cdot \frac{\mathrm{d}\boldsymbol{z}}{\mathrm{d}\boldsymbol{y}} \tag{B-20}$$

2）若 $\boldsymbol{X} \in R^{p\times q}$（矩阵，下同），$\boldsymbol{Y} = g(\boldsymbol{X}) \in R^{s\times t}$，$z = f(\boldsymbol{Y}) \in R$ 为实数，则

$$\frac{\partial z}{\partial \boldsymbol{X}_{ij}} = \mathrm{tr}\left(\left(\frac{\mathrm{d}z}{\mathrm{d}\boldsymbol{Y}}\right)^{\mathrm{T}} \cdot \frac{\partial \boldsymbol{Y}}{\partial \boldsymbol{X}_{ij}}\right) \tag{B-21}$$

3）若 $\boldsymbol{X} \in R^{p\times q}$，$\boldsymbol{y} = \boldsymbol{g}(\boldsymbol{X}) \in R^s$，$z = f(y) \in R$，则

$$\frac{\partial z}{\partial \boldsymbol{X}_{ij}} = \left(\frac{\mathrm{d}z}{\mathrm{d}\boldsymbol{y}}\right)^{\mathrm{T}} \cdot \frac{\partial \boldsymbol{y}}{\partial \boldsymbol{X}_{ij}} \tag{B-22}$$

4）若 $x \in R$，$\boldsymbol{u} = u(x) \in R^p$，$\boldsymbol{g} = g(\boldsymbol{u}) \in R^q$，则

$$\frac{\mathrm{d}\boldsymbol{g}}{\mathrm{d}x} = \left(\frac{\mathrm{d}\boldsymbol{g}}{\mathrm{d}\boldsymbol{u}}\right)^{\mathrm{T}} \cdot \frac{\mathrm{d}\boldsymbol{u}}{\mathrm{d}x} \tag{B-23}$$

附录C　优化代价函数

C.1　代数距离

在计算机视觉理论方法中，主要应用直接线性变换（DLT）算法估计有关参数，方法具有形式简洁、计算代价小的优点，其缺点是待估参数是超定的，并且最小化量没有几何或统计上的意义，因此获得的参数解几何精度较低。一般认为，将代数距离解作为几何或统计代价函数的非线性最小化解的初始值。

举例说明，在相对定向基础矩阵估计中，基础矩阵 $\boldsymbol{F}$ 定义

$$\tilde{\boldsymbol{p}}_2^{\mathrm{T}}\boldsymbol{F}\tilde{\boldsymbol{p}}_1=0 \tag{C-1}$$

式中　$\tilde{\boldsymbol{p}}_1$，$\tilde{\boldsymbol{p}}_2$——同名点的齐次坐标向量。

给定足够多的同名点，将方程（C-1）转化为

$$\begin{aligned}&x_2x_1f_{11}+x_2y_1f_{12}+x_2f_{13}+y_2x_1f_{21}+\\&y_2y_1f_{22}+y_2f_{23}+x_1f_{31}+y_1f_{32}+f_{33}\end{aligned} \tag{C-2}$$

从 n 组同名点（至少7对）即可得到

$$\boldsymbol{Af}=\boldsymbol{0} \tag{C-3}$$

以代数距离代价函数

$$\|\boldsymbol{Af}\|=\min,\|\boldsymbol{f}\|=1,\det(\boldsymbol{F})=0 \tag{C-4}$$

估计得到 $\boldsymbol{F}$ 元素 f_{ij}。

C.2　几何距离

摄影测量建立的理论一般是从严格的几何关系模型出发，通过将观测值（近似值）代入理论模型线性化（仅取一次项）后的表达

式，通过迭代最小二乘方法估计相关参数，实质上它是以几何距离误差最小化为代价函数的，也称重投影误差或黄金标准方法。

基于几何距离误差最小化的解一般运算过程复杂，但解的几何意义明确，并且几何精度最高，因此在以测量为任务的测绘学中得到应用。

仍以相对定向为例，误差方程是由立体像对模型共面条件转化为有一定几何关系及意义的表达式，即建立像点坐标改正数与相对定向参数及模型上下视差之间的关系式

$$
\begin{aligned}
&a_{x_1}V_{x_1}+a_{y_1}V_{y_1}+a_{x_2}V_{x_2}+a_{y_2}V_{y_2}\\
&=\mathrm{d}B_Y-b_{B_Z}\mathrm{d}B_Z-b_{\varphi}\mathrm{d}\varphi-b_{\omega}\mathrm{d}\omega-b_{\kappa}\mathrm{d}\kappa-q
\end{aligned}
\tag{C-5}
$$

式中　q ——立体模型上下视差；

$a\sim b$ ——同名像点坐标系数。

有 n 组同名点，即可得到

$$
\boldsymbol{AV}=\boldsymbol{B}\mathrm{d}\boldsymbol{X}-\boldsymbol{l}
\tag{C-6}
$$

摄影测量相对定向以几何意义明确的立体影像模型上下视差为参考目标（视差 q 为 0 时完成相对定向），并且相对定向参数显式在误差方程中，最终仍以惯用的像点观测值改正数最小二乘为代价函数

$$
\boldsymbol{V}^{\mathrm{T}}\boldsymbol{PV}=\min
\tag{C-7}
$$

经优化得到相对定向参数解。

C.3　Sampson 距离

从精度、复杂性来讲，Sampson 距离介于代数距离和几何距离之间，本质上讲，假定代价函数在待估点附近有很好的线性近似，它是几何距离解的一阶近似，即一个函数通过 Taylor 展开后，利用一阶可近似几何距离，即一阶几何距离误差就是 Sampson 距离误差；如果高阶项为 0（线性函数时），此时 Sampson 距离等同于几何距离。

假设求解问题的一般函数形式为

$$f(\boldsymbol{x})=0 \tag{C-8}$$

式中 $\boldsymbol{x}$ ——待估参数向量。

将上式 Taylor 展开至一次项为

$$f(\boldsymbol{x}+\delta\boldsymbol{x}) \doteq f(\boldsymbol{x})+\frac{\partial f}{\partial \boldsymbol{x}}\delta\boldsymbol{x} \tag{C-9}$$

记 $\boldsymbol{\varepsilon}=f(\boldsymbol{x})$ ，$\boldsymbol{J}=\dfrac{\partial f}{\partial \boldsymbol{x}}$ ，问题转化为 $\boldsymbol{J}\delta\boldsymbol{x}=-\boldsymbol{\varepsilon}$ 并满足 $\|\delta\boldsymbol{x}\|=\min$ 的解 $\delta\boldsymbol{x}$ ，应用拉格朗日极值求解方法

$$\delta\boldsymbol{x}=-\boldsymbol{J}^{\mathrm{T}}(\boldsymbol{J}\boldsymbol{J}^{\mathrm{T}})^{-1}\boldsymbol{\varepsilon} \tag{C-10}$$

Sampson 距离误差为

$$\|\delta\boldsymbol{x}\|^{2}=\delta\boldsymbol{x}^{\mathrm{T}}\delta\boldsymbol{x}=\boldsymbol{\varepsilon}^{\mathrm{T}}(\boldsymbol{J}\boldsymbol{J}^{\mathrm{T}})^{-1}\boldsymbol{\varepsilon} \tag{C-11}$$

同样，对于核线几何关系 $\tilde{\boldsymbol{p}}_2^{\mathrm{T}}\boldsymbol{F}\tilde{\boldsymbol{p}}_1=0$，其 Sampson 距离误差代价函数为

$$\|\delta\boldsymbol{x}\|^{2}=\sum_{i}\frac{(\tilde{\boldsymbol{p}}_2^{\mathrm{T}}\boldsymbol{F}\tilde{\boldsymbol{p}}_1)^{2}}{(\boldsymbol{F}\tilde{\boldsymbol{p}}_1)_1^{2}+(\boldsymbol{F}\tilde{\boldsymbol{p}}_1)_2^{2}+(\boldsymbol{F}^{\mathrm{T}}\tilde{\boldsymbol{p}}_2)_1^{2}+(\boldsymbol{F}^{\mathrm{T}}\tilde{\boldsymbol{p}}_2)_2^{2}}=\min \tag{C-12}$$

从以上影像相对定向的实例中，可以得到以下结论：

1）代数距离仅从原始的共面条件关系（核线几何关系 $\tilde{\boldsymbol{p}}_2^{\mathrm{T}}\boldsymbol{F}\tilde{\boldsymbol{p}}_1=0$）出发，经 Kronecker 积表达成线性形式，通过解算超定代数方程组，最终获得基础矩阵 $\boldsymbol{F}$ 的元素。由于代数距离没有刻画相对定向参数和观测量改正数间的关系，另外，从 $\boldsymbol{F}$ 再获得相对定向参数，又引入了模型误差，因此该方法理论模型不严密，获得的相对定向参数几何精度差。

2）Sampson 距离是以原始的共面条件关系出发经线性化建立的代价函数，最终获得 $\boldsymbol{F}$ 的元素，理论模型较为严密，但同样只获得 $\boldsymbol{F}$ ，由 $\boldsymbol{F}$ 获得相对定向参数，同样引入了模型误差，获得的相对定向参数几何精度也不高。

3）几何距离是由从共面条件关系转换为有几何意义的立体影像模型上下视差、相对定向参数与观测量改正数间的关系式，套用经

典的几何观测量改正数距离最小化的代价函数，直接获得相对定向参数。几何距离代价函数理论严密复杂，几何意义明确，获得的相对定向参数几何精度最高。

附录 D　相关资源库及部分程序代码

本文算法在 MATLAB 平台获得测试，基本算法、数值运算直接调用现有的资源库，如 allfns、MATLAB and Octave Functions for Computer Vision and Image Processing、mexopencv - master、MATLAB SIFT、T - CM 和 solver 等，并在其基础上进行改造、扩展和开发，形成本书的程序代码。

D.1　空三平差

D.1.1　读写数据

```
%以 SBA 示例数据
% %%%%%%%%%%%%%%%%%%%%%%%%%%%%%%
  more off
  clear
  clc
  [p1,p2,p3,p4,p5,p6,p7]=
  textread('7cams.txt','%f%f%f%f%f%f%f','commentstyle','shell');
  ncams=lenth(p1);
%图像数量
  EO_cv=[p5,p6,p7,zeros(ncams,1),zeros(ncams,1),zeros(ncams,1)];
%将相机外参数矩阵 ncams×6 中的旋转部分初始化(设为 0)
  EO_dp=zeros(ncams,6);
  Rcv=cell(1,ncams);
  R=cell(1,ncams);
  mot_n0=cell(1,ncams);
  for i=1:ncams
```

```
%四元数标准化
        mag=sqrt(p1(i)^2+p2(i)^2+p3(i)^2+p4(i)^2);
        if(p1(i)<0),
          mag=-mag;
        end;
        p1(i)=p1(i)/mag;
        p2(i)=p2(i)/mag;
        p3(i)=p3(i)/mag;
        p4(i)=p4(i)/mag;
    Rcv_ma{1,i}=[p1(i)^2+p2(i)^2-p3(i)^2-p4(i)^2,2*(p2(i)*p3(i)-p1(i)*p4(i)),2*(p2(i)*p4(i)+p1(i)*p3(i));...
    2*(p2(i)*p3(i)+p1(i)*p4(i)),p1(i)^2-p2(i)^2+p3(i)^2-p4(i)^2,2*(p3(i)*p4(i)-p1(i)*p2(i));...
    2*(p2(i)*p4(i)-p1(i)*p3(i)),2*(p3(i)*p4(i)+p1(i)*p2(i)),p1(i)^2-p2(i)^2-p3(i)^2+p4(i)^2];
        R{1,i}=Rcv{1,i}';% 摄影测量中旋转矩阵
        r=rodrigues(R{i});% 旋转矩阵分解角元素
        Xs=-R{1,i}*EO_cv(i,1:3)';% 位置向量
        mot_n0{i}={r,Xs};
  end
  clear p1 p2 p3 p4 p5 p6 p7 mag;
  clear Rcv;
  pixel=1;
  f=851.57945*pixel;
  focals=f*ones(1,ncams);
  pts2D=[];
  pts3D=[];
  npts=0;
  imgs=cell(1,ncams);
  impoint=0;
%逐行读取点物方点和图像点坐标
  fidB=fopen('7pts.txt');
```

```
while ~feof(fidB),
        line=fgets(fidB);
        [A,~,~,nextindex]=sscanf(line,'%f%f%f%f',[1,4]);
        if(size(A,2)>0)
          npts=npts+1;
          pts3D(npts,:)=A(1:3);
          nframes=A(4);
          impoint=impoint+nframes;
          for i=1:nframes
               [A,~,~,j]=
                     sscanf(line(nextindex:length(line)),'%f%f%f',[1,3]);
               nextindex=nextindex+j;
               sizeimgs=size(imgs{A(1)+1},2);
               imgs{A(1)+1}(:,sizeimgs+1)=
                     [npts;pixel*[A(2),-A(3)]'];
          end
        end
end
fclose(fidB);
clear nframes line projs idi A count errmsg nextindex sizeimgs
clear i j fid
str=[pts3D';ones(1,npts)];
m=ncams;
n=npts;
motveucl=mot_to_vec_eucl(mot_n0);      %将外方位元素转换为向量形式 6m×1;
strvec=str_to_veceucl(str);
motstrvec=[motveucl; strvec];
imgsvec=imgs_to_vec(imgs);             %像点向量
calibv=focals';
id_ctrlimg=[1];
NumTotalGCP=2;
```

```
    id_ctrlpts=[1,2];
    id_TotalGCP=1:NumTotalGCP;
    id_chckpts=setdiff(id_TotalGCP,id_ctrlpts);
```

D.1.2 平差解算

```
  %此处仅列出主函数DCBA3,主函数体内调用的子函数请读者完成
  % %%%%%%%%%%%%%%%%%%%%%%%%%%%%%%%
    max_iter=20;
    nb_total_params=6;
    X_opt=X0;
    V0=feval(fun,X0,args);
    d=zeros(length(X0),1);
    err_old0=norm(V0);
    verbose=true;
    err_old=err_old0;
  J=feval(Jfun,X_opt,args,1000 * eps);   % Jfun为雅可比函数
    JtJ=J' * J;
    Jtl=J' * feval(fun,X_opt,args);
    if issparse(J)   % J是稀疏矩阵,通过稀疏矩阵求逆方法求解
      P=spalloc(length(JtJ),length(JtJ),length(JtJ));
      [d0,FLAG,~,i,~]=pcg(JtJ,Jtl,tol,max_nb_iter,P);  % "PCG
approach"
    else                              %否则直接求逆
      P(1:length(JtJ),1:length(JtJ))=diag(diag(JtJ));
      [d0,FLAG,~,i,~]=pcg(JtJ,Jtl,tol,max_nb_iter,P);
    end
    if (length(d)==length(d0))
        d=d0;
    else if strcmp(Jfun,'AACIjac_mot_str_spr')
        id_ctrlimg=args.id_ctrlimg;
        id_img=1:m;
        id_chckimg=setdiff(id_img,id_ctrlimg);
```

```
            d(end-3*n+1:end,1)=d0(end-3*n+1:end,1);
            for j=1:length(id_chckimg)
                d(nb_total_params*(id_chckimg(j)-1)+(1:nb_total_params),1)=d0(nb_total_params*(j-1)+(1:nb_total_params),1);
            end
            else if strcmp(Jfun,'AACPjac_mot_str_spr')
                    id_ctrlpts=args.id_ctrlpts;
                    id_strpts=1:n;
                    id_chktie=setdiff(id_strpts,id_ctrlpts) ;
                    d(1:m*nb_total_params,1)=d0(1:m*nb_total_params,1);
                    for j=1:length(id_chktie)
                        d(m*nb_total_params+3*(id_chktie(j)-1)+(1:3),1)=d0(m*nb_total_params+3*(j-1)+(1:3),1);
                    end
                end
            end
        end
        if ~isempty(update_fun)
          X_opt_tmp=feval(update_fun,{X_opt,d,args});
        else
          X_opt_tmp=X_opt+d;
        end
        err_opt=norm(feval(fun,X_opt_tmp,args));
        de=norm(err_old-err_opt);
        X_opt=X_opt_tmp;
        Xvals=[X0,X_opt_tmp];
        [rws clms]=size(J);
        if verbose
            fprintf('--------理论精度%g\n','')
            fprintf('原始误差=%g pixel^2\n',err_old0 )
            fprintf('初始反投影中误差=%g pixel\n',sqrt(err_old0/rws))
```

```
        fprintf('初始单位权中误差=%g pixel\n',sqrt(err_old0/(rws-clms)))
        fprintf('收敛信息 -> %g\n',FLAG)
        fprintf('迭代次数 -> %g\n',i)
        fprintf('最终误差=%g pixel^2\n',err_opt)
        fprintf('最终反投影中误差=%g pixel\n',sqrt(err_opt/rws))
        fprintf('最终单位权中误差=%g pixel\n',sqrt(err_opt/(rws-clms)))
        fprintf('误差较差=%g\n',log10(de))
    end
end
```

D.2　加密匹配

```
%以 Harris 点特征算子为例实现加密匹配
  radius=3;
  thresholdD=0.6;
  sigma=0.8;
  thresh=0.2 ;      % Harris corner threshold
  nonmaxrad=1;   % Non-maximal suppression radius
  dmax=10;          % Maximum search distance for matching 原程序默认 50
  w=11;             % Window size for correlation matching
[~,~,~,r1,c1]=harris(img{1},sigma,thresh,nonmaxrad);
  [~,~,~,r2,c2]=harris(img{2},sigma,thresh,nonmaxrad);
```

D.2.1　双向匹配

```
  biM=VL_bimatching(descriptor{1},descriptor{2});
[n,m]=find(biM==2);
  BcoordLT=frames{1}(1:2,n);
  BcoordRT=frames{2}(1:2,m);
```

```
[~,indx]=unique(BcoordLT','rows','first');
  BcoordLT=BcoordLT(:,indx(:));
  BcoordRT=BcoordRT(:,indx(:));
  clear indx m biM;
[~ ,cols1]=size(img{1});
  imgdisp=appendimages(img{1},img{2});%显示图像
  figure('Position',[100 100 size(imgdisp,2) size(imgdisp,1)]);
  imagesc(imgdisp);
  imshow(imgdisp);
  drawnow
  bordertext( 'top',' 双向匹配后结果 ','[B][T][fk][bw][er][10][R0]' );
  hold on
  for i=1: size(BcoordLT,2)
      plot(BcoordLT(1,i),BcoordLT(2,i),'g+');
      plot(BcoordRT(1,i)+cols1,BcoordRT(2,i),'r*');
      line([BcoordLT(1,i)  BcoordRT(1,i)+cols1],...
          [BcoordLT(2,i)  BcoordRT(2,i)]);
  end
  hold off
```

D.2.2　核线约束匹配

```
  x1(1,:)=BcoordLT(2,:);
  x1(2,:)=BcoordLT(1,:);
  x2(1,:)=BcoordRT(2,:);
  x2(2,:)=BcoordRT(1,:);
[F,inliers]=ransacfitfundmatrix(x1,x2,0.001);
  FcoordLT(1:2,1:size(inliers,2))=BcoordLT(1:2,inliers);
  FcoordRT(1:2,1:size(inliers,2))=BcoordRT(1:2,inliers);
  clear x1 x2;
  imgdisp=appendimages(img{1},img{2});%显示图像
  figure('Position',[100 100 size(imgdisp,2) size(imgdisp,1)]);
  imagesc(imgdisp);
```

```
imshow(imgdisp);
drawnow
bordertext( 'top',' 核线约束结果 ','[B][T][fk][bw][er][10][R0]' );
hold on
for i=1: size(FcoordLT,2)
    plot(FcoordLT(1,i),FcoordLT(2,i),'gx');
    plot(FcoordRT(1,i)+cols1,FcoordRT(2,i),'rx');
end
hold off
```

D.2.3　多次单应性约束匹配

```
finalMatch=[];
backcoordLT=[];
NumPatch=2;
numpoly=5;%拾取 5 边形的边界
figure('Position',[100 100 size(img{1},2) size(img{1},1)]);
imagesc(img{1});
imshow(img{1});
drawnow
bordertext( 'top',' 多层次三角形面域 ','[B][T][fk][bw][er][10][R0]' );
bordertext( 'innertopleft',' 左影像 ','[B][T][fk][bw][er][10][R0]' );
hold on
for g=1:NumPatch
    for h=1:numpoly
      [x(h,g) y(h,g)]=ginput(1);
    end
end
for g=1:NumPatch
    idinpoly=find(inpolygon(FcoordLT(1,:)',FcoordLT(2,:)',x(:,g),
y(:,g))==1);
    FPlycoordLT=FcoordLT(1:2,idinpoly);
    FPlycoordRT=FcoordRT(1:2,idinpoly);
```

```
    x1(1,:)=FPlycoordLT(2,:);
    x1(2,:)=FPlycoordLT(1,:);
    x2(1,:)=FPlycoordRT(2,:);
    x2(2,:)=FPlycoordRT(1,:);
  [H,inliers]=ransacfithomography(x1,x2,0.001);% 0.01
    HcoordLT(1:2,1:size(inliers,2))=FPlycoordLT(1:2,inliers);
    HcoordRT(1:2,1:size(inliers,2))=FPlycoordRT(1:2,inliers);
    numhomog=size(inliers,2);
    clear x1 x2;
```

D.2.4 视差梯度约束匹配

```
    numprlgrad=0;
    for h=1:numhomog
        if (h<numhomog)
            prlgrad=
                        norm(HcoordRT(1:2,h+1)-HcoordRT(1:2,h)
-HcoordLT(1:2,h+1)+HcoordLT(1:2,h))/…
                        norm(HcoordRT(1:2,h+1)-HcoordRT(1:2,h)
+Hcoord LT(1:2,h+1)-HcoordLT(1:2,h));
        elseif(h==numhomog)
            prlgrad=
                        norm(HcoordRT(1:2,end)-HcoordRT(1:2,1)
-HcoordLT(1:2,end)+HcoordLT(1:2,1))/…
                        norm(HcoordRT(1:2,end)-HcoordRT(1:2,1)
+HcoordL T(1:2,end)-HcoordLT(1:2,1));
        end
        if(prlgrad<0.8) % 0.8
          numprlgrad=numprlgrad+1;
          DcoordLT(1:2,numprlgrad)=HcoordLT(1:2,h);
          DcoordRT(1:2,numprlgrad)=HcoordRT(1:2,h);
        end
    end
```

```
        if(g>=2)
          clear coordLT coordRT
          idinpoly=
                   find(inpolygon(DcoordLT(1,:)',DcoordLT(2,:)',
backcoordLT(1,fe(1,:))',backcoordLT(2,fe(1,:))')==1);
          if(isempty(idinpoly))
              coordLT=DcoordLT;
              coordRT=DcoordRT;
          else
                plot(DcoordLT(1,idinpoly),DcoordLT(2,idinpoly),'y*');
                coordLT_tmp=DcoordLT(1:2,idinpoly);
              [DcoordLT_temp,iD]=setdiff(DcoordLT(1:2,:)',coordLT_
tmp','rows');
                coordLT=DcoordLT_temp';
                coordRT=DcoordRT(:,iD);
          end
        else
            coordLT=DcoordLT;
            coordRT=DcoordRT;
        end
```

D.2.5 三角网约束匹配

```
    %   以种子点组织：Delaunay 三角形
        triMesh=delaunay(coordLT(1,:),coordLT(2,:));% N1×3
        triMesh=TriRep(triMesh,coordLT(1,:)',coordLT(2,:)');
        fe=freeBoundary(triMesh)';
        plot(coordLT(1,fe),coordLT(2,fe),'r','LineWidth',2);
        invoT(g,1:size(triMesh,1))=zeros(1,size(triMesh,1));
        denominatorW=radius*radius;
        onesRow=[1 1 1];
        for i=1:size(triMesh,1)
            vertexs=triMesh(i,:);
```

```
        triL=[coordLT(:,vertexs); onesRow];
        triR=[coordRT(:,vertexs); onesRow];
          candidateL = find(inpolygon(frames{1}(1,:), frames{1}
(2,:),...
                                         triL(1,:),triL(2,:))==1);
        if(isempty(candidateL))
          continue;
        end
          candidateR = find(inpolygon(frames{2}(1,:), frames{2}
(2,:),...
                                         triR(1,:),triR(2,:))==1);
        if(isempty(candidateR))
          continue;
        end
         pointL = [frames{1}(1:2, candidateL); ones(1, length
(candidateL))];
         pointR = [frames{2}(1:2, candidateR); ones(1, length
(candidateR))];
        pointE=triR/triL * pointL;
        tempMatch=[];
        for j=1: size(pointE,2)
            point=pointE(:,j);
            des_candidate=descriptor{1}(:,candidateL(j));
          [areaP indP]=incircle(point(1),point(2),radius,pointR);
            if(isempty(areaP))
              continue;
            end
            desAP=descriptor{2}(:,candidateR(indP));
            desDist=(double(des_candidate))' * (double( desAP));
            eudDist=sqrt((pointR(1,indP)-point(1)).^2+...
                    (pointR(2,indP)-point(2)).^2)./denominatorW;
            sim=(1.5).^(-eudDist).* desDist;
```

```
            [v ind]=max(sim);
              if(v>=thresholdD)
                tempMatch=[tempMatch,[pointL(1:2,j);pointR(1:2,
indP(ind))]];
              end
          end
          finalMatch=[finalMatch,tempMatch];
      end
      for i=1:size(triMesh,1)
          vertexs=triMesh(i,:);
          triL=[coordLT(:,vertexs); onesRow];
          triR=[coordRT(:,vertexs); onesRow];
          candidateL=find(inpolygon(c1',r1',triL(1,:),triL(2,:))==
1);
          if(isempty(candidateL))
            continue;
          end
          candidateR=find(inpolygon(c2',r2',triR(1,:),triR(2,:))==
1);
          if(isempty(candidateR))
            continue;
          end
           pointL=[c1(candidateL)'; r1(candidateL)'; ones(1,length
(candidateL))];
           pointR=[c2(candidateR)'; r2(candidateR)'; ones(1,length
(candidateR))];
           pointE=triR/triL * pointL;
           tempMatch=[];
           for j=1: size(pointE,2)
              point=pointE(:,j);
            [areaP indP]=incircle(point(1),point(2),radius,pointR);
              if(isempty(areaP))
```

```
                continue;
            end
            [m1,m2]=matchbycorrelation(img{1},[pointL(2,j);
pointL(1,j)],img{2},[pointR(2,indP);pointR(1,indP)],w,dmax);
            if(isempty(m1))
                continue;
            end
            tempMatch=[m1(2,:);m1(1,:);m2(2,:);m2(1,:)];
            finalMatch=[finalMatch,tempMatch];
        end
    end
    finalMatch=[finalMatch,[coordLT;coordRT]];
    finalMatch=unique(finalMatch','rows','first')';
    backcoordLT=[backcoordLT,coordLT];%多面域的种子点
   [Dtemp,iF]=setdiff(FcoordLT',DcoordLT','rows');
    FcoordLT=Dtemp';
    FcoordRT=FcoordRT(:,iF);
    clear HcoordLT HcoordRT triMesh DcoordLT DcoordRT Dtemp iF;
  end
  hold off;
 [~ ,cols1]=size(img{1});
  imgdisp=appendimages(img{1},img{2});%显示图像
  figure('Position',[100 100 size(imgdisp,2) size(imgdisp,1)]);
  imagesc(imgdisp);
  imshow(imgdisp);
  drawnow
  bordertext( 'innertopleft',' 左影像 ','[B][T][fk][bw][er][10][R0]' );
  bordertext( 'innertopright',' 右影像 ','[B][T][fk][bw][er][10][R0]' );
  hold on
  for i=1: size(finalMatch,2)
    plot(finalMatch(1,i),finalMatch(2,i),'g+');
    plot(finalMatch(3,i)+cols1,finalMatch(4,i),'r+');
```

```
        match_rc=[finalMatch(2,:)',finalMatch(1,:)',finalMatch(4,:)',
finalMatch(3,:)'];
    end
    hold off
end
```

参考文献

[1] C VINCENT TAO，JONATHAN LI. 2007. Advances in mobile mapping technology [M]. Taylor & Francis Group，London，xi.

[2] SUSANNE BECKER，NORBERT HAALA. Grammar supported facade reconstruction from mobile LiDAR mapping [C]. IAPRS，Vol. XXXVIII，Part 3/W4. 2009：229-234.

[3] ANTERO KUKKO，et al. Mobile mapping system and computing methods for modelling of road environment [C]. Shanghai：Urban Remote Sensing Joint Event. 2009 Joint：1-6.

[4] EL-SHEIMY N. An overview of mobile mapping systems [C]. FIG Working Week2005 and GSDI-8—From Pharaos to Geoinformatics，FIG/GSDI，Cairo，2005，16-21April. 24p (on CDROM).

[5] 李德仁. 移动测量技术及其应用 [J]. 地理空间信息，2006，4 (4)：1-5.

[6] 张祖勋. 数字摄影测量的发展与展望 [J]. 地理信息世界，2004，2 (3)：1-5.

[7] 李德仁. 21 世纪测绘发展趋势与我们的任务 [J]. 中国测绘，2005 (2)：36-37.

[8] 李德仁，胡庆武. 基于可量测实景影像的空间信息服务 [J]. 武汉大学学报（信息科学版），2007，32 (5)：377-380.

[9] BARBER D，MILLS J P. Validation of streetmapper ground based kinematic lidar data：part 1-bristol test site [R]. School of Civil Engineering and Geosciences，Newcastle University，Newcastle upon Tyne. 2006.

[10] LICHTI D D，FRANKE J，CANNELL W，et al. The potential of terrestrial laser scanners for digital ground surveys [J]. Journal of Spatial Science，2005，50 (1)：75-89.

[11] BARBER D, MILLS J, SMITH - VOYSEY S. Geometric validation of a ground - based mobile laser scanning system [J] . ISPRS Journal of Photogrammetry & Remote Sensing, 2008, 63 (1): 128 - 141.

[12] BRENNER C. Extraction of features from mobile laser scanning data for future driver assistance systems [C] . AGILE, Hannover: 12th Agile Conference, 2009, 2 - 5 June: 12 - 45.

[13] CLARKE K C. Mobile mapping and geographic information systems [J]. Cartogra - phy and Geographic Information Science, 2004, 31 (3): 131 - 136.

[14] FRÜH C, ZAKHOR A. An automated method for large - scale, ground - based city model acquisition [C] . International Journal of Computer Vision, 2004, 60 (1): 5 - 24.

[15] GRAHAM L. Mobile mapping systems overview [J] . Photogrammetric Engineer - ing & Remote Sensing, 2010, 76 (3): 222 - 228.

[16] HAALA N, PETER M, KREMER J, et al. Mobile LiDAR mapping for 3D pointcloud collection in urban areas—a performance test [C]. International Archives of Photogrammetry, Remote Sensing and Spatial Information Sciences, 2008, 37 (PartB5): 1119 - 1130.

[17] HASSAN T, EL - SHEIMY N. Common adjustment of land - based and airborne mobile mapping system data [C] . International Archives of Photogrammetry, Remote Sensing and Spatial Information Sciences, 2008, 37 (Part B5): 835 - 842.

[18] JAAKKOLA A, HYYPPÄ J, HYYPPÄ H, et al. Retrieval algorithms for road surface modelling based on mobile mapping [J] . Sensors, 2008, 8 (9): 5238 - 5249.

[19] KUKKO A, ANDREI C - O, SALMINEN V. - M, et al. Road environment mapping system of the finnish geodetic institute—FGIroamer [C]. International Archives of Photogrammetry, Remote Sensing and Spatial Information Sciences, 2007, 36 (Part 3/W52): 241 - 247.

[20] KUKKO A, HYYPPÄ J. Small - footprint laser scanning simulator for system validation, error assessment and algorithm development [J]. Photogrammetric Engineering & Remote Sensing, 2009, 75 (10): 1177 - 1189.

[21] KUKKO A. Road environment mapper—3D data capturing with mobile mapping [D]: [Ph. D.] . Espoo: Helsinki University of Technology, 2009: 158.

[22] LEHTOMÄKI M, JAAKKOLA A, HYYPPÄ J, et al. Detection of vertical pole - like objects in a road environment using vehicle - based laser scanning data [J] . Remote Sensing, 2010, 2 (3): 641 - 664.

[23] MANANDHAR D, SHIBASAKI R. Auto - extraction of urban features from vehicle - borne laser data [C] . Proc. International Archives of Photogrammetry, Remote Sensingand Spatial Information Sciences, 2002, 34 (4): 6 (on CDROM).

[24] HJ YOO, F GOULETTE, J SENPAUROCA, et al. Simulation based comparative analysis for the design of laser terrestrial mobile mapping systems [J] . Boletim de Ciências Geodésicas, 2009, 15 (5): 839 - 854.

[25] PETRIE G. An introduction to the technology, mobile mapping systems [J] . Geoinformatics, 2010, 13 (1), 32 - 43.

[26] HUNTER , G COX, C KREMER J. Development of a commercial laser scanning mobile mapping system - Street Mapper [C] . Belgium: Proceedings of Second International Workshop on the Future of Remote Sensing, Antwerp, 2006.

[27] SHEN Y, SHENG Y, ZHANG K, et al. Feature extraction from vehicle - borne laser scanning data [C] . Wuhan: Proc. International Conference on Earth Observation Data Processing and Analysis, SPIE, 2008: 10.

[28] STEINHAUSER D, RUEPP O, BURSCHKA D. Motion segmentation and scene classification from 3D LiDAR data [C] . Eindhoven: Proc. IEEE Intelligent Vehicles Symposium. IEEE, 2008: 398 - 403.

[29] WEISS T, DIETMAYER K. Automatic detection of traffic infrastructure objects for the rapid generation of detailed digital maps using laser scanners [C] . Istanbul: Proc. IEEE Intelligent Vehicles Symposium, 2007: 271 - 1277.

[30] YU S - J, SUKUMAR S R, KOSCHAN A F, et al. 3D reconstruction of road surfaces using an integrated multi - sensory approach [J] . Optics and Lasers in Engineering 2007. 45 (7): 808 - 818.

[31] ZHAO H, SHIBASAKI R. Reconstructing a textured CAD model of an urban environment using vehicle - borne laser range scanners and line cameras [J] . Machine Vision and Applications, 2003, 14 (1): 35 - 41.

[32] ZHAO H, SHIBASAKI R. A vehicle - borne urban 3 - D acquisition system using single - row laser range scanners. IEEE. Transactions on Systems, Man and Cybernetics, 2003, 33 (4), 658 - 666.

[33] ZHAO H, SHIBASAKI R. Updating a digital geographic database using vehicle - borne laser scanners and line cameras [J]. Photogrammetric Engineering & Remote Sensing, 2005, 71 (4): 415 - 424.

[34] TAO C V, LI, J (Eds.), Advances in mobile mapping technology [M]. Taylor & Francis: ISPRS Book Series, 2007 (4): 176.

[35] GOAD C C. The Ohio State university mapping system: thepositioning component. Procecing [C] . Williamsburg: Proc. 47th Annual Meeting. Institute of , Navigation (ION), VA, 1991: 121 - 124.

[36] SCHWARZ K - P, EL - SHEIMY N. 2005. Digital mobile mapping systems—state of the art and future trends [M] . London: Taylor & Francis Group, ISPRS Book Series—Advances in Mobile Mapping Technology: 3 - 18.

[37] HOCK C, CASPARY W, HEISTER H, et al. H. Architecture and design of the kinematic survey system KiSS [C] . Stuttgart, Germany: Proceedings of the 3rd International Work - shop on High Precision Navigation, April, 1995: 569 - 576.

[38] TALAYA J, BOSCH E, ALAMUS R, et al. Geovan: The mobile mapping system from the ICC [C] . Kunming, China: Proceedings 4th International symposium on mobile mapping Technology, March 2004: 29 - 31.

[39] TALAYA J, ALAMUS R, BOSCH E, et al. Integration of terrestrial laser scanner with GPS/IMU orientation sensors [C] . International Archives of Photogrammetry and Remote Sensing, ISPRS Comm. V, 2004, Vol. 35, Part B5: 6.

[40] BARBER D, MILLS J, SMITH - VOYSEY S. Geometric validation of a ground - based mobile laser scanning system [J] . ISPRS Journal of

Photogrammetry and Remote Sensing，2008，63 (1)，128 - 141.

[41] 欧建良．基于地面移动测量序列立体影像的三维线段提取和物体识别[D]．上海：同济大学，2009.

[42] 李德仁．论可量测实景影像的概念与应用——从 4D 产品到 5D 产品 [J]. 测绘科学，2007，32 (4)：5 - 7.

[43] Lambda Tech International. http：//www. lamb - datech. com. Last accessed November 23，2006.

[44] 3sNews. 我国自主知识产权车载测量系统正式亮相 [OL]．http：//news. 3snews. net/industry/20111123 /17274. shtml.

[45] DI K，WANG J，HE S，et al. Toward autonomous mars rover localization operations in MER 2003 mission and new development for future missions. Int Arch Photogramm Remote Sens，2008，37：957 - 962.

[46] 邸凯昌，刘斌，等．利用多探测任务数据建立新一代月球全球控制网的方案与关键技术 [J]．测绘学报，2018，43 (12)：2099 - 2105.

[47] LI R，ARCHINAL B A，ARIBIDSON R E，et al. Spirit rover localization and topographic mapping at the landing site of gusev crater，mars [J]. Journal of Geophysical Research Atmospheres，2006，111 (E2)：516 - 531.

[48] 吴伟仁，周建亮，王保丰，等．嫦娥三号“玉兔号”巡视器遥操作中的关键技术 [J]．中国科学：信息科学，2014 (4)：425 - 440，doi：10. 1360/N112013 - 00231.

[49] 戴宪彪，王亮，居鹤华．一种月球车的环境重建方法 [J]．计算机测量与控制，2011，19：1699 - 1701.

[50] B WU，Y ZHANG，Q ZHU. A triangulation - based hierarchical image matching method for wide - baseline images [J]．Photogrammetric Engineering & Remote Sensing，2011，77 (7)：695 - 708.

[51] 吴军．3 维城市建模中的建筑墙面纹理快速重建研究 [J]．测绘学报，2005，34 (4)：317 - 323.

[52] 康志忠．城市街道景观三维可视化的快速实现 [J]．武汉大学学报（信息科学版)，2010，35 (2)：205 - 208.

[53] 李畅．城市建筑物框架轮廓三维自动重构研究 [J]．计算机工程与应用，2011，47 (8)：4 - 6.

[54] CHARLES K TOTH. R&D of mobile lidar mapping and future trends [C]. Maryland: ASPRS Annual Conference Baltimore, March 9 - 13, 2009.

[55] REITERER A, HASSAN T, EL - SHEIMY N. Robust extraction of traffic signs from georeferenced mobile mapping images [C] . São Paulo, Brazil: International Symposium on Mobile Mapping Technology. Presidente Prudente, 2009.

[56] REITERER A, HASSAN T, EL - SHEIMY N. Traffic sign detection from mobile mapping images [C] . Egypt: ICIP IEEE International Conference on Image Processing, Cairo. 2009.

[57] GORDON PETRIE. An introduction to the technology mobile mapping systems [J] . Geoinformatics, January/February 2010.

[58] N EL - SHEIMY. The Promise of MEMS for Mapping and Navigation Applications [R] . Wuhan University, 2012.

[59] 袁修孝，朱武，武军郦，等．无地面控制 GPS 辅助光束法区域网平差 [J]. 武汉大学学报（信息科学版），2004，29（10）：852 - 857.

[60] HABIB A, T SCHENK. Accuracy Analysis of Reconstructed Points in Object Space from Direct and Indirect Orientation Methods [J] . In: Heipke, C. , Jacobsen, K. , Wegmann H. (Eds), Integrated Sensor Orientation, OEEPE Official Publication No 43. 2001.

[61] HABIB F A, A M PULLIVELLI, M MORGAN. Quantitative measures for the evaluation of camera stability [C] . Istanbul, Turkey: International Archives of Photogrammetry and Remote Sensing, XXth ISPRS Congress, Comm. I, Vol. XXXV, Part B1, pp. 63 - 69, July 12 - 23, 2004.

[62] 袁修孝．POS 辅助光束法区域网平差 [J]．测绘学报，2008，37（3）：342 - 348.

[63] GRUEN A, BAER S. Aerial mobile mapping - geo - referencing without GPS/INS [C] . Proceedings of the 3rd International Symposium on Mobile Mapping Technology [C] . Cairo: [s. n.], 2001.

[64] HEIPKE C, JACOBSEN K, WEGMANN H. The oeepe test on integrated sensor orientation results of phase I [A] . Proceedings of Photogrammetric

Week [C] . Stuttgart：[s. n.]，2001：195 - 204.

[65] ALAMUS R，BARON A，BOSCH E，et al. On the accuracy and performance of the geo mobile system. International Archives of Photogrammetry，Remote Sensing and Spatial Information Sciences 35 (Part 5)，2004：262 - 267.

[66] 刘军，王冬红，刘敬贤，等 . IMU/DGPS 系统辅助 ADS40 三线阵影像的区域网平差 [J] . 测绘学报，2009，38 (1)：55 - 60.

[67] 白志刚，鲁建伟 . GPS/INS 直接定向精度分析 [J] . 全球定位系统，2009，(2)：27 - 30.

[68] 张永军，熊金鑫，熊小东，等 . POS 数据的上下视差误差源检测及误差补偿回归模型 [J] . 测绘学报，2011，40 (5)：604 - 609.

[69] 郭晟 . 国产自主高精度定位定姿系统 [R] . 武汉：第十八届中国遥感大会特邀报告 . 2012.

[70] MOSTAFA，M M R. Digital multi - sensor systems - calibration and performance analysis. OEEPE Workshop，Integrated Sensor Orientation，Hannover，Germany，Sept 17 - 18，2001.

[71] MOSTAFA MADANI，ILYA，SHKOLNIKOV. Photogrammetric correction of GPS/INS post - processed trajectory of the frame camera platform using ground control [J] . Baltimore，Maryland：ASPRS "Geospatial Goes Global：From Your Neighborhood to the Whole Planet" March 7 - 11，2005.

[72] ALAIN IP，NASER EL - SHEIMY，MOHAMED MOSTAFA. Performance Analysis of Integrated Sensor Orientation [J] . Photogrammetric engineering & remote sensing. Vol. 73，No. 1，January 2007.

[73] M BLÁZQUEZ，I COLOMINA. Relative INS/GNSS aerial control in integrated sensor orientation：Models and performance [J] . JPRS，2012：120 - 133.

[74] APPLANIX. POS LV specifications：performance specifications [EB/OL]. http：//www. applanix. com/media/downloads/products/specs/POSLV _ Specifications 2012 october. pdf POS LV V5 Installation and Operation Guide 2011. pdf.

[75] 郭大海 . 机载 POS 系统直接地理定位技术理论与实践 [M] . 北京：地

质出版社，2009.

[76] 孙红星．差分 GPS & INS 组合定位定姿及其在 MMS 中的应用［D］．武汉：武汉大学，2004.

[77] 孙红星．航空遥感中基于高阶 INS 误差模型的 GPS/INS 组合定位定向方法［J］．测绘学报，2010，39（1）：28－33.

[78] 邹晓亮．车载测量系统数据处理若干关键技术研究［D］．郑州：解放军信息工程大学，2011.

[79] 李学友．IMU/DGPS 辅助航空摄影测量原理、方法和实践［D］. 郑州：解放军信息工程大学，2005.

[80] 徐振亮，李艳焕，闫利．单张大角度影像后方交会初值确定方法［J］．辽宁工程技术大学学报（自然科学版），2014，33（7）：951－954.

[81] 徐振亮，闫利，等．轴角描述的光束法平差新方法［J］．武汉大学学报（信息科学版），2015，40（7）：865－869.

[82] 张祖勋．数字摄影测量与计算机视觉［J］．武汉大学学报：信息科学版，2004，29（12）：1035－1039.

[83] 龚健雅，季顺平．从摄影测量到计算机视觉［J］．武汉大学学报（信息科学版），2017，42（11）：1518－1522，1615.

[84] 张祖勋，苏国中，张剑清，等．基于序列影像的飞机姿态跟踪测量方法研究［J］．武汉大学学报（信息科学版），2004，29（4）：287－291.

[85] 袁修孝，余翔．高分辨率卫星遥感影像姿态角系统误差检校［J］．测绘学报，2012，41（3）：385－392.

[86] 王之卓．摄影测量原理［M］．北京：测绘出版社，1980.

[87] 冯文灏．近景摄影测量——物体外形与运动状态的摄影法测定［M］．武汉：武汉大学出版社，2002.

[88] 李德仁，郑肇葆．解析摄影测量学［M］．北京：测绘出版社，1992.

[89] 张永军，张祖勋，张剑清．利用二维 DLT 及光束法平差进行数字摄像机标定［J］．武汉大学学报（信息科学版），2002，27（6）：566－571.

[90] FIORE P D. Efficient linear solution of exterior orientation［C］. IEEE Trans. Pattern Analysis and Machine Intelligence，23（2）：140－148，2001.

[91] LEPETIT V，MORENO－NOGUER F，FUA P. EPnP：an accurate o (n) solution to the pnp problem［C］. International Journal of Computer

Vision，81：155 - 166，2009.

[92] 吴福朝．计算机视觉——Cayley 变换与度量重构［M］．北京：科学出版社，2011.

[93] HARTLEY R，ZISSERMAN A. Multiple view geometry in computer vision［M］. 2nd edition. Cambridge：Cambridge University Press，2000.

[94] LOURAKIS M，ARGYROS A. The design and implementation of a generic sparse bundle adjustment software package based onthe levenberg - marquardt algorithm［R］. Technical Report340，Greece：Institute of Computer Science - FORTH，2004.

[95] 张剑清，潘励，王树根．摄影测量学［M］．武汉：武汉大学出版社，2010.

[96] 徐振亮，闫利，段伟，等．车载序列影像直接相对定向质量［J］．辽宁工程技术大学学报（自然科学版），2013，32（3）：321 - 325.

[97] 钱曾波，刘静宇，肖国超．航天摄影测量［M］．北京：解放军出版社，1990.

[98] LEE S，LIU Y. Curved glide - reflection symmetry detection［C］. In：IEEE Conf. Comput. Vision Pattern Recog，2009：1046 - 1053.

[99] SCHAFFALITZKY，F，ZISSERMAN，A. Multi - view matching for unordered image sets［C］. In：European Conf. Comput. Vis，2002：414 - 431.

[100] TUYTELAARS T，VAN GOOL L. Matching widely separated views based on affine invariant regions［J］. Internat. J. Comput. Vision，2004，1（59）：61 - 85.

[101] BROWN M，LOWE D. Recognising panoramas［C］. In：Internat Conf. Comput. Vision，2003：1218 - 1227.

[102] BOSCH A，ZISSERMAN A，MUÑOZ X. Scene classification using a hybrid generative/discriminative approach［J］. IEEE Trans. Pattern Anal. Machine Intell，2008，30（4）：712 - 727.

[103] JEGOU H，DOUZE M，SCHMID C. Hamming embedding and weak geometric consistency for large scale image search［C］. In：European Conf. Comput. Vision，2008：304 - 317.

[104] VEDALDI A，SOATTO S. Local features，all grown up［C］. In：IEEE

Conf. Comput. Vision Pattern Recog，2006：1753 - 1760.

[105] FERRARI V，TUYTELAARS T，VAN GOOL L. Simultaneous object recognition and segmentation from single or multiple model views [J]. Internat. J. Comput. Vision，2006，67 (2)：159 - 188.

[106] KANNALA J，BRANDT S. Quasi - dense wide baseline matching using match propagation [C] . In：IEEE Conf. Comput. Vision Pattern Recog. , Minnesota，USA，2007.

[107] CHO M，SHIN Y，LEE K. Unsupervised detection and segmentation of identical objects [C] . In：IEEE Conf. Comput. Vision Pattern Recog，2010：1617 - 1624.

[108] SCOVANNER P，ALI S，SHAH M. A 3 - dimensional sift descriptor and its application to action recognition [C] . In：ACM Internat. Conf. Multimedia，2007：357 - 360.

[109] TOLA E，LEPETIT V，FUA P. A fast local descriptor for dense matching [C] . In：IEEE Conf. Comput. Vision Pattern Recog，2008：1 - 8.

[110] DALAL N，TRIGGS B. Histograms of oriented gradients for human detection [C] . In：IEEE Conf. Comput. Vision Pattern Recog. 2005：886 - 893.

[111] WANG X，HAN T，YAN S. An hog - lbp human detector with partial occlusion handling [C] . In：Internat Conf. Comput. Vision，2009：32 - 39.

[112] ZHOU J，SHI J Y. A robust algorithm for feature point matching [J]. Computers & Graphics，2002 (26)：429 - 436.

[113] ZHANG K，SHENG Y H，LI Y Q，et al. Image matching for digital close - range stereo photogrammetry based on constraints of delaunay triangulated network and epipolar - line [C] . M Proceedings of SPIE, Geo - informatics，2006.

[114] 朱庆，吴波，赵杰．基于自适应三角形约束的可靠影像匹配方法 [J]．计算机学报，2005，28 (10)：1734 - 1738.

[115] ZHU Q，WU B，TIAN Y X. Propagation Strategies for Stereo Image Matching Based on the Dynamic Triangle Constraint [J] . ISPRS Journal of

Photogrammetry and Remote Sensing，2007，62（4）：295－308.

[116] 龚声蓉，赵万金，刘纯平．基于视差梯度约束的匹配点提纯算法 [J]．系统仿真学报，2008，20：407－410.

[117] DUFOURNAUD Y，SCHMID C，HORAUD R. Image matching with scale adjustment [J]. Computer Vision and Image Understanding，2004，93（2）：175－194.

[118] 陈鹰，林怡．基于提升小波的影像变换与匹配 [J]．测绘学报，2006，35（1）：19－23.

[119] FURUKAWA Y，PONCE J. Accurate calibration from multi－view stereo and bundle adjustment [C]. Anchorage，AK：In IEEE Computer Society Conference on Computer Vision and Pattern Recognition（CVPR 2008）.

[120] D G LOWE. Object recognition from local scale－invariant features [C]. Proc. Seventh Int'l Conf. Computer Vision，1999：1150－1157.

[121] D LOWE. Distinctive image features from scale－invariant key－points [J]. Int'l J. Computer Vision，vol. 2，no. 60，2004：91－110.

[122] K MIKOLAJCZYK，C SCHMID. A performance evaluation of local descriptors [J]. IEEE Transactions on Pattern Analysis and Machine Intelligence，2005，27（10）：1615－1630.

[123] 张永军．大重叠度影像的相对定向与前方交会精度分析 [J]．武汉大学学报（信息科学版），2005，30（2）：126－130.

[124] 徐振亮，李艳焕，闫利，等．共线方程线性化的矩阵模型 [J]．北京大学学报（自然科学版），2016，52（3）：403－408.

[125] F S GRASSIA. Practical parameterization of rotations using the exponential map [J]. Journal of Graphics Tools，1998，3（3）：29－48.

[126] DIEBEL J. Representing Attitude：Euler Angles，Quaternions，and Rotation Vectors [R]. Stanford University：2006. http：//ai. stanford. edu/diebel/attitude. html.

[127] JAIN A. Robot and Multibody Dynamics Analysis and Algorithms [M]. Springer，2010.

[128] PETER CORKE. Robotics，vision and control [M]. Germany：Springer－Verlag Berlin and Heidelberg GmbH & Co. K，2012.

[129] http：//en. wikipedia. org/wiki/Rotation matrix. 2013.

[130] HOFMANN O, NAVE P. DPS - a digital photogrammetric system for producing digital elevation models (DEM) and orthophotos by means of linear array scanner imagery [J] . PE & RS, 1984, 50 (8): 1135 - 1143.

[131] EBNER H, MULLER F, ZHANG S L. Studies on object reconstruction from space using three - line scanner imagery [J] . IAPRS, 1988, 27 (11): 2422 - 2491.

[132] FRASER C, SHAO J L. Exterior orientation determination of MOMS - 02 three - line imagery: experiences with the Australian testfield data [J]. IAPRS, 1996, 31 (B3): 2072 - 2141.

[133] 刘军. 机载三线阵影像空中三角测量的关键问题 [J] . 测绘科学, 2009, 34 (6): 73 - 75.

[134] Applanix LandMark 技术手册 [OL] . 2011. http: //www. maggroup. org.

[135] 崔希璋, 等. 广义测量平差 [M] . 武汉: 武汉测绘科技大学出版社, 2000.

[136] 吴建平, 王正华, 李晓梅. 稀疏线性方程组的高效求解与并行计算 [M]. 长沙: 湖南科学技术出版社, 2004.

[137] 徐树方. 矩阵计算的理论与方法 [M] . 北京: 北京大学出版社, 1994.

[138] CORNOU S, HOME M D, SAYD P. Bundle adjustment: A fast method with weak initilisation [C] // BMVC: 2002, Cardiff, 2002: 223 - 232.

[139] BARTOLI A. A unified framework for quasi linear bundle adjustment [C] //International Conference on Pattern Recognition 02, Quebec City, Canada, Vol. II, 2002: 560 - 563.

[140] 冯其强, 李广云, 李宗春. 基于点松弛法的自检验光束法平差快速计算 [J] . 测绘科学技术学报, 2008, 25 (4): 300 - 302.

[141] OLSSON C, KAHL F, OSKARSSON M. Optimal estimation of perspective camera pose [J] . In Int. Conf. Pattern Recongnition, 2006, Vol. II: 5 - 8.

[142] KAHL F, HENRION D. Globally optimal estimates for geometric reconstruction problem [J] . International Journal Computer Vision, 2007, 74 (1): 3 - 15.

[143] 朱肇光. 摄影测量学 [M] . 北京: 中国地图出版社, 1995.

[144] 徐振亮. 轴角描述的车载序列街景影像空中三角测量与三维重建方法研

究［D］. 武汉：武汉大学，2014.

［145］ LHUILLIER M，QUAN L. A quasi - dense approach to surface reconstruction from uncalibrated images［J］. Pattern Analysis and Machine Intelligence，2005，27（3）：418 - 433.

［146］ 陈占军，戴志军，吴毅红. 建筑物场景宽基线图像的准稠密匹配［J］. 计算机科学与探索，2010，4（12）：1089 - 1100.

［147］ MEGYESI Z，CHETVERIKOV D. Affine propagation for surface reconstruction in wide baseline stereo［C］//Proceedings of International Conference on Pattern Recognition，2004，4：76 - 79.

［148］ MEGYESI Z，CHETVERIKOV D. Enhanced surface reconstruction from wide baseline images［C］//Proceedings of the International Symposium on 3D Data Processing，Visualization，and Transmission，2004：463 - 479.

［149］ 陈林. 多视角影像三维重建技术研究［D］. 武汉：武汉大学，2012.

［150］ 吴飞，蔡胜渊，郭同强，等. 三角形约束下的图像特征点匹配方法［J］. 计算机辅助设计与图形学学报，2010，22（3）：503 - 510.

［151］ X GUO，X CAO. Triangle - constraint for finding more good features［J］. International Conference on Pattern Recognition，2010，5597550（1393 - 1396）.

［152］ 曾峦，翟优，谭久彬. 基于 SIFT 的自动匹配策略［J］. 光电工程，2011，38（2）：65 - 70.

［153］ 徐振亮. 利用近景影像进行三维重建的关键技术研究［R］. 北京：北京大学博士后出站报告，2016.

图 1-9　对月面地形、地貌的三维重建（P10）

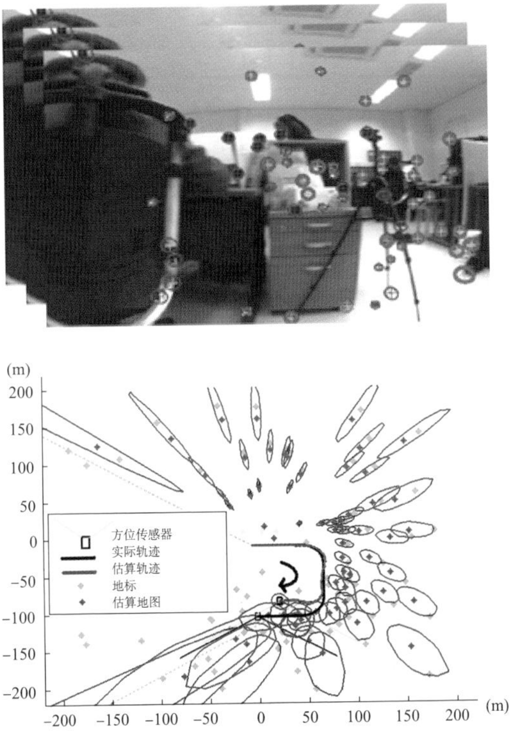

图 1-19　SLAM 目标跟踪及定位误差椭圆（P20）

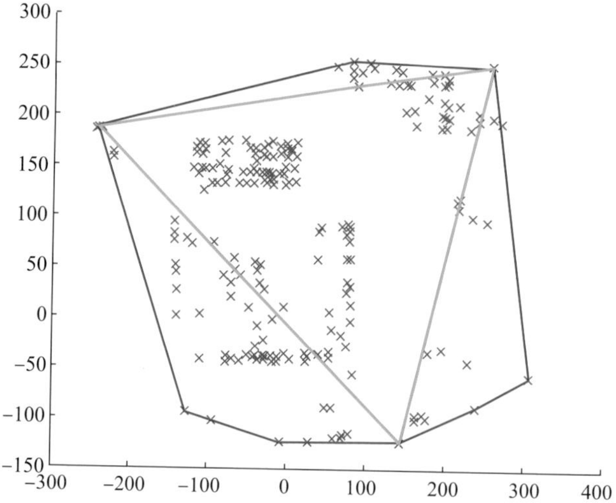

图 3－1　影像基点选择（坐标轴单位为像素）（P54）

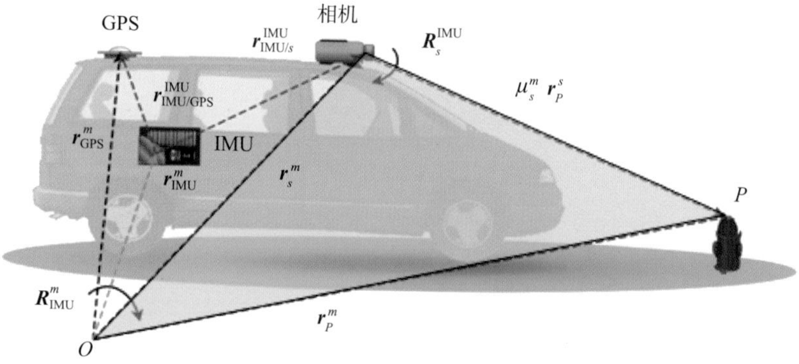

图 3－9　VMMS 坐标系间的转换关系（P78）

(a) 车载相机安置图

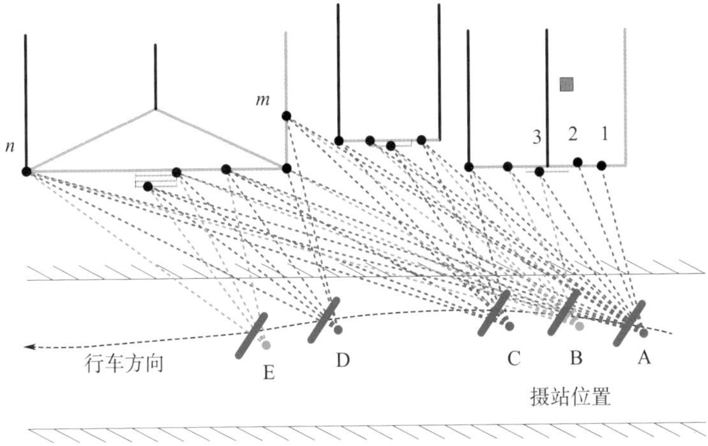

(b) 对立面倾斜摄影示意图

图 4－1　车载相机安置及摄影示意图（P82）

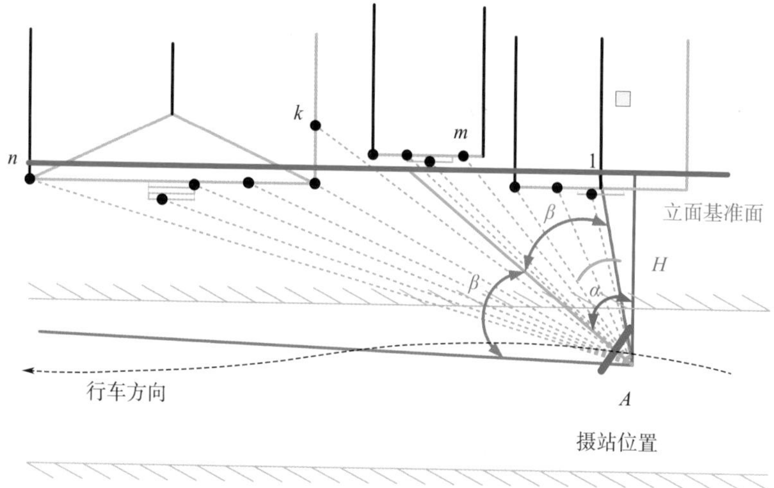

图 5－3　建筑立面倾斜摄影示意图（P124）

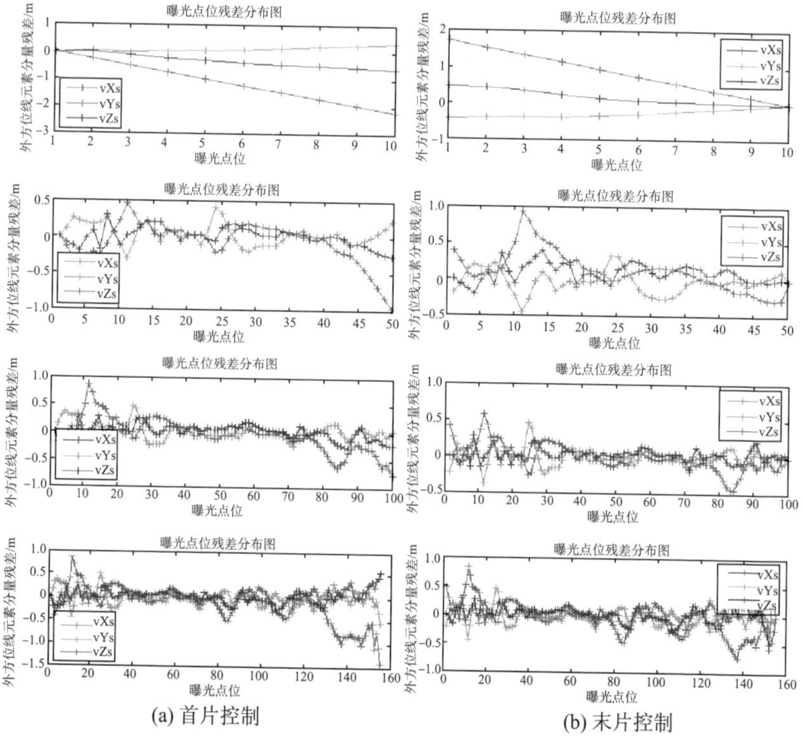

(a) 首片控制　　(b) 末片控制

图 6－6　三组数据平差后外方位线元素残差变化（P147）

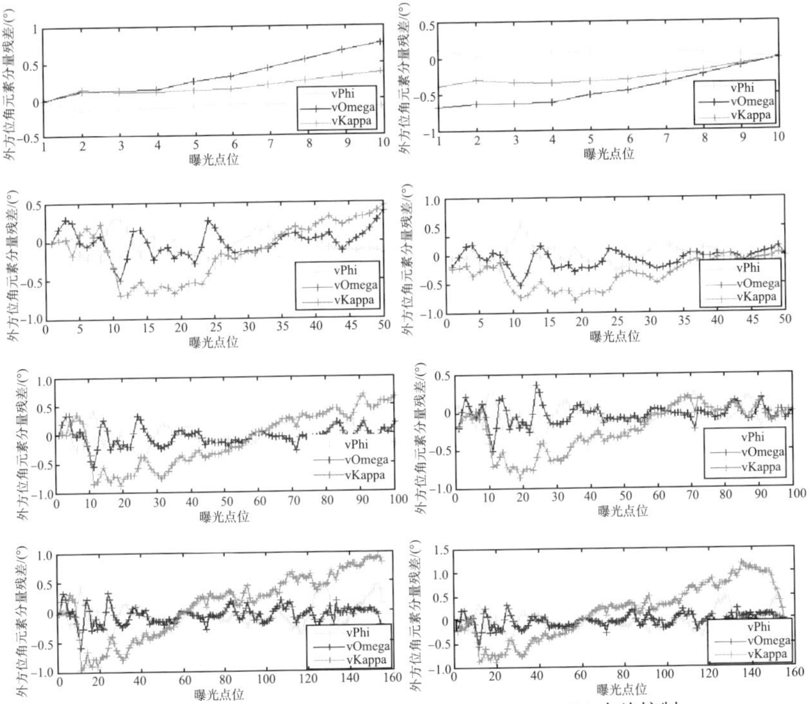

(a) 首片控制　　(b) 末片控制

图 6-7　三组数据平差后外方位角元素残差变化（P148）

图 7-1　近景影像三维重建效果（P152）

图 7 - 3　基于贴片的多视角三维重建效果（P154）

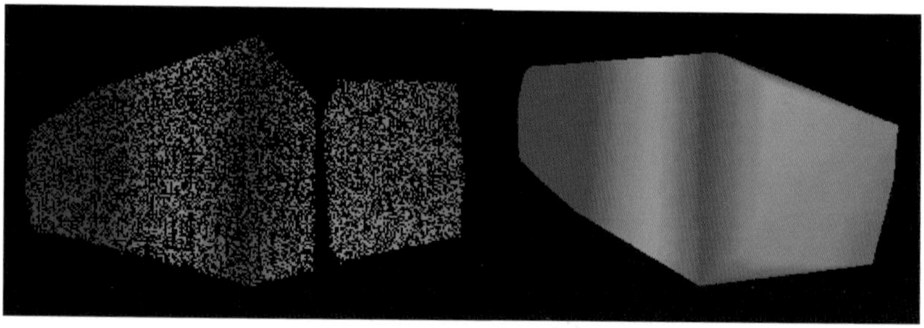

（a）14-15像对

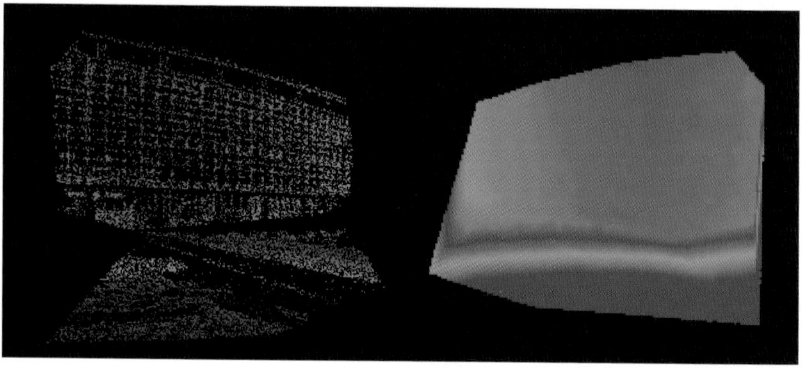

（b）70-71像对

图 7 - 13　似密集匹配视差图（散点及拟合后）（P166）